国家科学技术学术著作出版基金资助出版

大型商用飞机
系统工程管理与决策

邱菀华 等 著

科学出版社

北 京

内 容 简 介

　　本书是国内第一部从系统工程的角度介绍大型商用飞机项目工程管理的著作。本书建立了大型商用飞机研制系统工程管理的基本理论和框架，阐述了如何应用系统工程和项目管理理论，构建大型客机的研制模式、方法体系，以及怎样进行质量、进度、费用、供应商、客户服务、风险决策与控制等；并进一步扩展介绍了系统决策的环境影响、价值工程/价值管理等其他系统工程管理决策活动。本书对相关科学新理论技术概念的阐述是深入浅出的，并删除了复杂的理论论证辅以应用案例抛砖引玉，为系统工程在商用飞机研制管理中的应用开辟了一条新路。

　　本书具有较强的系统性、先进性和实用性，可作为大型商用飞机研制管理决策和技术人员的指南，也可作为系统工程、项目管理、价值工程等相关专业科研院所工作者、大专院校师生开展现代项目管理教学与科研的参考书。

图书在版编目（CIP）数据

大型商用飞机系统工程管理与决策 / 邱菀华等著. -- 北京 : 科学出版社, 2025. 1. -- ISBN 978-7-03-081029-8

Ⅰ. V271

中国国家版本馆 CIP 数据核字第 2025WQ5993 号

责任编辑：陶　璇 / 责任校对：王晓茜
责任印制：张　伟 / 封面设计：有道设计

科学出版社 出版
北京东黄城根北街 16 号
邮政编码：100717
http://www.sciencep.com
北京中石油彩色印刷有限责任公司印刷
科学出版社发行　各地新华书店经销
*
2025 年 1 月第　一　版　开本：720×1000　1/16
2025 年 1 月第一次印刷　印张：15 1/4
字数：307 000
定价：168.00 元
（如有印装质量问题，我社负责调换）

前　言

　　研制和发展大型商用飞机，是国家综合实力的体现，对增强国家意志和国际竞争力、实现科技现代化具有极其重要的意义。2006 年 2 月，《国家中长期科学和技术发展规划纲要（2006—2020 年）》正式公布国力标志性项目——大型飞机研制为国家重大科技专项；2008 年 5 月，中国商用飞机有限责任公司（简称中国商飞）成立；2009 年 11 月，中国商飞未雨绸缪，委托北京航空航天大学邱菀华团队——DRP（decision risk and project，决策、风险与项目）中心进行其风险管理体系建设和技术服务。2017 年 5 月 5 日，国产首架大客机在上海浦东国际机场首飞成功。

　　长期以来，我国研制大型商用飞机屡遭波折。本书攻克了美国国家科学技术委员会指定为对国防安全至关重要的、对外严密封锁的关键技术。本书在民用飞机项目管理经验不足的情况下进行大型商用飞机项目风险管理的跨越式研究，创建了适合国情的跨国研制模式，与全球配置接轨的系统工程管理决策理论、体系和方法。此项理论和实践的探索与创新系列成果，提升了大型商用飞机项目决策水平及控制力度，对防范、预警和降低研制风险，提高成功率发挥了重要作用；另外，我们在复熵决策理论、风险决策、群决策等领域取得的系列原创性成果为系统工程管理等学科知识、技能和体系添增了新鲜血液，引领了一批领域前沿研究。为了贯彻落实习近平总书记关于科技创新的重要论述，我们决定建立产学研用全球科技平台，力求撰写一部大型客机研制的经典之作，与读者交流基础理论、探索前沿科技、解决疑难问题、促进合作创新，以适应新时代的发展与需求。

　　系统工程是 20 世纪后半期发展起来且应用十分广泛的一门新型交叉学科。它以系统为研究对象，以系统理论为依据，并综合利用多种现代科学理论与技术，寻求系统整体效果最优的理论和方法。决策是人类做任何项目的第一步（决定要做什么和该怎么做），更是复杂且最具风险的管理核心工作。大型商用飞机研制重大科技专项及其产业化是一项复杂系统工程。它的成功是系统工程、管理决策应用的典范。随着现代项目的复杂性、多样性以及风险源的增加，系统工程管理的重要性在高科技时代与日俱增，越来越成为项目成功、提升项目价值和竞争力的必备工具。因此，无论是企业家、项目管理者还是科技工作者，都应该学习并科学掌握和实践它。

本书从回顾系统工程和项目管理的内涵/标准及波音公司等国内外大型商用飞机系统工程发展历程入手，逐步展开具体的研制模式，方法体系和质量、进度、费用、供应商、客户服务、风险决策与控制等系统工程管理决策方法，并进一步扩展介绍了系统决策的环境影响分析、可承受性/成本效能、安全性和可维护性、价值工程/价值管理等其他系统工程管理决策活动。我们对相关科学新理论、技术与方法创新的主要核心概念和理论方法的阐述都是深思熟虑且深入浅出的，并删除了许多复杂的理论论证辅以应用案例以抛砖引玉。当然，为了保证知识的全面系统性和满足有需要的读者，本书还给出了部分有趣的理论证明，对其不感兴趣者可跳过，不影响后续阅读。本书旨在告诉各类读者，如何建立规范的管理决策过程以获得某种竞争优势，所以它应该是项目经理，产业、企业领导和科技工程技术人员，以及感兴趣的学者和大学师生的案头常备物。另外，为遵从保密原则，书中所有数据等都经过脱敏处理。

参加本书撰写的还有：北京航空航天大学副教授贾增科、侯琳琳，东北大学秦皇岛分校副教授赵萌，北京航空航天大学博士后贺庆仁、马珍珍、马昱。

在本书的编写过程中，我们得到国家科学技术学术著作出版基金和科学出版社的大力支持，中国商飞同行的指导和国内外专家的有益建议，科学出版社编辑充盈满溢的帮助。在此谨向他们致以最崇高的敬意和特别的感谢！同时，我热切地时刻恭候着每位读者的不吝指教（E-mail：01661@buaa.edu.cn），并敬祝各位阖家幸福、读书愉快，谢谢大家。

邱菀华

2024 年 1 月

于北京航空航天大学紫菀斋

目　录

第 **1** 章

大型商用飞机系统工程和项目管理内涵

大型商用飞机研发与制造是一个集多学科、多专业技术而成的极度复杂的系统工程。其研制过程要突破飞机发动机、机载设备、材料等关键核心技术，这一过程存在多种风险，如预期的技术性能要求达不到、实际投资远超过预算、项目周期拖延、管理决策失误等。目前，我国在风险评估与对策的一般理论研究方面已经取得诸多成果，但并不能直接应用到大型商用飞机研制项目中。

1.1 大型商用飞机系统工程

1.1.1 大型商用飞机项目概述

大型商用飞机项目也即大型飞机重大专项，是党中央、国务院建设创新型国家，提高我国自主创新能力和增强国家核心竞争力的重大战略决策，是《国家中长期科学和技术发展规划纲要（2006—2020 年）》确定的 16 个重大专项之一。

大飞机实现国产化是几代中国航空人的夙愿。

2003 年 6 月，国家正式启动"中长期科技发展规划纲要"的编制工作。同年 11 月成立了由国务院批准的国家重大专项论证组。"大飞机专项"是第一个也是论证最为艰苦的一个重大专项。2003 年 11 月，第一次大飞机项目由科技部组织论证，这一论证拉开了中国重启大飞机研制的序幕。

2006 年，大飞机项目加速了进程。1 月，大飞机项目名列全国科技大会制定的《国家中长期科学和技术发展规划纲要（2006—2020 年）》16 个重大专项之一。2 月，《国家中长期科学和技术发展规划纲要（2006—2020 年）》由国务院正式出台，大型商用飞机项目不但位列"未来 15 年力争取得突破的 16 个重大科技专项"之一，而且成为仅有的两个由国务院直接抓的专项之一。7 月，国务院决定成立大飞机重大专项领导小组。9 月，国务院决定成立大飞机重大专项专家论证委员会。

2007 年，大飞机项目正式立项。2 月，温家宝主持召开国务院常务会议，"原则批准大型飞机研制重大科技专项正式立项"①。8 月，中央政治局召开第 192 次常委会，听取并同意国务院大型飞机重大专项领导小组《关于大型飞机重大专项有关情况的汇报》，大型客机项目筹备组决定成立。

2008 年，大飞机项目进入实质性启动阶段。2 月，国务院常务会议审议并原则通过了《中国商用飞机有限责任公司组建方案》。3 月，国务院正式批准组建中国商用飞机有限责任公司。5 月，中国商飞正式成立并于上海揭牌。

中国首款国产大型商用飞机型号命名为 C919，其中，C 是 China（中国）的首字母，也是中国商飞英文缩写的首字母，同时还有一个寓意，就是我们立志要在国际大型商用飞机市场中站稳，并且要与 Airbus（空中客车）和 Boeing（波音）一道在国际大型商用飞机制造业中形成 ABC 并立的格局。第一个"9"的寓意是天长地久，"19"代表的是我国首型大型商用飞机最大载客量为 190 座。

中国大型商用飞机将以单通道 150 座级为切入点，研制完成时间力争八年左右。C919 大型商用飞机研制共分为四个阶段，依次为：立项论证和可行性论证、预发展（总体方案定义、初步设计）、工程发展（详细设计、全面试制、试飞取证）、批生产与产业化。

2008 年，中国商飞大型客机项目论证工作正式启动，本着举全国之力、聚全国之智的目的，力邀国内外 47 家单位 468 位专家组成了联合工程队，成立了由 20 位院士、专家组成的专家咨询组，形成了初步总体技术方案，完成了技术经济可行性研究报告。2009 年全面进入预发展阶段，并于 2011 年完成。2011 年 12 月，C919 大型商用飞机项目初步设计评审会议召开并通过初步设计评审，标志着 C919 大型商用飞机项目进入详细设计阶段。在详细设计阶段，C919 大型商用飞机项目将开展详细设计，发放全部生产用数据，开始全面试制，2017 年实现首飞，2022 年取得适航证并交付用户。

中国大型商用飞机研制项目从一开始就体现了浓厚的中国特色，主要表现在以下方面。

1. 体现国家意志

大型商用飞机研制投入高、风险大、回报周期长，短期内盈利难度较大，但正因如此，体现了国家意志和精神。张德江在中国商飞成立时讲话指出，"一要坚定信心和决心，克服一切艰难险阻，不干则已，干就干好，干就干成"。发展大型商用飞机项目，是党中央、国务院做出的重大战略决策，是《国家中长期科学和技术发展规划纲要（2006—2020 年）》确定的 16 个重大专项之一，也是新时期建设创新型国家的标志性工程。航空工业需要国家高层决策和大力推进，由于此行

①《温家宝主持常务会批准大型飞机研制重大专项立项》，https://www.gov.cn/ldhd/2007-03/18/content_553676.htm，2024 年 6 月 13 日。

业涉及电子、冶金、机械、化工等多个产业，事关国防、外交、财政、税收、经贸、民航运输等各个部门，要对有关的工业布局、管理体制、基础科研、技术改造、人才政策、外汇管理等一系列问题制定相应的政策，这些都离不开国家政策的大力支持。

2. 坚持自主创新

坚持自主创新，是研制大型客机必须一以贯之的基本原则，原中国商飞董事长张庆伟讲到，研制大型商用飞机作为新世纪建设创新型国家的标志性工程，从研制的指导思想到具体组织实施都将坚定不移地贯彻自主创新的方针。改革开放无疑给中国带来了开展国际合作、引进先进技术的好机遇，但实践反复证明，要加强国际合作，前提是必须自己拥有一定的基础和条件。100 座级商用飞机的几年合作谈判和干线飞机项目这些经验教训也表明，西方国家是对我国严加控制飞机设计关键技术输出的，用市场不一定就能换来技术，有的技术即使能够转让，但价格昂贵，国家无力承担。一个国家，尤其是像中国这样的大国，设想以通过国际合作达成独立的民族航空工业目的，这基本是不可能的。在大型商用飞机研制方面要享有知识产权，就一定要以我国为主，既要积极开展国际合作，也要坚持自力更生。航空工业是高科技产业，必须要有创新能力，想要在飞机研制中高人一筹，在激烈的市场竞争中稳操胜券，就必须拥有自己的品牌。

3. 创新机制与体制

大型商用飞机虽然是一种汇集高科技的特殊商品，但也必须要遵循市场规律。有买主是开发民用飞机的关键，用户意见起到决定性作用。因此推进机制体制的创新要是坚定不移的，按照《中华人民共和国公司法》建立健全法人治理结构，努力把中国商飞打造成拥有自主知识产权和具有国际竞争力的民机制造商。要推进管理创新，就需要把"引进来"与"走出去"更好地结合起来，以形成经济全球化条件下参与国际合作与竞争的新优势，形成管理特色突出、符合现代企业制度要求的产业化、市场化和国际化航空企业。为此需要继承和发扬航空工业六十多年来发展创造的宝贵经验，以及学习借鉴其他行业的成功管理经验，按照建立现代企业制度的要求，进行在产品研制生产、市场营销、客户支援和资金筹措运营等方面管理体制和运行模式的创新。

4. 推行人才强企战略

发展大型商用飞机需要强大的人力和科技支撑；铸造具备产业化、市场化和国际化企业的关键也在人，尤其是科学带头人、产业技术带头人和优秀的企业管理者。中国航空工业在六十多年的发展过程中，虽然拥有了一定程度的技术基础和人才储备，但是在民用飞机设计方面人才总量是远远不够的，这是长期没有项目的实践培养所导致的。人才是实现中国现代化的重要因素，这对中国商飞来说更是极其关键的。自主创新是研制大型商用飞机的必然方针，但仅有资金是不能解决自主创新问题的，人的创造力才是自主创新真正的源泉，因此关键自主创新要依靠人才。为此"人才强企"战略要坚定不移地推行，另外还要通过研制大型商用飞机，为国家培养飞机技术带头人，将中国航空事业人才高地打造起来，以此来达到支撑我国航空工业长远发展的目的。归根结底，飞机设计是一门实践的工程技术，那么设计队伍必然也是在多个项目的实际锻炼中培养出来的，但由于我国锻炼机会相对较少，因此民用、商用飞机研发人员相当缺乏。上海作为大型商用飞机的研发基地，在人才的储备和引进上也面临一些特殊情况。但是上海生活成本高导致了人力资源成本也很高，由于这个原因，培养和引进人才的经济压力也很大。对此，中国商飞将从三个方面完善大商用飞机研发队伍，第一，将从现有的航空工业队伍中选拔一批优秀人才充实现有的中国商飞研发队伍；第二，将抽调一批有发展潜力的设计师出国培训，培养成专业带头人；第三，向全球航空精英人才敞开怀抱，创造良好条件，欢迎他们参与中国的民用飞机事业。

　　5. 深化战略合作

　　仅凭一个企业、一个部门绝对承担不了大型商用飞机的研制，即使是实力雄厚的波音和空中客车公司，也需要从全球数百家企业来进行采购。如何实现资源的有效整合，对中国这样一个在大型商用飞机领域才刚起步的国家来说，是至关重要的。由于我国民机工业整体实力相对较弱，那么应该通过在统一规划下分工协作来达到发挥各自优势的目的。中国商飞负责总设计、总装、销售和售后服务等工作，零部件制造等将在全国协作，想要充分发挥我国航空工业各方面参与大型商用飞机重大专项的积极性和创造性，就要优化整合各类资源和生产要素，做到统筹规划、科学组织、分步实施。中国商飞的主要目标是：通过自主创新、集成创新和引进消化吸收再创新，突破大型商用飞机关键技术，开展大型商用飞机研制，取得适航证并交付用户。建立健全民用飞机市场营销、研制生产、客户服务体系，形成核心能力突出、符合现代企业制度要求的航空企业。

1.1.2　大型商用飞机项目特点

　　大型商用飞机 C919 的具体特征，如图 1-1 所示。

　　和一般项目相比，大型商用飞机项目的具体特点如下。

　　（1）技术跨度大。大型商用飞机是高新技术成果的集合，发动机、航电系统、自动驾驶系统、全球精密导航系统、电子自控系统等高科技产品这些需要完成研制，由于国内民用飞机研制基础薄弱，以及国外对民用飞机研制技术的严密封锁等，大型商用飞机研制所要解决的问题有很多都是国内首次出现，那么技术跨度也是前所未有的。在研制过程中未知领域较多、探索性强、不确定性大、成功率

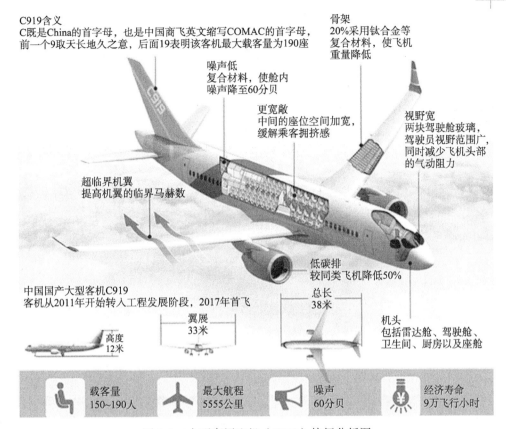

图 1-1　大型商用飞机（C919）特征分析图

低、风险大。

（2）系统工程复杂。大型商用飞机有数万个元器件、零部件，几十万个结构铆接点，涉及数百种专业，众多的研制、生产单位。同时，在研制的各环节之间、各个专业研制厂所及供应商之间的技术经济协作关系也是十分复杂的。一般认为，系统的可靠性取决于各个子系统的可靠性，随着系统复杂性的提高，其可靠性也就下降，风险也随之增大。以机头工程样机为例，上海飞机设计研究所和上海、成都两大飞机制造基地组成了机头工程样机联合工作团队，包括设计、制造、信息化等领域近 20 名研发人员，完成包括 176 个模块、共 2950 个零件、约 7 万颗紧固件的设计工作。

（3）技术复杂度高。大量先进技术被采用在了大型商用飞机的设计上，主要包括采用先进气动布局和新一代超临界机翼等先进气动力设计技术，超越了现有同类飞机巡航气动效率，并且与多年后市场中的竞争机型巡航气动效率相当；为降低油耗、噪声和排放采用先进的发动机；采用先进的结构设计技术和较大比例的先进金属材料和复合材料，减轻飞机的结构重量；为提高飞机综合性能，采用先进的电传操纵和主动控制技术；为减轻飞行员负担、提高导航性能、改善人机界面，采用先进的综合航电技术；为提升客舱舒适性而采用先进客舱综合设计技术；采用先进的维修理论、技术和方法，降低维修成本。这些复杂技术的应用在一定程度上提高了此项目研制的风险。

（4）投资规模巨大。大型商用飞机项目的研制是一个大规模的综合性系统工程，无疑需要大量资金。截止到 2023 年 3 月，国家对整个大型飞机项目投入约 300 亿元人民币。一般情况下，投资者承担的风险随着投资规模增大而增大，通货膨胀率、贷款利息率以及航空市场供求等变化所带来的各种风险也就随之而来。

（5）实施周期长。从确定型号的立项到试飞成功并投入使用，要经历许多复杂的环节，大型商用飞机项目生命周期如图 1-2 所示。

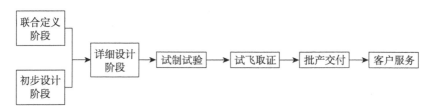

图 1-2　大型商用飞机项目生命周期

2008 年 11 月，大型商用飞机项目正式启动，首飞任务 2017 年完成，2022 年，完成取证试飞，项目研制期为九年。其中，技术的进步、市场供求的变化、国际政治经济形势的变化在长期的研制过程中难以预测，因为这些因素一旦发生变化，必然会造成项目前期投入的风险损失。其中，风险随着研制周期的增加而增加。

（6）管理难度大。"主制造商–供应商"是大型商用飞机项目采用的一套具有自身特色的管理模式。其中，总装部分仅占大型飞机总工作量的 4%~5%，大部分零件仍需要通过全球采购获得。目前，只有美国和俄罗斯这些国家具备大型飞机制造核心技术。霍尼韦尔公司供应大型商用飞机的飞控、起落架和辅助动力装置，美国通用电气公司供应发动机，利勃海尔公司供应起落架子系统。同时，中国商飞下辖中航商用飞机有限公司、上海飞机设计研究院（简称上飞院）、上海飞机制造有限公司、上海飞机客户服务有限公司、上海航空工业（集团）有限公司等子公司和下属单位。中国商飞作为总体设计、总装集成、适航管理、客户服务和规划的抓总单位，需要与各级供应商形成相互支持、密切配合、大力协作的体制机制，以保证设计研发、总装制造、市场营销、客户服务等创新链的各个环节顺畅连接。项目管理模式、"主制造商–供应商"组织模式、一个总部多个中心管理模式以及"两总系统"组织管理模式的并存，增加了管理的难度。

总而言之，大型商用飞机项目作为一种大型的高科技项目，具有工程性强、技术新、中间环节多、系统操作复杂、参与人员众多、研制和生产周期长、耗费资金巨大、包含未知因素多以及影响面广等特点。在航空项目研制的整个过程中，需要对其不确定性加以有效管理，倘若某一环节出现问题，就极大可能引发重大损失：轻则降低大型商用飞机性能，延长研制和生产周期，增加整个项目的投资；重则会造成巨大经济损失和人员伤亡（邱菀华，2014）。

1.1.3　大型商用飞机项目实施的基本原则

通过研制 ARJ21 支线商用飞机，在人才、技术、材料、制造、适航取证和项目管理等方面，我国积累了一定经验，以此为下一步研制大型商用飞机奠定了坚实基础。但是与西方航空发达国家相比，我国还存在着配套能力薄弱、民机研制经验较少，特别是完整地实施完民机研制整个过程的项目更少等问题。

一切从我国的基本国情出发，充分发挥社会主义制度能够集中力量办大事的政治优势是大型商用飞机项目实施过程遵循的基本原则。此项目初期从国外采购部分系统设备，并对国外供应商在中国发展行为进行鼓励，逐步形成我国民机产业。

1.2　大型商用飞机项目管理

1.2.1　大型商用飞机项目组织体系

大型商用飞机项目采取"一个总部多个中心"的组织体系。"一个总部多个中心"的模式中的一个总部指中国商飞总部，多个中心指中国商飞下辖的设计研发中心、总装制造中心、试飞中心和客服中心。大型商用飞机项目组织体系如图 1-3 所示。

1. 中国商飞

中国商飞作为主体实施国家大型飞机重大专项中大型商用飞机项目，同时起到了统筹干线飞机和支线飞机发展、实现我国民用飞机产业化的主要载体作用，是从事民用飞机及相关产品的科研、生产、试验试飞，以及民用飞机销售及服务、租赁和运营等相关业务的总体协调机构。

2. 设计研发中心

上飞院是中国商飞的设计研发中心，是从事民用飞机特别是民用干线飞机型号设计和技术开发研究的综合研究机构。上飞院目前承担着我国拥有完全自主知识产权的 ARJ21 新支线飞机和 C919 大型商用飞机的设计、试验、关键技术攻关研究，是 ARJ21 新支线飞机和 C919 大型商用飞机研制的总体设计单位和工程发展责任部门。设计研发中心在大型商用飞机项目中主要承担总体设计、系统集成、试验试飞责任，飞机设计完整性责任；建立完善的设计保证体系，保证型号设计

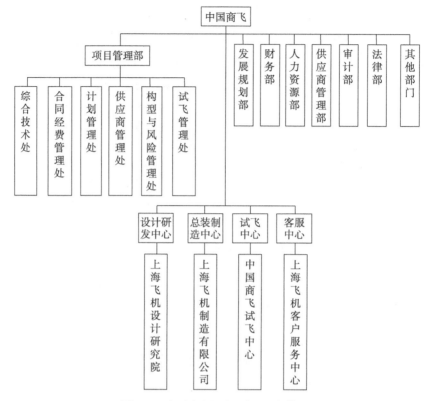

图 1-3　大型商用飞机项目组织体系

符合市场和适航要求，组织完成符合性验证试验并提供适航取证符合性文件和证据；负责国内外供应商研发和联合设计工作的组织、管理、协调和控制。

3. 总装制造中心

上海飞机制造有限公司是中国商飞下辖的飞机总装制造中心。总装制造中心在大型商用飞机研制中主要承担主制造单位责任，建立完善的生产质量保证体系并满足适航要求，承担飞机制造符合性和完整性责任，提供适航取证的符合性文件和证据；负责大型商用飞机机体部件、发动机、机载系统成品等采购管理与国内外供应商制造工作的组织、管理、协调与控制。

4. 试飞中心

中国商飞试飞中心作为中国商飞专业的民用飞机试飞验证实施机构，承担以下工作：公司研制飞机的生产交付试飞、科研试飞、取证试飞及客户支援飞行；执行公司安排的展示飞行，广告宣传、空中摄影等飞行任务；飞机总装后的检查、调试与停机坪工位工作。

5. 客服中心

上海飞机客户服务有限公司是中国商飞下辖的客服中心，承担了大型商用飞机和支线商用飞机国内外客户服务的科研、技术研究和全寿命客户服务等工作。其承担以下工作：民用飞机飞行、机务、乘务和签派等有关方面的训练；航材和设备的进出口、国内外销售、租赁、维修以及仓储；航空运输服务的技术开发、技术咨询和工程技术服务；承接民用飞机维修零部件的加工生产业务；技术出版物的出版、发行和全寿命服务；民用飞机维修修理和改装工程；民用航空运输范围内的技术和劳务合作以及民用飞机客户服务其他相关业务。

1.2.2　大型商用飞机项目管理内涵

1. 风险源多且性质复杂，风险管理难度前所未有

大型商用飞机的技术复杂、项目技术跨度大决定了大型商用飞机项目风险源多且性质复杂的特点。大型商用飞机涉及数百种专业，众多的研制、生产单位，并且有较为复杂的研制技术经济协作关系。根据系统可靠性理论，风险随着系统复杂性的提高而增大。大型商用飞机项目需要完成发动机、航电系统、自动驾驶系统、全球精密导航系统、电子自控系统等高科技产品的研制，由于国内研制基础薄弱、国外技术封锁等，大型商用飞机研制所要解决的问题技术跨度前所未有，大大地增加了大型商用飞机项目风险管理的难度。

2. 各风险因素高度交叉，互相影响，风险管理系统性要求高

大型商用飞机项目作为民用飞机研制项目，研制工作广泛涉及电子、冶金、机械、化工等多个产业，事关国防、外交、财政、税收、经贸、民航运输等各个部门和有关飞机的工业布局、管理体制、基础科研、技术改造、人才政策、外汇管理等一系列问题，影响项目的因素众多，因素之间相互影响。大型商用飞机研制项目的这种特点决定了其风险因素不仅源头多，而且风险因素之间相互作用、相互影响。所以，大型商用飞机项目应当增强风险管理工作系统性，在关注技术风险的同时，关注市场风险和管理风险，运用系统的思想，加强风险因素之间影响的管理。

3. 外部风险比重大，危害性高

由于大型商用飞机项目采用"主制造商–供应商"组织模式，大型商用飞机的主制造商为中国商飞，公司工作重点在设计集成、总装制造、市场营销、供应商管理、客户服务、适航取证等，而发动机、机载设备、材料等主要运用市场化机制，采用招投标方式择优选用。重大技术风险的来源主要为发动机、机载设备、材料等，并且外部供应商有较大影响，外部风险的比重明显加大，外部风险危害程度高，而大型商用飞机的众多关键部件和技术仍旧依靠国外供应商，更加增加了外部风险管理的比重和危害性。

4. 管理风险与技术风险长期并存

大型商用飞机研制项目从立项开始就承担着创新的重任。发展大型商用飞机项目，是党中央、国务院做出的重大战略决策，是《国家中长期科学和技术发展规划纲要（2006—2020年）》确定的16个重大专项之一，也是新时期建设创新型国家的标志性工程。大型商用飞机研制项目不仅承载着技术创新的重任，而且也承载着民用飞机研制项目管理体制、机制创新的重任。管理体制、机制创新不是一蹴而就，而且贯穿于研制过程的始终。创新意味着风险，大型商用飞机研制管理体制、机制创新意味着管理风险的存在，因此，大型商用飞机研制项目管理风险与技术风险长期并存。由于技术风险的易见性，技术风险往往受到关注，而管理风险很容易被忽视而最终影响到项目的成功，因此在关注技术风险的同时应更加关注管理风险。

5. 适航取证风险突出

适航取证是民用飞机研制成功的关键，适航将成为大型商用飞机项目研制的一大难点。一是因为国内民机适航工作时间短，无论是中国民用航空局，还是飞机制造商都缺乏民机适航工作经验，适航风险管理更是几近空白，增加了大型商用飞机风险管理的难度；二是因为适航工作涉及大型商用飞机研制的各个方面和研制过程的各个阶段，贯穿研制过程始终；三是因适航风险危害程度深，适航成功与否决定了大型商用飞机能否通过中国民用航空局审核顺利投放市场，适航风险一旦出现将严重影响大型商用飞机的成功。

6. 民用飞机风险管理基础薄弱

国内对于民用飞机研制项目风险管理的研究成果非常少，从理论到实践，从管理程序到风险信息库都要在探索中进行，边探索边实践，建立起适合大型商用飞机项目风险管理的理论基础与实践方法仍有很多工作要做。

在中国商飞内部，目前仍存在风险管理知识、能力和理念等方面的不足。首先，各单位各层次人员在风险管理基本概念和工作思路上尚未达到实施风险管理的水平，广泛存在着风险与问题定义不清、风险管理体系与质量管理体系混淆等问题。其次，风险管理技术基础薄弱，风险评估过程缺乏有经验的设计人员或专家进行全面的评估。最后，风险管理意识是工程师所缺乏的，他们风险识别不积极，不愿意上报风险条目。风险评估与应对没有形成规范的管理机制，仅处理症状而不处理风险源。风险往往不了了之，而且没有进行有效监控、重视，演变成问题后才进行处理。

1.2.3 大型商用飞机项目阶段划分及主要任务

中国商飞自主研制的大型商用飞机为150座级的双发运输类的飞机，其采用的多项领先的设计，如 LEAP-X1C 新一代发动机、优化升级后的气动布局和超临界新一代气动布局等，保证了其舒适性和经济性，还有安全和环保的可靠性。

大型商用飞机项目研制是分阶段进行的，从总体上分为四个阶段。

（1）立项论证和可行性论证阶段。

（2）预发展阶段。

（3）工程发展阶段。

（4）批生产与产业化阶段。

大型商用飞机项目除以上阶段性任务以外，还有一项非常重要的工作，即适航取证。现将 C919 的取证工作分成如下五个阶段。

（1）概念设计。

（2）要求确定。

（3）符合性验证计划。

（4）实施符合性验证。

（5）证后管理。

中国民用航空局在 2022 年向中国商飞颁发了型号合格证及相关重要证件，并获得了美国联邦航空管理局和欧洲航空安全局的适航批准预规划。中国大型商用飞机获得适航批准代表了其安全水平已达到了世界一流的水平。

1. 立项论证和可行性论证阶段

通过经费、进度和技术等各个方面论证其可行性，进而论证大型商用飞机项目的必要性和要实现的应用目标是其论证阶段的任务。其具体包括市场形势分析、市场需求分析和型号最佳设想等活动。在此阶段，需要对项目进行全面的风险分析，分析其计划、费用和技术风险是否可控。该阶段的风险分析十分重要，其分析结果直接影响到该项目是否成立。

2. 预发展阶段

大型商用飞机项目预发展阶段的任务是完成整个系统完整的、最终的定义，使之具有最大的可行性。预发展阶段包括如下阶段。

（1）总体方案定义阶段/联合概念定义阶段。

（2）初步设计阶段/联合定义阶段。此阶段面临计划风险、技术风险和费用风险，大型商用飞机是否能完美攻克性能和技术难关，受风险分析情况和方案定义质量的直接影响，且关系项目的整体进度。方案定义质量由风险分析的正确性所决定，决定了项目能否成功。

3. 工程发展阶段

大型商用飞机项目工程发展阶段包括以下若干子阶段。

（1）详细设计子阶段。大型商用飞机项目详细设计子阶段的目标是完成整个系统（包括系统各组成部分）的详细设计和对现实设计中所要满足条件的探究，以及完成样机的研制及试验。此阶段的主要任务是分析其中重要组件的技术风险，尽量地消除潜在的技术风险，使得其风险在定型前尽可能最低。同时，还要对技术风险和费用风险进行全面的权衡，既不能设计太简单而使其性能无法满足要求，又不能设计太复杂而使项目面临太大的风险。

（2）全面试制子阶段。大型商用飞机项目全面试制子阶段要对整个飞机系统进行全部研制，过程中不可避免会存在着进度风险、计划风险和费用风险等，分析该阶段的风险和对该阶段质量的管理，是产品定型前最后也是最关键的一步，因此，其风险管理对整个项目的成功至关重要。

（3）试飞取证子阶段。完成试飞取证，对大型商用飞机研制阶段工作进行深入全面的研究和总结，并给出相应的修改意见，在此阶段会存在技术性风险以及保障性风险。

4. 批生产与产业化阶段

批生产与产业化阶段的任务是对整个系统进行重复生产或者维护正在重复工作的系统，此阶段将存在保障性风险、费用风险以及技术性风险。在大型商用飞机整个项目质量管理中，该阶段的质量管理和风险分析便是其关键环节，如果进行得不好，将会使项目以前各个阶段的工作前功尽弃，造成巨大的浪费。

第 2 章

国内外大型商用飞机系统工程的特色与发展

2.1 波音公司

2.1.1 组织结构

1. 波音公司组织结构

波音公司的组织结构如图 2-1 所示。

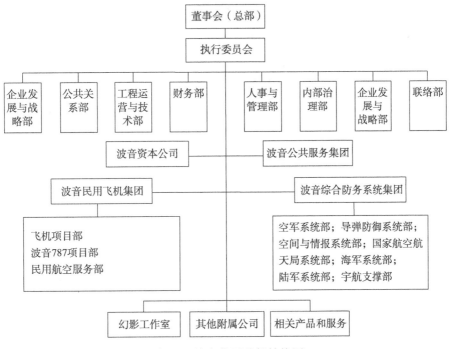

图 2-1 波音公司总部结构图

2. 波音民用飞机集团的组织结构

波音民用飞机集团的组织运营结构如图 2-2 所示。

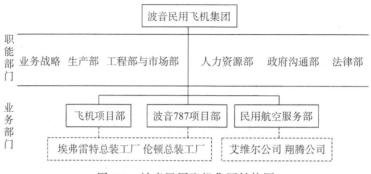

图 2-2　波音民用飞机集团结构图

波音民用飞机集团业务部门实行总经理（集团副总裁）负责制。

1）飞机项目部

飞机项目部除负责波音 787 之外，还负责研制生产其他的民用机型，成为波音民用飞机集团的最大部门，此项目部主要制造飞机的部件、组件以及工具。

2）波音 787 项目部

波音 787 项目部是专门为波音 787 研制生产而设置的部门。其研制的模式是系统集成制，即波音公司在整个系统中起着集成商的作用，对其总装和整体的设计布局负责，承包商对分系统负责设计制造的这样一种模式。

3）民用航空服务部

民用航空服务部从事以其顾客为中心的服务工作，其目的是根据具体要求，将综合的问题解决方案、产品以及服务提供给全球民机运营商。该部门的主要内容包括：全球客户支持、材料管理、维护与工程服务、机队的改进和改装、飞行运营支持。

2.1.2　组织管理模式

波音公司内部实行基于过程管理（process based management）模式，通过构建工作团队来实现过程管理，同时为了控制成本、缩短产品研制周期，对公司的整个研制过程的方法进行改进，提出精益制造、DCAC/MRM（define and control airplane configuration/manufacturing resource management，构造定义、控制和制造资源管理）等突破性技术措施。波音公司的民用飞机集团公司组织结构与中国商飞组织结构类似，但是波音公司具有丰富的管理经验，并将最先进的管理思想、管理技术和管理工具应用到实际管理当中，在组织管理上采用基于过程管理模式，在研制过程中采用精益制造、DCAC/MRM 等先进技术，在这些方面中国商飞存在一定的差距。另外在管理方法和技术上，尤其是生产管理技术上我国也较为落后。因此中国商飞在大型商用飞机项目管理上需要在现有的组织模式下充分引入先进的生产管理模式，提高生产和研制效率，确保大飞机项目的顺利完成。

2.1.3　风险事件分析

1. 工人罢工

工人罢工是波音公司运营发展上遇到的最大的组织风险。2005 年 9 月 2 日，由于罢工领导人认为合同提案在养老金支付与健康保险等方面存在不足，美国波音公司的机械师为了抵制此合同提案，于中午 12:01 罢工。在 2008 年 8 月由于罢工群体活动，波音公司迫不得已停止生产多种机型，787 机型飞机也再次推迟交货日期。

2. 供应链问题

波音公司首次采取将全球供应链的战略应用在 787 机型上，整体外包的合作商家数量大大提高。1958~1979 年，波音 707 来源于其他国家制造的零部件只有约五十分之一，而到波音 787 外包程度更高。根据价格考量，只有飞机的尾翼和其最后的组装是由波音集团自身负责生产，其占总成本的十分之一，有高达 40 家合作伙伴负责提供了剩下的零部件，部件由全球供应商来生产，这些供应商不仅要完成产品，还需要共同完成系统的安装。在此系统上，倘若某个环节发生问题，将会耽搁全体 787 项目，787 项目的多次延迟其中大多是由供应链问题导致的。

造成供应链问题出现的原因主要是波音 787 项目部没有对供应商管理的难度做出正确的估计，而且供应商管理团队组织不力，致使 787 项目全球供应链频频出现问题，延误多次。

波音公司针对出现的供应链问题调整了其组织管理模式，将飞机的开发和生产功能部门撤销是其第一措施，按其职能，将项目的团队细化为三个具体部门：开发部、供应商管理部、总装和运营部。而新的管理团队则被调整为由经验丰富的高管和业务经理以及规划专业人员组成。大规模整改从公司的技工甚至到整个领导阶层，其目的是确保全球供应以及生产系统能够正常运转。

2.1.4　风险应对措施

1. 重视组织文化建设

1）人性化的工作环境

波音公司非常重视营造适合于发挥每个职工个性的工作环境，公司文化提倡"享受工作，享受生活"。该公司有专门部门从事这方面的研究，进行规划与实施。工作车间的平面布置、工作台、零件搬运车及工装设计等均由专业人员（工业工程师）按人体工程学概念进行优化设计制造以适合操作工人使用，充分体现了以人为本的管理理念。波音公司办公室的工作环境也是很好的。

2）完善的社会保障

作为美国乃至全世界最大的商用飞机制造商，其为每位雇员（正式员工）提供了令人羡慕的、优厚的医疗保险待遇。

3）宽松的工作氛围

公司在为员工提供一个适宜的环境的同时，也积极营造出一个宽松良好的工作氛围。他们宣扬理解、交流、沟通、协同办公、用户第一的公司文化。上下级之间、同事之间强调相互尊重对方，相互协作、支持。

2. 人力资源管理机制创新

1）完善的绩效考核机制

波音公司的人事与管理部负责员工的业绩考核，编制各种考核标准和程序，科学量化、综合打分管理。自上而下、逐级考核是波音进行业绩考核的特点之一。上级主管考核下属的范围通常为 1∶7，即一个人至多管七人。单位领导定期要对所管辖人员进行评估以便随时应对公司的裁员决定和激励雇员的进取精神（末位淘汰）。民主、对话式考核是波音的又一个特点，为了应对日益激烈的国际航空工业挑战，保持其在全球的领先地位，不断提高管理水平，波音公司自 20 世纪 90 年代初开始从行政管理部门试行"实施管理"工作法，现已推广至全公司工程技术人员。"实施管理"工作法的核心是双向、对话式管理。波音公司"实施管理"办公室专门编发了实施管理说明书来指导具体操作。考核技能和品质主要包括用户要求、质量改进、主动性、工作能力、技术水平、交流技能（口头、书面）、团队工作、发明与创造、正直和诚实、领导艺术、承担风险、培养人才等方面。

2）"双轨"制的人才晋升通道

实行"双轨"制的人才晋升是多年来行之有效的方针。"双轨"即进行人才的分流，形成行政和技术两条道。在波音公司有高级、资深职员岗位，他们各有专长，对公司经营、生产、技术管理起很大的影响，但没有（不担任）行政职务。他们可以享有（或超出）岗位优待，如工资等级、厂内停车的车位等。当有职位空缺时，内部晋升是首先考虑的。通过内部晋升或轮换的方式激励员工，由于内部员工凭借着对其公司所的熟悉，所以对新工作岗位的适应也比较快。

3）完善的培训平台

波音公司是非常重视技术培训的。尽管该公司在招聘雇员时要求十分严格，但公司明文规定雇员上岗前必须进行培训且取得资格（合格证书），即使是上岗人员也必须进行不断的知识更新和再教育，使雇员快速牢固地掌握工作岗位方法和应用技能，同时也使雇员及时了解世界最新技术的发展、开阔眼界、拓宽思路，有益于创造性劳动，这是员工培训的目的和意义所在。

培训中心根据公司与员工的培训需要来设置课程和配备教员，培训中心可开设课目 1100 多门，培训班也是涉及很多领域，如人工智能、计算机辅助设计、通信网络、微机操作/软件、通用飞机介绍、业务管理、领导艺术（团队、沟通、领导方法）、职业生涯规划、新工艺、新技术（光导纤维安装、复合材料加工、产品偏离控制、质量不断改进等）、技安环保、质量管理。雇员可以自行选择脱产培训或业余培训。

3．注视团队协作

IPT（integrated product team，集成产品开发团队）工作法是波音公司通过总结军民机的开发、研制经验提出来的，且于 1994 年初首次在波音 737-700 项目上实施。它是一个以用户要求为中心的团队，实施并行工程将其团队作为核心，由很多不同职能部门的人员共同办公。

IPT 采取共同办公（有形 IPT）或异地办公（无形 IPT）两种工作方式。较高的信息技术和设施的支持是采用异地办公的前提。目前采用共同办公（有形 IPT）的方式较多。

通过上述分析，波音公司以下几点值得大型商用飞机项目组织借鉴。

第一，人性化的管理模式。波音公司对组织文化建设十分重视，实行以人为本的人性化管理方式，充分考虑员工的工作感受，为员工提供各种保障，这种管理模式提高了员工的工作效率。

第二，现代化及信息化管理手段和方法的充分利用。波音公司内部实行基于过程管理模式，通过构建工作团队来实现技术攻坚。

第三，重视人员发展和培训。建立了通常的员工发展通道，为员工制订不同的培训计划，支持和帮助员工成长。

2.2　空中客车公司

2.2.1　组织结构

空中客车公司组织结构如图 2-3 所示。

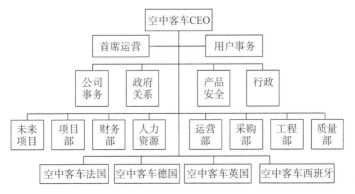

图 2-3　空中客车公司组织结构图

2.2.2 组织管理模式

空中客车公司实行卓越中心管理。卓越中心是世界领先航空制造公司普遍采用的一种先进的科研、生产、服务的组织模式,其作用是通过利用整合集团内外部的资源,并结合管理的先进理念,使公司在某一领域成为地区或者全球的领先者。每一个卓越中心都有自己的职责和决策链,实行专业分工、成本管理,各成本中心负责培育自己的供应商基地,所提供的是系统已经安装和调试好的部件产品。

卓越中心运作模式如图 2-4 所示。

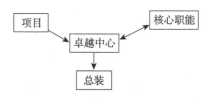

图 2-4   空中客车卓越中心运作模式

2.2.3 组织架构变革分析

空中客车公司是一家拥有着德国、法国、西班牙和英国等背景的国际化飞机制造公司。公司有 50 余年的历史,公司经历了从"经济利益联合体"过渡到"一体化公司"组织变革。为了解决 A380 项目交付推迟所带来的危机,公司推行 Power8 重组计划。

1. "经济利益联合体"阶段

2001 年之前,处于"经济利益联合体"阶段的空中客车公司为各成员公司按照其所承担的工作任务持股,见图 2-5。成员公司承担包括工程、制造以及采购等

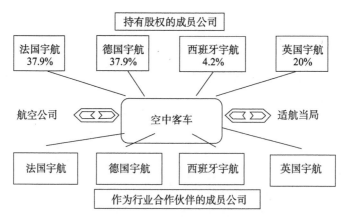

图 2-5   空中客车公司在"经济利益联合体"阶段的组织构成

的工作，并提供完成相应任务所需的资源。公司前期采取按所占股份进行分配利益的方式，在空客公司成立的前 30 年里并没有为公司带来利润。

空中客车公司在处于"经济利益联合体"阶段时，各子公司之间实质是风险合作的伙伴，而空中客车公司仅仅是以经营为目的对其项目进行管理的公司。空中客车公司总部设在法国的图卢兹，持有飞机型号合格证，航空公司和适航当局作为公司法人相对独立，并且同时承担相应的法律责任和社会义务。

经过了 30 余年的不断改善，其集团产品在民机市场上不断增长的资金比重，成功拉动了市场也同时促使空中客车公司将生产项目开发的速度加快，以达到能够对市场的需求及时响应的目的。而此时"经济利益联合体"这种组织结构，大多数业务分布在伙伴公司中，导致联合体在投资计划、基础研究、信息系统、转包政策、顾客服务、采购等方面存在一定的差异，同时也缺乏统筹和协调，无法很好地跟上需求在市场中的飞速发展。联合体的运作模式必须进行改革，虽然它在项目开始阶段有效果，但实质已经开始对空中客车公司的进一步发展起到了反向效果。

2. 进入"一体化"阶段

从 2001 年起，空中客车公司从"经济利益联合体"转变成为"一体化"独立集团。公司以空中客车 SAS 的形式进行注册。原空客三家伙伴公司合并成欧洲宇航防务集团（European Aeronautic Defence and Space Company，EADS）。出于资产考量，EADS 占有 80%股份，英国宇航公司（British Aerospace Corporation，BAE）占了 20%的股份，成为"一体化"的空中客车公司股东具体见图 2-6。

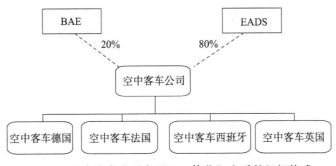

图 2-6　空中客车公司实现"一体化"之后的组织构成

空中客车公司实现了集中管理，其中，公司级的管理职责由中央实体来完成，起到推动作用，尤其是下属的部门，将由原有的工作习惯结合其工作特点进行相应调整，将空中客车公司的通用文化进行吸收，使工作体系进行统一。这是"一体化"重大变革最突出的成就。

3. 公司治理结构

"一体化"之后，空中客车公司设立了股东委员会，任务是领导以及监督公司执行委员会，并参与对公司重大事务的管理决策。

执行委员会是公司的核心，下设财务、项目/运营/采购、风险管理分委员会。执行委员会实行例会制，成员包括：总裁、优良中心执行副总裁、人力资源执行副总裁、财务执行副总裁和采购执行副总裁。

其公司的管理层实质成为一个竞技场，各组成成员为了自身利益进行着竞争。这样的问题真实存在其中，同时也发生在这样的组织结构中。比如，法方、德方在总裁和 CEO 的人选、总装线的选点上都需要进行激烈的争夺。目前为止，A380生产制造阶段中出现的一系列问题也反映了空中客车公司不协调的公司治理结构情况。那么空中客车公司在对多方利益进行平衡时，怎样实施其战略和利用怎样的管理方法也是时候引起我们的关注了。

4. 建立以交付为中心的组织

在 2004 年，空中客车公司将组织的改革以交付作为其中心，其目的是推进"一体化"的进程，将公司组织结构进行重排，将现场授权进行强化，具体见图 2-7。创建优秀的中心成为这轮变革的突出之处。其管理结构化简为如下板块。

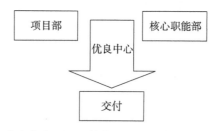

图 2-7   空中客车公司"一体化"后以交付为中心的组织构成

1）项目部

项目部负责设定所有项目的任务目标。对开发阶段的项目开发责任人、生产阶段的总装线责任人、优良中心和总装线进行指令管理，这些指令考虑整机层面，涉及了产品的定义、项目的计划和质量等方面。

2）优良中心

优良中心是集成的专业化中心，主要负责飞机重要部件的详细设计、制造、采购和保障，并面向总装线进行交付，负责综合集成。

3）核心职能部

核心职能部负责空中客车公司内部的规矩的制定，其目的是确保各个优良中心之间能够协调，涉及政策和控制等方面，同时也负责优良中心之外的某些运营。

核心职能部起到了整体管控的作用。核心职能部门涵盖很多，包括人力资源部门、法律部门、财务/审计部门等。

以上三个方面的管理方法贯穿于各国分公司的项目，优良中心存在于四个国家分公司内部，但直接从项目获得任务；各国分公司在法律和社会的义务等方面为优良中心提供现场支持和服务。这种组织变革不仅加强了公司的集权管理，而且提高了公司的管理效率，加速了公司变革进程。

5. 建立专业化的优良中心

组织改革以交付为中心，其最关键的步骤是设立了众多比较专业的优良中心。

（1）机翼：英国。

（2）前、后机身：德国。

（3）机头和中机身：法国。

（4）垂直尾翼：德国。

（5）水平尾翼和 A380 的腹部整流罩：西班牙。

（6）挂架和短舱：法国。

（7）座舱和货舱：德国。

以重视发展历程中形成的专业优势为前提条件，开创优良中心，实质是将空中客车公司的内部进行专业化统一，其目的是集中技术和人才优势，从而削弱分公司的经营职能，通过对内部的专业细化，达到增强实体专业依存度的目的，减少大规模异地专业调整和人员调动所形成的巨额成本。

推进"一体化"的实施是需要时间的，更何况是在这种多国背景之下。不同的软件版本应用在各国国家分公司中，导致了 A380 项目交付时间的推迟。

空中客车公司高层进行频繁的变动，从而导致在 2004 年所制定的目标并未完全实现。这种人事变更极大地破坏了改革进程。Power8 重组计划从 2007 年开始推进，"一体化"进程将其视作加速器。

6. 推行 Power8 重组计划，打造新空中客车公司

为了进一步优化空中客车公司"一体化"进程，由此近期通过了 Power8 空中客车公司重组计划，以便更加深入地促进空中客车公司的"一体化"进程，从本质上不改变空中客车公司"一体化"组织。Power8 重组计划的提出就是要打造一体化程度更为集中的新型的新空中客车公司。

Power8 重组计划的主要内容包括以下方面。

（1）更加高效节约的管理方式。首要方式是通过裁员，削减公司不必要的人工成本。

（2）相当快速的开发周期。比如，将新型飞机的研制周期缩短半年或一年左右，同时找到可共担风险的合作伙伴，创造出完善且有活力的研制流程，以保证

研制周期足够短，同时保证其新产品投入运营时达到符合标准的成熟度。此类举措还有另一个目的便是将公司研发能力提高十五个百分点左右。

（3）精益化生产。为确保所有工厂能够实行相对一致化的生产流程，更好地进行精益改进工作，空中客车公司将同时并深入整合生产、研发设计等相关工作。

（4）精益采购。为了降低空中客车公司研发生产过程中的供应成本，需对供应链进行重新规划和有效巩固，与其核心供应商和战略供应商建立完善的风险共担与合作系统，精简后勤保障，尽可能地减少中心数量。

（5）现金实现最大化。目的在于缩减财务运营资金，对公司所有活动的现金流严加控制。

（6）客户第一。公司产品最终面向和服务客户，因此确保客户利益始终是空中客车公司的首要目标。

（7）加大核心业务拓展的精力。业务拓展不管是对提升整机安全性、完整性，还是提升公司商业特长和技术，抑或是对于大飞机运营后的成熟性、操作性或是可靠性都是极为重要的环节。其主要包括：主要部件和大型复杂件设计、大型复杂件的组合和整装、专业设备的配置，以及新技术部件的生产。

（8）建立和维护全球合作伙伴的长期关系网络。为了在将来数年内与实力强势的合作伙伴保持的长期合作关系，空中客车公司需要重新构建工业生产结构，此类举措将使空中客车公司和合作伙伴可以共担研制成本，共享研制设计资源。

（9）跨国专业化优良中心的建立。大飞机的机体结构包括机身、客舱、机翼、机尾等，其中，机身组装和客舱内饰等由跨国优良中心负责。为了分工能更加明确、决策更加快速、工作界面更加简洁和更加节约成本，现有空中客车公司的八个优良中心在不同国家由四个跨国专业化优良中心所取代，从而领导强化了整个公司，更加完善了流水线生产。

（10）共享 EADS 服务。空中客车公司采取此措施的主要目的是提高效率、优化资源及节省开支。

由于空中客车公司不断遇到困难和挑战，如 A380 项目延迟交付、财政持续恶化、CEO 更迭频繁等困境，退出 Power8 重组计划这项战略措施，获得业界的普遍期待和关注。这十条措施，既是加强成本节约的要求，也有集中核心业务资源的需要，也是空中客车公司理顺工作流程的有效措施。Power8 重组计划是对空中客车公司"一体化"的进一步继续和深化。

2.2.4　风险事件分析

1. 组织文化是成功的关键

组织文化是导致空中客车公司 A380 项目管理出现问题的原因之一。空中客车公司 A380 项目管理问题不仅是技术问题、项目经理问题、CATIA 软件问题，也存在组织文化问题，没有有效的文化规划注定达不到预期项目目标或者导致项目失败。

空中客车公司的问题在于缺乏组织认同感、团队协作和容忍。组织成员没有将组织视为一个整体，他们不愿意为了政治而去设计和制造世界级的大型飞机，相反，他们只关注自己感兴趣的。

2. 组织架构

在 A380 项目中，组织架构的问题直接导致了其在项目管理中信息交流以及沟通的不畅，即使公司股东由四国共同参与，可从四国的股权结构来看，空中客车公司中法德两国各自持有百分之二十二左右的股份，然而其实际上并非如此，而是由法德共同控股的法德双控组合，以形成这样一种相当微妙的平衡关系。从其领导班子的成员构成也可看出，空中客车公司设置了两个董事长和两个 CEO 的职位，而其中任职人员中法德双方各居其一，他们各自都有相对平等的管理权。所以由于各自为自己国家考虑的政治因素，空中客车公司不得已在其生产进程和管理结构中设置了太多不必要的低效率职位流程等，这也使得内部沟通存在巨大的阻力。

3. 项目管理层频繁更迭

空中客车公司 A380 项目延期的一个重要原因是"走马灯式"的领导层更迭。比如，在 A380 试飞当日，公司突然宣布马里奥·海宁取代原主管查尔斯·尚匹翁成为 A380 项目负责人。那时的空中客车公司有巨额款项需要赔偿，因此确保 A380 不再出现延迟交货的问题顺理成章地成为海宁上任后的首要任务。自延期事件以来，空中客车公司的 CEO 已换三任。克里斯蒂安·斯特雷夫曾经尝试对空中客车公司结构中根深蒂固的问题进行改革，然而英法两国政府官员却担心会引起劳动分配不公而坚决抵制，经济问题在各种因素的作用下最终演变成政治问题，并且越发激烈而一发不可收拾。一百天后斯特雷夫宣布辞职。继任者路易·加洛瓦为解决超支问题，提出成本节约计划，新产品开发周期因成本节约计划的落实而缩短为两年。

不可否认的是，空中客车公司 A380 项目管理层声誉的急剧下滑跟其高层更调频繁不无关系。强大的抗风险能力和稳固的高层领导人相辅相成，不可分割（詹伟和邱菀华，2017）。

2.2.5　风险应对措施

1. 组织模式

我国发展大型商用飞机目前所面临的情形与起步阶段的空中客车公司很是类似。因此，在探索适合我国大中型商用飞机项目发展模式过程中，可以参考空中客车公司"两阶段"发展模式，无论是项目组织形式上，还是项目管理体制机制上，应当逐渐转变发展道路，使公司从"经济利益联合体"逐渐向"一体化"过渡。

若将目前所处阶段命名为"经济利益联合体"，则由民机项目公司出面，将航空工业，包括国内、国外有兴趣的投资者的现有力量聚集起来，将其发展成项目的分包商和项目风险合作伙伴，率先建成民用飞机"经济利益联合体"项目，实现原始积累。在此过程中，利益相关者的所有成员都应抱有坚定的信心、足够的耐心，着眼长远利益，不局限于短期利益。国家也要健全民机立法制度，以使得民机发展战略确保得到每届政府的支持，能够坚定地执行既定战略。要建立起中国真正的民机公司和民机产业，需要给予足够的时间，将项目市场份额发展得足够大，此时，再将资产、员工、业务等相关项目与项目公司彻底一体化，最终更好地实现中国航空工业长远利益。

2. 型号项目组织经验

通过对空中客车公司 A380 项目过程问题及成功经验的分析，我们可以总结出很多对大型商用飞机项目组织管理有重要价值的东西。首先是组织文化的重要性。大型商用飞机项目组织需要加强组织文化建设，要有不怕困难、不怕吃苦、努力钻研的精神，团结协作、共同攻克技术难关。其次是保持组织的稳定性。一个组织形成良好的组织文化后需要保持一定的组织稳定性，组织领导的更替势必会给组织带来一定的影响，包括组织文化的变化、组织人员的变化等。大型商用飞机项目组织的领导干部可能因为国家建设的需要调动到新的岗位，在组织风险管理机制设计中需要设定一定的应对措施，应对这种影响，力争减少到最低。最后是加强与组织外部供应商的沟通与管理。A380 项目的延误一部分原因是与外部供应商的沟通不到位，对于大型商用飞机项目组织而言也需要加强供应商管理，构建有效的沟通协调机制，将供应商风险降低到最低。

2.3　国内航天型号研制项目管理组织结构及其特点分析

航天型号管理是集团公司、院、厂（所）三级管理体系，其优势是责任分解。在各个项目型号中，最高责任人全面负责型号研制；分系统指挥对分系统研制全面负责。其中，型号总设计师在型号研制过程中具有绝对技术权威，主任设计师和若干副主任设计师、若干副总设计师分工明确各司其职，层层落实型号的研制。项目部门统筹兼顾扮演调度中心的角色，其中设在相关部门的质量、元器件采购、研制经费成本管理、研制计划调度等人员，型号的研制计划、进度以及生产、试验、技术状态由其负责。

1. 以总设计师为核心的技术指挥系统

以航天项目工程为对象，跨行政建立的技术工作系统就是技术指挥系统。项目总设计师、主任设计师、主管设计师和设计师共同组成了技术指挥系统。项目的技术工作由工程项目总设计师负责和决策，其通常是工程总体设计单位的负责人担任；分系统的项目负责人是主任设计师，主要负责项目的主要技术和决策，由总设计师领导，对总设计师负责，通常是项目主要由分系统设计单位技术负责人担任；产品设计者又是主管设计师，负责主要配套产品设计的技术和决策；项目的配套产品及零部件等由设计师负责。

设计师系统是在项目研制任务下达后由总体单位任命的各级设计师构成。总设计师和副总设计师的技术委托及办事机构组成总设计部。项目研制的分工和设计、技术决策及技术协调工作在明确的岗位职责下，由项目总设计师、分系统主任设计师、单项产品主管设计师以及各级设计师分工进行。

2. 以总指挥为核心的行政指挥系统

以航天项目为对象，跨行政建立的行政工作系统就是行政指挥系统。行政指挥系统有总指挥、指挥和调度员三级。项目的总指挥负责工程项目总的行政工作和决策，通常由工程项目总体单位的行政负责人担任；指挥是工程项目总体所在单位及主要分系统设计所在单位的行政指挥系统的行政负责人和决策者；调度员是工程项目的行政指挥系统的具体工作者，一般由工程项目的总体设计、分系统设计、配套产品及试制生产、试验单位的计划管理或生产调度管理部门人员担任。

行政指挥系统要一次性应对多个项目，依据总设计师对各项目的技术路线、总的方案等论证分析，参照各时期各分系统的进度、配套设施对各工程的实施计划进行动态调整，以避免不必要的工期偏差，使计划调度与技术协调结合起来、经济责任制与技术责任制结合起来，用行政指挥来综合平衡需求、任务和条件，以实现通过技术指挥线确定的技术路径，确保各型号各阶段的任务可以顺利完成。

2.4　国内航空型号研制项目管理组织架构及其特点分析

2.4.1　西飞公司研制项目管理组织架构

型号任务下达后，中航工业西安飞机工业（集团）有限责任公司（简称西飞）立即着手建立型号项目组，项目 CEO 由公司总经理担任，项目执行副总裁由公司副总经理担任，项目执行经理由副总工程师担任，型号项目管理由项目执行经理全面负责，包括技术、费用、管理等。项目组织设置高级项目经理（也叫科研经理）岗位和项目经理（即办事员）岗位，负责组织、协调和沟通与项目相关的事务，项目经理一般设置 4~5 名。职能部门人员按项目需求规划到项目组，但该类人员的主要管理（包括考核、晋升、培训等）仍然在职能部门。项目的资源需求直接由所在项目的职能部门人员处理，不再需要向职能部门负责人审批，这样提高了办事效率，节约了沟通成本。实际上这是一种弱项目管理组织模式，职能部门在项目管理组织中仍处于主导位置。西飞公司组织结构图如图 2-8 所示。

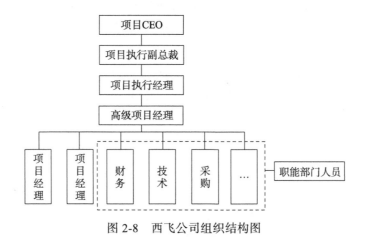

图 2-8　西飞公司组织结构图

2.4.2　一飞院、618 所型号项目管理组织架构

618 所型号项目管理组织架构采用弱矩阵模式，职能部门强于项目部门。在中国航空工业集团公司设计研究院（简称一飞院）弱矩阵组织模式下，职能部门相应权限较大，项目人员权限较小。各型号项目由院科技部协调各所协同完成，项目管理限于院一级，项目管理和风险管理尚没有得到真正意义上的应用。

2.4.3　国内航空型号项目管理组织的特点

国内航空型号项目管理组织具有以下特点。

（1）采用弱矩阵组织形式。在型号项目管理上，项目上主要的资源分配、人员安排等来自职能部门，公司在项目管理上的决策权有限，项目上的一般决策是由职能部门完成。

（2）存在两条指挥线。在航空项目管理组织模式上存在两条指挥线：行政指挥线和技术指挥线。该模式是我国航天航空发展的重要基石，但是也存在行政指挥线不了解技术问题、行政指挥线与技术指挥线职责混淆不清等问题。

（3）项目管理人员经验较少。由于长期的计划经济管理机制，项目管理在我国航空型号项目上应用实践较少，项目管理人员缺乏相对丰富的型号项目系统工程工作经历和经验。

（4）人员流动性大。在型号项目的行政指挥线的管理人员流动性较大，有些管理人员由于各种原因（调离、借调、挂职锻炼等）离开原岗位，尤其是行政指挥系统的高层领导的调离对于项目的正常运行势必造成一定的影响。

第 3 章

基于"主制造商–供应商"研制模式的大型商用飞机项目管理体系

3.1 大型商用飞机项目管理模式

3.1.1 "主制造商–供应商"组织模式

中国研制大型商用飞机即将采用的"主制造商–供应商"模式，按照中外惯例相融合，产品研制与产业化相互促进的原则，借鉴国际上主流航空工业公司的发展模式和管理运行体制，同时结合中国行业内 50 多年来的探索结果，建立了四个中心，即设计研发中心、总装制造中心、客户服务中心和试飞中心。中国商飞与供应商协同合作，建立开发式的设计研发中心。总装制造中心主要适应其产业化能力和系列化发展。客户服务中心主要支持飞机交付和航线的正常运营。试飞中心主要开展民用飞机及相关产品的试飞与试飞相关的试验、维修、验证、鉴定等业务。

中国商飞作为中国大型商用飞机的主制造商，重点加强了总装制造、适航取证、客户服务、设计集成和市场营销等能力，以招投标方式，运用市场机制择优采用机载设备、发动机和材料等，同时更加注重用好国内现有资源。

在"主制造商–供应商"模式下的供应商为"I"级，其不但要按照需要进行初始和年度的现场审计，还要有相当完整的质量保证体系，依据合同和《质量保证大纲》为主制造商提供地面设备和航空产品。其组织模式如图 3-1 所示。

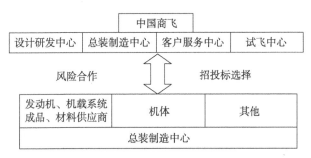

图 3-1 中国商飞"主制造商–供应商"组织模式

1. 大型商用飞机项目供应商的特点

1）大型商用飞机项目的主要供应商

大型商用飞机项目的主要国内供应商包括航空工业成都飞机工业（集团）有限责任公司（简称成飞）、江西洪都航空工业集团有限责任公司（简称洪都）、中航沈飞股份有限公司（简称沈飞）、西飞等，国外供应商包括 CFM 国际公司、奈赛公司、霍尼韦尔航天公司、派克宇航公司、汉胜公司等。

2）大型商用飞机项目供应商分类

按照产品，大型商用飞机项目供应商分为：动力装置系统供应商、机体结构供应商、机载系统/成品供应商和标准件/原材料供应商。其中，动力装置系统供应商、机体结构供应商是合作供应商，主要包括国际采购供应商和国内的机体结构供应商；机载系统/成品供应商也是合作供应商，主要包括综合航空电子系统、飞机飞行自动控制系统等国际采购供应商；标准件/原材料供应商为实际生产商。

按商务性质，大型商用飞机项目供应商分为：战略联盟供应商、国际合作伙伴供应商和一般供应商。战略联盟供应商指与主制造商一起，按照战略合作伙伴关系承担项目风险，分享收益，共同开发市场，进行股份合作的供应商；国际合作伙伴供应商指在项目初期参与项目产品研制，与主制造商一起为项目量身定做产品，并各自承担各自的研制费用，以获得提供产品的有利地位和有效订单；一般供应商指传统意义上依据买方要求提供产品的供应商，可替代性强，产品较简单。

3）国内供应商特点分析

（1）合作历史长。中国航空工业集团所属的航空工业公司与中国商飞及其各大中心存在较多的历史合作，历史的合作为大型商用飞机项目的研发奠定了坚实的基础，使作为供应商的沈飞、西飞等更易于与中国商飞协作，联合攻关，确保大飞机项目的研发质量、进度。

（2）技术相对成熟。沈飞、西飞等国内航空制造公司通过较长时间与波音公司、空中客车公司等发达国家的航空巨头合作，掌握了一定的先进生产制造技术，具备了一定的生产研发能力。

（3）易于沟通。西飞、沈飞等供应商与中国商飞都是中航工业集团的重要力量，具有相同的文化背景和相同的复兴中国航空业的历史使命感，这些特点决定了供应商与主制造商之间的沟通非常顺畅。

4）国外供应商特点

（1）文化差异大。国外供应商主要是来自美国和欧洲，存在东西方文化上的差异，造成了主制造商与国外供应商的语言与文化沟通风险以及协作不力的风险。

（2）技术力量强。国外供应商掌握了国际最为先进的航空研发技术，具有世界上技术力量最强大的研发团队，以及拥有先进的生产、研发和制造的管理经验。这些先进的技术和经验为大型商用飞机项目的成功奠定了基础。

（3）合同风险大。文化上的差异、国际合作的经验较少等原因势必增加了大型商用飞机项目主制造商与国外供应商合作的合同风险。这就需要中国商飞掌握国际合作的合同通则，了解国际航空工业项目合作的惯例和规则。

2. "主制造商–供应商"模式特点

"主制造商–供应商"管理模式是当前民用航空产业管理水平条件下最为先进的管理模式，波音公司以及空中客车公司在此模式下都做了相对有效的探索，并取得了成功。在"主制造商–供应商"模式下，主制造商不但要集中力量完成自身的任务，还应从管理顶层的角度集中资源管理项目，项目有其任务节点和时间节点，在此节点上协调、组织和管理所有供应商的阶段性目标和总体目标，进行产品的试验验证、产品定型设计、客户服务和交付生产等任务，并且配合主制造商及有关供应商进行产品成本控制、综合试验验证和技术集成等。总的来说，综合统筹主制造商和供应商资源，主制造商作为全局掌控者，从顶层角度出发，按技术要求和工作特点统一配置资源，管理产品全生命周期，就是"主制造商–供应商"管理模式，有如下几大特点。

（1）协调范围宽。中国商飞作为主制造商，将跨国界协调国内外多家机体和主成品件供应商，范围涉及了技术、成本、计划、质量、服务、交流培训和合同管理等。另外，主制造商还要采纳航空公司的意见及要求，促使各航空公司协同合作；为及早取证交付，还要努力协调中国适航当局和美国适航当局；为争取有利的发展资源和政策，协调当地政府和国家有关部门。

（2）管理工作接口多，标准差异大。项目的管理接口涉及诸多环节，包括制造、质量、工程、计划、适航、成本、进度和交流培训等多项供应链环节，需要协调多方工作关系。为了使项目研制工作被中国商飞尽最大可能地掌控和优化，其业务部门要全面对接供应商业务。由于国内外各个供应商都有自己独特的技术和管理标准，其理念、习惯和语言差异等都使管理工作变得更为复杂。

（3）缺乏必要的激励机制。在"主制造商–供应商"模式中，主制造商虽然对供应商有着最终处置权，在供应链中处于核心地位，但由于其扁平化结构特征，故而主制造商和供应商是平等的地位，只能通过日常协调沟通完成工作，缺乏相应的激励机制。虽然有项目指挥部，但其指令只能对接某供应商，而无法对接个人。面对需要多方利益主体协商解决的问题，其低下的沟通效率会严重影响到项目的整体进度。

（4）过宽的扁平化管理架构造成的信息不对称。航空工业专业化强的问题虽然可以通过按专业细分的扁平化的组织结构得以解决，但是其涉及的专业、行业和流程过多，造成其跨度大、信息化不足、激励机制不健全等问题，进而带来信息的高度不对称和管理效率低下的问题。

（5）尚在探索阶段的工作分工。即使同样是"主制造商–供应商"模式，也有着不同的分工方式，存在着波音公司与空中客车公司之争。主制造商负责把大多数研发工作、少部分制造工作纳入风险合作体系，即波音模式。将业务全部纳入风险管理体系的则是空中客车模式。

3.1.2 "两总系统"的项目管理组织模式

"两总系统"是我国航天事业发展和成功最为有力的保障，在许多航天型号项目上"两总系统"发挥了巨大作用。比如，在中国绕月探测项目实施过程中，建立了行政和技术两条指挥线，设立工程总指挥、月球应用科学首席科学家和总设计师，各系统设相应总设计师和总指挥官。大型商用飞机项目也充分吸收了航天项目管理的先进经验，同样建立了行政和技术两条指挥线。

1. 行政指挥系统

行政指挥系统设立总指挥、常务副总指挥、副总指挥和各级指挥，并设立行政指挥系统办公室，在项目管理部设置办公室。按照工作要求，总会计师和总质量师在行政指挥系统内设立。行政指挥及行政指挥办公室在总装制造中心、设计研发中心和客户服务中心设立。为强化对现场研制的工作领导，必要时成立现场指挥部，设立现场总指挥，承担研制现场的组织、指挥、协调和调度职能。

行政指挥系统的相关职责主要有计划控制、组织指挥、经费控制、进度管理、适航管理、质量管理、人力资源管理和综合管理。在研制项目过程中跨行业、跨部门组织协调有关问题以及需要解决国家有关部委和地方政府解决的问题；协调和控制项目研制过程中出现的问题，力保按时获得足额研制经费，同时检查监督研制计划的执行，配合设计师工作系统展开，确保研制项目正常运转。

行政指挥系统办公室是行政指挥系统的综合协调和日常办事机构。公司各部门按职能分工，对大型商用飞机项目研制中相关业务实施管理。

2. 技术指挥系统

技术指挥系统由总设计师/副总设计师（含制造、客户服务和适航）、主任设计师/副主任设计师、主管设计师/副主管设计师三级组成，并同时设置了设计师系统办公室，办公室设在设计研发中心，根据工作需要，可设立总设计师助理职务。设计师系统的主要职责如下：在行政总指挥下接受其统一的组织和领导，负责项目设计、制造、试验、试飞、适航和客服等技术工作，制订技术的总体方案和飞机设计的要求，确定项目研制的技术规范，开展客户服务和工程技术研发，对关键的技术进行组织攻关，提出技术保障要求（包括项目研制、试验和客户服务等），协同解决工作中的关键技术问题。

3. "两总系统"特点分析

（1）虽然大型商用飞机项目集中了我国航空航天领域型号项目管理的精英，但是他们缺乏丰富的民用飞机项目系统工程工作经历和经验。

（2）在总设计和总指挥的系统中，其设计师从事过民用飞机总体设计的较少，工作经历和学历背景等参差不齐，导致型号"两总"大部分来自其他岗位。

（3）沟通和交流在"两总"系统之间有所缺乏，如何构建有效的交流平台，打破交流壁垒，使工作程序和方法更加规范是急需解决的问题。

3.1.3　"一个总部多个中心"架构模式

1. 研发中心

研发中心即上海飞机设计研究院，在 20 世纪 70 年代建立，是当前国内唯一的大中型民用飞机设计研究院。五十多年的时间，我国完成了大量的民用飞机型号设计和研制任务，其中，运-10 七次飞抵拉萨，是干线飞机成功设计的第一架大型商用飞机；其和陕西飞机工业（集团）联合设计了气密型飞机运-8；全面参与了麦克唐纳-道格拉斯公司（简称美国麦道公司）组办的国际合作项目和超高的研发过程，出色完成了 35 架 MD-82/83 和 2 架 MD-90 干线商用飞机联络工程及适航任务。21 世纪初，中国商飞承担了国家重点工程 ARJ21 新支线飞机的设计。

研发中心在大型商用飞机项目中主要承担总装设计、系统集成、飞机设计完整性、试验试飞等责任；保证设计体系的完善，确保型号设计符合市场及适航要求，组织符合性的验证试验同时提供符合性文件及相关证据和适航取证；组织、协调、控制和管理国内外供应商的研发及联合设计任务。

2. 总装制造中心

上海飞机制造有限公司于 1950 年设立，作为飞机总装制造中心，从飞机修理起步，其服务对象为空军、海军和中国民航，共有三千四百多架飞机由其改装，有三十多种型号。20 世纪 70 年代，我国又自主研发设计了运-10 四发喷气式飞机。与美国麦道公司合作了 35 架 MD-82/83 飞机。主制造商独立完成了 2 架 MD90-30 干线飞机 70% 的机体研制，并承包了 ARJ21-700 项目的研制和大型商用飞机项目研制的任务。公司大型飞机的总装技术先进，部件对接技术精准规范，具有符合国际标准的校验和测试装备、丰富可靠的人力资源和质量保证体系。中国商飞担任着总装制造中心的任务角色，负责干支线飞机的总装制造，引领着中国民机领域的发展，且逐步向世界一流总装制造公司迈进，未来将会是高效且值得信赖的航空总装制造商。

总装制造中心在大型商用飞机研制中主要承担主制造单位责任，建立完善的生产质量保证体系并满足适航要求，承担飞机制造符合性和完整性责任，提供适航取证的符合性文件和证据；负责大型商用飞机机体部件、发动机、机载系统成品等采购管理与国内外供应商制造工作的组织、管理、协调与控制。

3. 客户服务中心

上海飞机客户服务中心承担了国内外支线的大型商用飞机客户服务体系的建设和技术研究，还有相关科研和全寿命客户服务的实施工作。其主要从事了包括乘务、派遣、机务和民用飞机的飞行等训练；航材和设备的进口、出口及国内外的销售、维修、租赁、航空运输方面的开发、服务和技术咨询；民用飞机零部件的加工生产和维修；技术出版物的刊行和全寿命服务；维修和改装民用飞机；民用飞机航空领域内的劳务和技术协作、客户服务及其他相关业务。

针对大型商用飞机项目，上海飞机客户服务中心将按照中国商飞的要求，同意制订、部署客户服务在大型商用飞机中的发展规划，客户服务和型号研制计划的制订执行，大型商用飞机客户服务体系的基础设施建设、设备的研制和技术研究。客户服务中心还负责加速引进消化再创新，促使客户服务科技创新加快步伐，独立掌握核心技术的自主知识产权。加强航材支援、技术刊物出版、飞行训练、工程技术服务、网络和数字化客户服务、市场支援能力等建设，使民用飞机客户服务专业化水平得到有效提升；同时为满足国家需要，完善技术、科研和管理队伍，提高自主研发能力。

4. 试飞中心

中国商飞试飞中心作为公司民用飞机试飞验证实施机构，将主要负责飞机的交付、科研和试飞的取证等工作，负责公司的展示飞行、空中摄影和广告宣传等工作，负责飞机总装后的检查、调试与停机坪工作。

5. "一个总部多个中心"的模式特点分析

"一个总部多个中心"模式具有如下特点。

（1）职责明确、分工合理。各大中心在大型商用飞机项目中任务明确、职责清晰，有利于各大中心发挥各自专业优势，在专业技术方面精益求精，同时有利于项目费用、进度、质量等目标的控制，若出现问题能及时有效地追本溯源发现问题原因，制定有效的应对措施。

（2）协同合作。各个中心作为一个有机整体，将设计、研发、生产、采购、总装、服务有机地整合在一个平台之上，通过它们之间的相互协作、相互促进，以共同实现大型商用飞机项目。

（3）统一指挥协调。一个总部的模式中，总部可以根据项目发展需要统一协调各大中心的工作任务和目标，形成一个有机的整体，总部像人体的大脑，各大中心像人体的四肢，有利于集中力量攻克难关。当各大中心之间出现沟通和协调不力的时候，总部还可以协调，使各大中心协作有力。

3.2   大型商用飞机项目采购供应商管理

3.2.1   航空制造企业供应商产业链分析

对于航空制造企业供应商产业链而言，以民用飞机制造企业为例来分析供应链结构。按照企业参与产业提供产品或服务的不同航空界将产业链可以划分为航空器营运商、航空器制造商、航空产品制造商、航空服务提供商、产品销售与配套等。这几个领域的企业之间的供应与需求关系的构成便是航空产业的供应链结构。在民用航空制造业的供应链中，其最底层的供应链尤其是金属原材料供应商，大多是大型矿山企业，零部件供应商处于中间位置，在供应链节点中比较分散。

对于航空产业供应链结构的分析还可利用价值链工具。"横向一体化"格局在民用航空制造企业间逐渐形成，综合研究当前文献和民用制造产业的提法，其领域供应链结构可分为如下三层。

初始航空订约人、主承制商为第一层，如空中客车公司、波音公司、庞巴迪宇航公司、巴西航空工业公司、洛克希德·马丁公司、贝尔直升机、西科斯基飞行器公司、普拉特·惠特尼集团公司、通用电气公司等，军用或民用飞机机身或引擎由他们为客户或航空公司供应。在此层级的企业多为超大型跨国公司。由于航空工业在认证和技术上的复杂性，故该领域的新入者很难进入第一层级，但是可以作为第二层级、第三层级的供应商，会有比较好的机会进入航空产业中去。

为第一层级制造商供应飞机部件、构件、电子设备、子系统等设备或者叶片、钣金、机匣、燃气轮机引擎等零部件的为第二层级航空制造商，如联信公司、马可尼公司、戴尔公司、罗克韦尔国际公司等。处于该层级的企业大多为大中型专业化企业，一般会向多位初始航空订约人提供材料和零件。

为第二层级航空制造商提供标准件、非标准件或原材料的企业为第三层级企业。该层级企业以中小型企业为主，但是原料供应商以大型企业为主，同时向多个不同领域供应商提供产品。

3.2.2   民用商用飞机产品各主要部件供应商情况

1. 我国民用商用飞机发展概况

我国民机产业发展经历了诸多阶段，分别是仿制和测绘阶段、自行研制阶段、国际合作转包生产阶段、改型研制阶段和自主创新阶段，积累了相当的设计制造经验，也形成了较完整的航空产品研发、制造产业链（徐钫，2006）。

随着 ARJ21 和 C919 项目的启动，我国民机制造开始步入新的阶段即自主研制阶段，新起点自 2007 年中国商飞的大规模国际化招标开始，中国民用飞机制造业更是迎来"以我为主"的新时代。我国民用飞机产业化的责任主体是中国商飞，按照飞机产业流行的生产模式，即"主制造商–供应商"模式，重点对飞机设计集成、总装制造、市场营销、客户服务和适航取证等能力进行加强，希望能由此来带动中国航空产业整体的进步和发展。中国商飞的招标原则也体现着"以我为主"——扶持国内企业，提升制造水平。国内厂商完全能够生产、制造机体部件；鼓励国外供应商与国内企事业单位合资生产综合航电系统、主飞行操纵系统等核心航电设备，鼓励国内外企业进行系统级和设备级合作开发、环控、照明等机电设备；鼓励国内具有基础和条件的各种所有制形式（包括民营企业在内）的企事业单位参与竞争材料和标准件，具体如表 3-1 所示。

表 3-1　国内大型商用飞机产业链主要上市公司

项目	主要厂商	主营业务
航电系统	中航机载系统股份有限公司（600372）	2009 年 6 月公司资产重组后主营业务由直升机科研生产变更为航空机载照明与控制系统产品的制造业务
动力系统	中国航发动力控制股份有限公司（000738）	航空发动机零部件加工、汽车发动机零部件制造、汽车电动助力转向器的生产和销售、国际机械产品加工贸易、摩托车及摩托车发动机产品的生产和销售等机械制造业务。2009 年重组后公司主营业务变为航空发动机控制系统产品的制造
	中国航发动力股份有限公司（600893）	国内大型航空发动机制造基地企业，曾研制生产我国第一台大推力涡轮喷气发动机、第一台涡轮风扇发动机、第一台舰用燃气轮机燃气发生器，参与国内多个新型航空发动机的科研、制造任务，如"秦岭"发动机和"太行"发动机等
	中国航发航空科技股份有限公司（600391）	生产航空发动机零部件的企业，产品包括叶片、机匣、环形件、燃烧部件等
标准件	贵州贵航汽车零部件股份有限公司（600523）	密封条、铝质散热器、橡胶带管等研发与生产
刹车系统	湖南博云新材料股份有限公司（002297）	粉末冶金复合材料领域中基础研究、应用研究，主要从事粉末冶金摩擦材料、碳/碳复合材料、纳米材料和其他新型材料及相关新设备的研究、开发、生产和销售
机体制造	中航西安飞机工业集团股份有限公司（000768）	公司是科研、生产一体化的特大型航空工业企业。2007 年股改后，公司由以国产飞机零部件和国外转包零部件生产为主转变为以飞机整机生产和国外转包零部件生产为主，拥有集团绝大部分的飞机零部件转包业务，国产支线飞机新舟 60、ARJ21 的制造业务（ARJ21 的总装除外）

2. 大型商用飞机主要部件分解

300 万~500 万个零件才能组成一架大型商用飞机，而这些零部件需要数千个供应商生产。但是从飞机的主要部件来看，大型商用飞机主要包括机体、发动机、航电设备、机电设备和标准件及其他五部分（赵萌等，2017），具体如图 3-2 所示。

图 3-2　大型商用飞机主要部件价值占比

机体：外包生产，大多用在整机制造商机体部件中。整机制造商本身具有机体部件生产制造的能力，但是为了专业化分工和全球协作，波音公司和空中客车公司都不断剥离部件制造类资产，从而降低部件自制率。20 世纪 90 年代，波音公司各类大型民用飞机的部件自制率平均 40%；空中客车公司 2007 年 3 月宣布 Power8 计划，拟在 A350 飞机开发过程中将风险合作供应商所承担的机体制造业务提高到 50%，对位于法国、德国和英国的 6 家工厂也开始着手剥离。

发动机：是飞机的 A 类关键性部件，也可看作飞机的心脏，整个飞机的综合性能由其决定。无论从研制难度还是从价值量来看，飞机部件里面单个价值最大的部件一定是航空发动机。按照国际业界的通常情况，一架 B787 制造完成需要花费 80 亿~90 亿美元，其中，系统设备工作包占 50%以上，相当于 40 亿~45 亿美元，在系统设备工作包费用中，发动机系统又占一半，也就是 20 亿美元左右。

航电设备：航电设备是飞机的重要组成部分，主要安装在飞机前部机腹电子设备舱内，少部分安装在机首、机尾位置。其在使用过程中经常会受到飞机发动机本身、飞机外部的气动扰流、飞机的飞行姿态以及起飞、着陆、滑行等因素产生的震动、冲击作用。

机电设备：机载设备有航电设备和机电设备两大类。飞机的安全性、操控性、经济性、安全性和适航功能与纷繁复杂的机载设备相关，是飞机整机的重要组成部分。机电设备是指安装在飞机上的控制和监控电子设备，用于控制和监测飞机的状态和运行。这些设备包括自动驾驶系统、通信导航系统、仪表、传感器、液压和电动执行机构等，是飞机整机的重要组成部分。

标准件及其他：除上述的机体、发动机和机载设备之外，飞机的有效组成部分还包括标准件、飞机内饰、电线电缆等。

3. 大型商用飞机主要部件供应商研究

机体，国内企业已成主导之势。历经数年国际转包生产，国内厂商已完全具备了机体制造能力。例如，中航工业的沈飞、成飞和西飞承担了中国支线商用飞机 ARJ21 的机体制造。根据中国商飞招标确定的原则和中标供应商的结果来看，大型商用飞机机体部件也是由国内供应商承制。

机电设备，引进合资生产技术。由于飞行控制系统、液压系统、燃油系统、通信系统、导航系统等决定了体现飞机整机的整体性能的核心机载设备，因此更需要整机制造商在配套选择方面进行严格限制。核心设备当前控制在少数企业集团手中，例如，罗克韦尔国际公司的航电系统、汉胜公司的电源系统、派克公司的液压系统和燃油系统、霍尼韦尔公司的飞行控制系统等，此外同样能反映这样的现实的是，国外供应商全权供应我国支线商用飞机 ARJ21 的机载设备，如表 3-2 所示。由于市场集中度相对较高是核心配件的特点，整机制造商往往会出于安全性、经济性方面的考虑，从而选择相对固定的核心配件供应商。国内供应商方面，虽然经历了数十年的发展，在军用飞机配备方面，我国机载设备企业已经逐渐成熟，但是在经济性、适航性方面，我国机载设备企业与国际龙头企业差距依然较大。综上，目前我国机载设备主要采取合资生产引进技术的战略布局。

表 3-2　ARJ21 机载设备供应商

主要机载系统	供应商
主要航电系统	罗克韦尔国际公司
主飞行控制系统	霍尼韦尔公司
电源系统	汉胜公司
液压系统	派克公司
燃油系统	派克公司
驾驶舱控制系统	萨吉姆公司
空气管理系统	利勃海尔公司
起落架系统	利勃海尔公司
防火系统	凯德航空公司
照明系统	古德里奇公司
水/废水系统	Enviro-Vac 公司
氧气系统	B/E 航空公司

在择优国外供应商的同时还要确保国内供应商能够有效参与研发，并以此带动国内机载设备的研制水平，中国商飞确定了以下三个原则：①要求国外供应商与国内供应商成立合资公司，对航电、飞控、电源、燃油和液压系统要求具有系统级产品研制能力。产品的技术、系统集成和适航取证责任由外方负责。②支持国内供应商与国外供应商进行系统级和设备级合作开发机电系统，如辅助动力装置、环控、起落架等。③鼓励国内企事业单位以转包生产方式与国外供应商合作。

发动机，国产化尚需时日。全球民用航空发动机市场为典型的寡头垄断市场，主要是通用电气公司、普惠公司、罗罗公司垄断。谅解备忘录由中航商用航空发动机有限责任公司和中国商飞进行签订，并已经在国内合资建立发动机总装和试车生产线用于 LEAP-X1C 发动机。

航空发动机也是科技含量极高的高附加值产品，商用飞机发动机公司作为一个产品的集成制造商，在不久后也将寻找优秀供应商参与到国产大型商用飞机发动机项目，包括单元体供应商、系统供应商、原材料供应商，如表 3-3 所示。

表 3-3　大型商用飞机发动机及相关部件供应商

工作包	相关公司	进展情况
总装	中航商用航空发动机有限责任公司	与 CFM 国际公司签订谅解备忘录，与德国德美航空发动机公司签订谅解备忘录，已经成立专家小组对国内供应商进行考察
部件制造	西安航空动力股份有限公司	发动机总装单位，同时也是我国大型运输机发动机总装单位
	四川成发航空科技股份有限公司	发动机部件
	南方宇航科技股份有限公司	发动机控制系统
	陕西宏远航空锻造有限责任公司	铸锻件
高温合金及其他材料	北京钢研高纳科技股份有限公司	发动机材料

标准件及其他，潜在供应商众多，竞争激烈。2009 年 3 月 27 日，中国商飞公开招标一系列产品，包括紧固件、密封件、操纵件、轴承、电线电缆和电气通用器件的标准件。标准件领域的竞争比其他主要系统、部件相对激烈，其中民营竞争较大的包括电线电缆、电气通用元器件等产品，如紧固件领域由中国航天科工集团有限公司的信阳航天标准件、中国航空工业标准件制造有限责任公司研制大型商用飞机配套轴承，由哈尔滨轴承集团有限公司、洛阳轴承公司、瓦房店轴承股份有限公司等联合攻关研制，橡胶件由安徽中鼎密封件股份有限公司研制等。

航电设备，复合材料的发展前景一片大好。钢、铝/铝锂合金、钛、复合材料及其他材料构成了传统飞机机体主要结构部件。以空中客车 A350-900 为例的材料构成，如图 3-3 所示，飞机减重这一课题也随着市场对飞机经济性和环保性要求的提高而变得尤为重要。

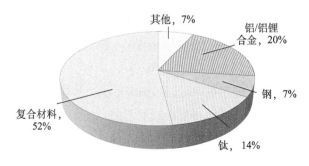

图 3-3　A350-900 的材料比例

根据中国商飞介绍，传统材料仍然为 C919 一期的主要材料，但部分比例的复合材料也会采用。其中，30%以上的材料仍使用铝合金，15%采用复合材料。复合材料的占比也将在后期中逐渐扩大，预计达到 23%~25%，如表 3-4 所示。

表 3-4 大型商用飞机材料供应商

工作包	相关公司	进展
复合材料	哈尔滨哈飞空客复合材料制造中心有限公司	与空中客车公司合作建立复合材料研制中心，为空中客车公司提供复合材料；与成飞、航天一院 703 所成立"树脂基复合材料结构制造技术研究中心"
特种钢、钛合金	中国宝武钢铁集团有限公司	中国宝武钢铁集团有限公司特殊钢分公司成功研制大型商用飞机起落架用 300M 超高强度钢、四大牌号钛合金结构用钢，大型商用飞机项目相关发动机用特种钢材等研发也已全面展开
钛材	宝鸡钛业股份有限公司	专供板材（TC4）和管材
铝材、钛材	中国铝业集团有限公司	已提供首批 12 种铝材给 C919，建立海绵钛生产企业

目前美国和日本复合材料的生产包括碳纤维的研发都远超我国，航空工业哈尔滨飞机工业集团有限责任公司（简称哈飞）与空中客车公司于 2009 年 1 月签署了《哈尔滨哈飞空客复合材料制造中心有限公司合资合同》，将为空中客车系列飞机提供复合材料的生产和组装，在公司运营步入正轨后有望加强我国在复合材料领域的科研生产实力。

3.2.3 大型商用飞机项目供应商管理特点

1. 大型商用飞机项目供应商的组织模式

大型商用飞机项目供应商管理采取"主制造商–供应商"的管理模式，一般理解"主制造商–供应商"的管理模式就是制造商管供应商，这其实是不科学的，一个团队风险共担、利益共享，通过产品和一个供应链来赢得市场，实现制造商和供应商的共赢。现在国外也是采取这样的管理模式，中国商飞的这种模式还处于探索阶段，只有产品赢得了市场才能吸引供应商的参与。

目前中国商飞的管理状况对供应商的控制力不强，只是通过合同。更重要的是自己内部的主制造商管理存在问题。中国商飞与各大中心属于不同的法人实体。公司总部与各大中心具体的文件和规章制度不同，公司和各大中心的设计、研制和制造接口的对接就存在一些问题。这就需要统一规章，而前提条件是中国商飞要取得对各大中心的绝对领导权。

2. 大型商用飞机项目供应商的分类

本书的研究范围主要对大型商用飞机的国内供应商进行研究，大型商用飞机的国内供应商分类如表 3-5 所示。

表 3-5　大型商用飞机的国内供应商分类

供应商类别	释义
Ⅰ类供应商——重要供应商	重要结构件、机载设备与重要系统的供应商
Ⅱ类供应商——零件供应商	一般的零组件、锻铸件、橡胶件、扭矩螺栓、电子器件等
Ⅲ类供应商——材料供应商	一般的原材料、标准件、漆、胶合服务等，如棒材、板材、型材、管材、紧固件、接头、工艺材料以及提供测试、校验、校准等

2009 年 5 月 26 日，中国商飞与九家国内机体供应商签订了谅解备忘录，上海飞机制造有限公司、西飞、哈飞、浙江西子航空工业集团等国内厂商成为大型商用飞机项目首批确定的供应商，具体如表 3-6 所示。

表 3-6　大型商用飞机机体结构供应商分解

机体结构	中国商飞	西飞	沈飞	成飞	洪都	哈飞	中航工业昌飞	航天306所	航空工业特种所
雷达罩									√
机头			√						
前机身				√					
中机身/中央翼	√	√							
中后机身				√					
后机身前段			√						
后机身尾段			√					√	
外翼盒顶		√							
前缘缝翼		√					√		
后缘襟翼		√					√		
副翼		√						√	
扰流板		√						√	
翼梢小翼	√							√	
翼身整流罩						√			
吊挂			√						
应急发电机舱门	√								
辅助助力装置舱门			√						
前、主起舱门						√			
平尾	√								
垂尾			√						

注：中航工业昌飞全称为中航工业昌河飞机工业（集团）有限责任公司，航天 306 所全称为中国航天科工集团三院 306 所，航空工业特种所全称为中国航空工业集团公司济南特种结构研究所

3. 大型商用飞机项目供应商管理各部门职责

1）国际合作与供应商管理部

（1）组织开展国外Ⅰ类供应商的选择和初始评价。

（2）组织开展国外供应商的初始评价。

（3）组织开展国外Ⅰ类供应商的评价和定期评价。

2）项目管理部

（1）组织开展国内Ⅰ类供应商的选择和初始评价。

（2）组织开展国内供应商的初始评价。

（3）组织开展国内Ⅰ类供应商的评价和定期评价。

3）科技质量部

（1）参与国内/国外Ⅰ类供应商质量管理体系的初始评价。

（2）发布所有批准的供应商清册。

（3）监督Ⅰ类供应商质量管理体系的定期评价工作和其他类供应商的质量管理体系的初始评价/定期评价工作。

4）设计研发中心

（1）负责供应商选择/评价/采购过程与设计有关的技术支持。

（2）负责设计过程的管理并制定相关的程序文件。

（3）协助编制供应商评价准则。

（4）负责实施动力/机载设备及设备、材料、标准件供应商的选择任务，负责建立Ⅲ类材料和标准件合格鉴定目录，负责组织实施Ⅲ类材料和标准件供应商的初始评价。

（5）参与其他供应商的选择、初始评价和定期评价。

5）总装制造中心

（1）负责实施Ⅰ类机体结构供应商的初始评价，参与Ⅰ类系统/设备供应商的初始评价。

（2）负责除材料和标准件外的Ⅱ类、Ⅲ类供应商的初始评价和选择任务。

（3）负责将国内、国外Ⅰ类、Ⅱ类、Ⅲ类供应商（除客户服务中心负责管理的供应商外）批准的供应商清册报科技质量部。

（4）负责实施国内、国外Ⅰ类、Ⅱ类、Ⅲ类供应商的定期评价（除客户服务中心负责管理的供应商外），对评价结果及评价引起的任何必要措施都要保持记录，对批准的供应商清册要及时跟踪和更新。

（5）负责实施产品交付前国内、国外供应商的采购活动，对各类供应商的质量进行控制。

（6）负责编制产品验收检验标准。

（7）负责供应商的选择、评价、采购过程中与制造和工艺有关的技术支持。

6）客户服务中心

（1）负责实施对单独纳入客户服务中心供应商的初始评价和选择任务。

（2）负责编制、跟踪和批准所管理的供应商，并将批准的供应商清册报科技质量部。

（3）实施所属供应商的定期评价，对评价结果及评价引起的任何必要措施都要保持记录。

（4）负责实施产品交付后服务过程和支持过程的采购活动，对供应商的质量进行控制。

（5）负责编制交付后服务过程和支持过程的产品验收准则。

（6）负责供应商选择、评价、采购过程中与客户服务有关的技术支持。

（7）参与其他供应商选择、初始评价和定期评价的工作。

3.2.4　航空制造企业供应商管理模式与企业实践

对于民用航空制造企业，其生产类型是典型的离散型生产或加工装配式生产；其生产过程是将原材料加工成零部件，由零部件组装成部件，最终总装为成品。采用这样的生产方式便于模块化生产，提高工作效率。在生产的过程中伴随着物料空间位置的移动和形态的改变，涉及的单位、人员和设备很多，从而造成了生产过程中复杂的协作关系。

人类对航空器的研制自 20 世纪初开始从未间断过，很多技术和管理方式的出现可以说都是为了解决航空产品开发或生产管理过程中遇到的问题而发展起来的，其中就包括供应链思想。

1. 传统供应商管理模式——庞大的供应商队伍

在国外，飞机制造业是实施供应链管理较为普遍和成功的一个企业。以供应链的理念寻找合作伙伴和优秀供应商来构建战略同盟，是波音公司和空中客车公司十分重视的，同时这两家公司的产品由世界上许多国家进行外包生产。例如，65 个国家中的 1500 个大企业和 15 000 个中小企业为波音 747 飞机制造其所需要的 400 万余个零部件。较大规模的飞机产品的转包生产在我国的沈飞、成飞、西飞、上海航空工业（集团）有限公司中均在进行，并且是波音公司、空中客车公司的重要供应商。自 1980 年以来，在欧美等发达国家和地区，精益生产、现代集成制造系统等先进制造技术纷纷应用到航空制造企业或国防企业中来，与此同时，随着全球经济一体化，企业的内部供应链管理也延伸为面向全行业的产业链管理，管理的资源也从企业内部扩展到了外部。如今随着实践的深入，航空制造企业的供应链也发展出各种类型，如产业供应链或动态同盟供应链、精益供应链、集成化供应链、全球网络供应链等（刘勇等，2015）。

粗略统计，参加全球航空航天（包括防务）市场活动的商家有 37 000 家。波音公司、空中客车公司等航空制造企业的初始订约人作为采购方，为了快速响应市场需求，剥离了集团公司的大部分制造业务，集中精力专注于产品的研发、总装和市场销售。同时面对数量巨大的供应商管理，为了降低交易成本，两家航空公司投资建设了自己的供应商管理系统和零部件网上订货平台。这些企业呈现出"哑铃形"的业务发展模式。在我国，出于对制造资源的占有要求和生产过程直接控制的需要，企业拥有一整套设备、设施及组织机构，即铸造、锻造、毛坯准备、工装制造、设备制造、零件加工、装配、包装、运输等，加工体系庞大。中间大、两头小的"纺锤形"业务模式呈现在产品的开发、加工、市场营销三个基本环节中，对市场不能做出快速的响应。可喜的是，中国商飞作为我国成立的大型民用飞机责任主体，采用的生产运作模式为"主承制商–供应商"模式，剥离了附加值低的加工制造环节，增强了对供应商的协调和对市场的管理（朱启超和匡兴华，2004）。

中航工业集团下属的国有飞机制造企业为我国飞机制造业的主体，国内其他零部件、成品供应商为我国飞机制造业的重要组成部分。在军用飞机产品中，国内主机制造企业居于主导地位，飞机大部分零件的生产以及整机的组装由其负责，并已经具备了整合所在供应链资源的能力。在民用飞机产品中，第一类主要是转包产品，当生产的这些产品质量较高、交付准时，国内企业能够获得发包方很高评价；第二类是零部件生产和整机制造，这些环节主要在国内进行。

2. "9·11"事件后航空制造企业供应商管理模式的转变

"9·11"事件对世界范围内的航空运输和制造市场造成了极大的影响。波音公司报告，"9·11"事件造成航空运输市场疲软，飞机订单萎缩，公司裁员多达30 000 名员工，承受了市场快速下跌带来的冲击，经历了订购量和交付量最大的降幅。2003 年 2 月，空中客车公司宣布由于市场原因，计划每年缩减 10%的成本投入，相当于 15 亿欧元的年缩减规模，并且由于其整机综合集成的程度低于竞争对手波音公司，空中客车公司希望能够由其供应商和采购商承担大部分的成本，包括通用电气公司、联合技术公司和罗罗公司在内的供应商参与了该成本缩减计划。据统计欧洲航空业在 2001~2002 年因航空集团机体和发动机供应链战略的变化，损失了 40 000 个就业岗位。以此次事件为标志，世界主流航空制造企业供应商管理模式发生了一个明显的变化，即通过提高对供应商垂直集成能力的要求达到缩小供应商规模、减少对供应商管理的目标（Ray，2000）。

为了适应航空制造企业供应商管理模式的新变化,采购方和供应方相应都做出了调整,从供应链管理的思想出发,双方经过协调努力寻找利润最大的平衡点。与传统供应模式相比,在新兴模式下,航空制造企业的供应商承担了更多的责任——他们需要对那些之前由整机制造商直接供应零件的供应链单元进行管理、投资参与某些产品研发或工程制造活动、承诺按计划逐年削减成本开支,以及与采购商签订风险共担、收益共享的商业协议,总之,双方的关系变得越来越紧密(吕彬等,2011)。

从当前国际主要航空制造企业的业务实践来看,这种供应链的变化趋势肯定会发展下去。对于任何一个航空项目的启动,供应商在项目中承担的风险、对产品设计开发和模具等非经常性费用的投入水平等都决定了供应商参与项目的程度和在该项目中的地位。

3. 航空项目供应商选择的原则与标准

考虑到国际航空制造企业供应链模式的发展趋势和我国航空工业的研制能力,在进行供应商选择时要全面考察供应商技术实力、加大采购产品的集成程度以期对供应商进行有效的管理、注重供应商选择的风险(与供应商建立战略风险合作关系)以及通过与国外优秀供应商的合作引入先进的产品研制技术达到带动产业发展的目的(马少超和詹伟,2015),如图 3-4 所示。

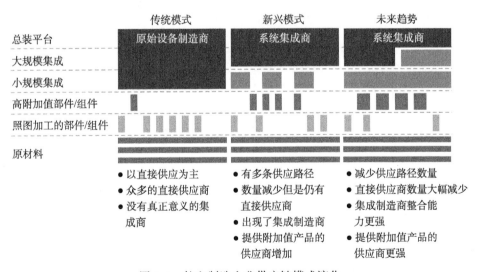

图 3-4　航空制造企业供应链模式演化

中国商飞作为我国民用商用飞机发展的责任主体,其本身重点加强的能力有设计集成、总装制造、市场营销、客户服务和适航取证等,如图 3-5 所示。

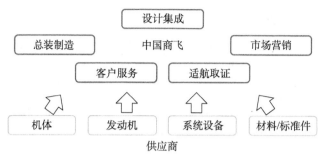

图 3-5 大型商用飞机制造体系

在供应商选择的实践中制定了"带动产业升级、优先国内供应商"的原则，通过对中国商飞的调研将公司现阶段供应商的选择原则和分类标准进行整理，如表3-7 所示。

表 3-7   中国商飞供应商选择原则和分类标准

部件	选择原则和分类标准
机体	立足于国内科研力量、以国内现有航空工业制造单位为依托，同时发挥其他行业包括民营企业的优势
发动机	基于项目研制进度的要求和整体研发能力，在对供应商的工程、客服及商务等方面进行综合评估的基础上，选择国外供应商。对于国内发动机，待研制成熟取得适航证时，可作为 C919 使用客户的选装发动机
航电、主飞控、电源、燃油和液压系统	选用具备与竞争机型机载设备同类技术水平的产品。要求国外供应商与国内供应商成立合资公司，实现系统级产品研发、集成、生产装配和试验能力，并具有成套批产能力和售后服务能力。合资公司外方母公司承担产品的技术责任、系统集成责任和适航取证责任
辅助动力装置、环控、起落架、照明、防火、机电综合、氧气和高升力等系统	在保证等同或优于现役同类飞机装机产品的前提下，尽可能降低采购成本。中国商飞支持国内供应商与国外供应商进行系统级或设备级合作开发
材料/标准件	鼓励国内具有基础和条件的各种所有制形式（包括民营企业在内）的企事业单位参与竞争

3.3 大型商用飞机项目组织内外部环境分析

3.3.1 组织内部环境分析

大型商用飞机项目组织在结构上实行"一个总部多个中心"的模式，在管理上存在两条指挥线。"一个总部多个中心"模式和两条指挥线系统的存在形成了大型商用飞机项目内部组织环境。

如 3.1 节所述，"一个总部多个中心"的模式和两条指挥线系统是大型商用飞机项目运行的基础和保证，也是实现大飞机梦想的根本所在。但是在这两种模式下必然存在一定的不足，大型商用飞机项目组织风险分析充分考虑了在该环境下的潜在风险。

3.3.2　组织外部环境分析

1. 复杂的国际市场环境

自 20 世纪 80 年代中期以来，我国曾经多次尝试与国外的民用飞机制造厂家或者飞机制造商进行战略联盟，共同合作研发和设计生产各种大型干线民用飞机。而且很多来自外国的进口飞机制造厂家为了将其飞机产品进一步进入到我国的飞机市场，也可能会比较愿意同时选择直接采取某些行业具有技术深度的企业战略性技术合作化研发生产经营模式，美国麦道公司不但把它的飞机 MD-82、MD-90在中国各地进行研发、生产、组装，提供专门的飞机技术产品设计方案图纸，甚至把 FAA（Federal Aviation Administration，美国联邦航空管理局）的生产技术许可证分别扩展发放到了我国的各家进口飞机制造厂家和外国制造飞机企业。通过这类国际投资项目进行大型国际民用飞机联动标准化的设计生产，我国大型民用飞机的设计生产和研发制造设备工艺确实也已经得到了相应的改善。但是在如何保护飞机知识产权和加快发展飞机关键产品核心技术的这个问题上，包括美国麦道公司在内的各个主要外国著名飞机制造厂家绝不会有人肯做丝毫的任何让步——因为世界上根本没有任何一家飞机制造厂家想要尽快培育出一个自己的主要市场竞争对手。

当今的大型民用和其他商用的飞机制造市场都由波音公司和空中客车公司两个寡头充分占据。为了尽量阻止任何第三者通过介绍公司进入该产品领域，波音公司、空中客车公司在美国和欧盟的积极帮助与大力支持下，通过对市场标准、规范的有力建立与有效推广把此类产品直接通过市场竞争方式发展转变为对市场准入的间接限制。根据目前关于国际航空飞机市场的国际比赛规则，FAA、JAA（Japan Asia Airways，日本亚细亚航空）和 EASA（European Union Aviation Safety Agency，欧洲航空安全局）的适航证应该是一架大型民用飞机进行开发、生产、销售、操作和生产运营的重要前提条件，没有了这个适航证，任何一种新的大型民用飞机的发展都会寸步难行。但事实上这些技术标准正随着欧洲、美国等另外两家飞机制造商与厂家对于这类产品的设计性能与制造技术水平的逐步改善而水涨船高，反而使得第三者产品进入大型民用与其他商用大型飞机应用领域的技术"门槛"降低了。

2. 数目众多的供应商

按照产品，大型商用飞机项目供应商分为发动机/机体结构供应商、机载系统/成品供应商和标准件/原材料供应商。其中，发动机/机体结构供应商是合作供应商，主要包括国际采购供应商和国内的机体结构供应商；机载系统/成品供应商也是合作供应商，主要包括航电、飞控等国际采购供应商；标准件/原材料供应商为实际生产商。

从供应商的类别来看，大型商用飞机项目的供应商包括国外供应商、中航工业集团下属企业等国有企业以及国内的民营及合资企业。

大型商业航空飞机生产工程设备中的空气液压、燃料、空气动力管理、辅助空气动力设备、照明等五大主要动力系统配套设备的生产供应商分别是霍尼韦尔公司、派克公司、利勃海尔公司、古德里奇公司、通用电气公司。

中航工业有多家单位（西飞、沈飞、成飞、洪都、哈飞、中航工业昌飞、航空工业特种所）与国际一流的行业内企业以合资、项目合作等方式，成为液压、燃油、环控、电源、辅助动力装置、飞控、航电、起落架等系统的供应商。另外还有其他国有企业如航天 306 所等也成为大型商用飞机供应商。

浙江西子航空工业集团、江苏彤明车灯有限公司、武汉航达航空科技发展有限公司等三家民营企业也成为大型商用飞机供应商。

不同国别、不同性质及不同合作经历的三大类供应商成为大型商用飞机的供应商，形成了复杂的供应商系统。大型商用飞机项目组织需要建立完善的供应商管理体系，加强与各类供应商的沟通和协调，求同存异，保证大型商用飞机项目组织目标的实现。

3.4　大型商用飞机项目管理模式面临挑战

"主制造商–供应商"模式和"两总系统"模式在实践过程中，遇到的挑战和问题如下。

3.4.1　协调范围宽

中国商飞作为主要的制造商，在国际市场上需要通过跨国界协调大量的国外主要成品件供应商、跨行业体系协调多个国内主要的机体件供应商，协调的范围涉及了计划、技术、进度、质量、成本、服务、培训与沟通、商业合同治理等。此外，还可能需要与各个主营航空企业沟通协调，听取各个航空企业的意见和建议；协调美国的适航当局与中国的适航当局，争取早日完成取证并交付产品；协调国家相关的部委及当地政府，争取充足的发展资源和有利的发展政策。

3.4.2　管理工作接口多，标准差异大

除了企业需要通过各种渠道协调好工作关系外，项目的经营管理接口也包括

工程、制造、质量、适航、规划、进度、成本、培训沟通等与供应链相关的各个环节。总部的业务机构必须与供应商的业务机构全面对接，这样才能尽可能地全面把握和优化整个项目的研制过程。不管是国内的供应商还是国外的供应商，每一家企业都会建立自己的经营管理规范和技术标准。国内外标准不一、理念偏差、习俗不一以及语言不一致等均为管理人员带来了严峻的挑战。

3.4.3　缺乏必要的激励机制

在整个供应链中，中国商飞本身作为首选的制造商尽管仍然一直处于这个项目的顶级位置，并且拥有最终的处置权，但在扁平化管理框架下，主制造业者和供给商之间的地位基本上是平等的，日常生活中工作仅仅依赖沟通和协调，缺乏一种行为流程的激励机制。虽然我国已经建立了一套项目指挥部的制度，但是因为其向客户发出了一系列工作命令，所以只能将个人或个别企业的供应商归口，不能直接考核。若涉及关系不大的问题，那么就说明这些问题需要很多个供应商共同协调来解决，低下的绩效往往也会直接影响一个项目的总体进展。

3.4.4　工作分工尚处于探索阶段

按照具体的分工方式不同，也存在波音模式和空中客车模式之争。波音模式即主制造商在负责飞机总体设计、总装集成的前提下，还至少承担大部分机体部件的研发业务（一部分制造采取转包方式），只是把少部分或设备的研发和制造纳入了风险合作体系。空中客车模式则是把全部业务纳入了风险管理体系。

3.4.5　项目管理体系处于不断完善阶段

项目管理的基础是健全 WBS(work breakdown structure, 工作分解结构)、CBS（cost breakdown structure，成本分解结构）和 OBS（organizational breakdown structure，组织分解结构），大型商用飞机项目已经建立了完善的 WBS，各项工作也已经顺利开展。但是，CBS 和 OBS 尚未健全，这就使得进度与费用、组织的配套之间存在困难，增加了费用管理和组织管理的风险。

3.5　波音公司的供应商风险管理案例研究

3.5.1　管理程序

波音公司的供应商风险管理的主要目标就是把所有供应商都纳入一个供应链的风险管理制度中，对整个供应商的风险进行控制。其具体程序如图 3-6 所示。

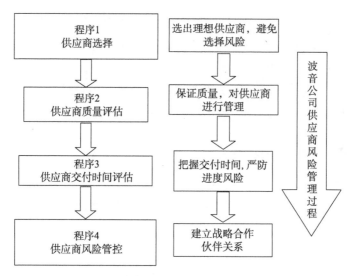

图 3-6   波音公司供应商风险管理过程

3.5.2   供应商选择方法

波音公司从以下三个方面综合考核了供应商的绩效：品牌质量、交货时间及整体绩效。

综合评价等级根据绩效考核中所属的最小评价等级确定，具体内容如下。金色=5，银色=4，棕色=3，黄色=2，红色=1。

评级取值标准采取五色码标准，具体如表 3-8 所示。

表 3-8   综合等级五色码

综合等级 五色码	标准	评价
金色	平均值大于或等于 4.8，并且各绩效分值没有黄色或红色分值	优秀，供应商绩效远远超出期望水平，供应商完成的评估要素很少存在问题，其改进措施非常有效
银色	平均值小于 4.8、大于或等于 3.8，并且各绩效分值没有黄色或红色分值	很好，供应商绩效满足或超出期望水平，供应商完成的评估要素存在少量问题，其改进措施是有效的
棕色	平均值小于 3.8、大于或等于 2.8，并且各绩效分值没有红色分值	合格，供应商绩效满足期望水平，供应商完成的评估要素存在一定问题，其改进措施是有效的
黄色	平均值小于 2.8、大于或等于 1	基本合格，供应商绩效需要改进才能满足期望水平。通过评估，供应商绩效存在严重问题，供应商还没有确认纠正措施，即使实施了，其改进措施也不够有效
红色	平均值小于 1	不合格，供应商绩效不能满足期望水平，改进也不及时。通过评估，供应商绩效存在严重问题，其纠正措施没有效果

3.5.3　供应商质量评估方法

质量考核评估的一种传统办法是根据 12 个月内各家供应商被接收的产品数量进行计算，质量五色码的标准见表 3-9。

表 3-9　质量五色码的标准

质量五色码	标准
金色	12 个月内 100%接受其产品
银色	12 个月内接受其产品达到 99.8%以上
棕色	12 个月内接受其产品达到 99.5%以上
黄色	12 个月内接受其产品达到 98%以上
红色	12 个月内接受其产品少于 98%

3.5.4　供应商交付时间评估方法

供应商交付时间评估方法是指准时交付的比例方法，交付时间五色码的标准见表 3-10，具体做法详细说明如下。

表 3-10　交付时间五色码的标准

交付时间五色码	标准
金色	12 个月内 100%准时交付
银色	12 个月内 98%准时交付
棕色	12 个月内 95%准时交付
黄色	12 个月内 90%准时交付
红色	12 个月内准时交付低于 90%

计算出供应商在 12 个月内准时交付的所有产品百分比，其中包括根据资源的消耗情况而制定的订货单，对供应商在规定时间之外所接收到的全部零件进行统计并考核。这个考核与零件总数的实际交付和截止时间密切相关。

3.5.5　供应商总体绩效评估方法

供应商总体绩效评估方法是一种综合打分法，主要在研发、生产、支撑服务、共享服务四种主要业务模型之间展开（总分 5 分），包括以下五个方面的内容。

（1）管理。保证供应商管理计划的实施、与波音公司人员进行业务沟通的准确和有效及时性。

（2）进度。满足供应商的时间要求情况。

（3）技术。工程技术支持，包括产品研发、性能和保障。

（4）成本。成本管理、供给策划和系统支持等方面的成本控制。

（5）质量。质量大纲阐明了对供应商制度和产品质量的保障。

波音公司的技术人员和专家可以通过自己的切身体验和感觉对于供应商在业务中的实践情况进行细致的评价，评级的分数主要是由最近至少六个月波音公司的评级结果来确定。如表 3-11 所示，供应商的整体绩效考核仍然是采用低绩效取值准则。

表 3-11　综合评估等级取值表

综合评估等级五色码	标准
金色	平均值大于或等于 4.8，并且各绩效分值没有黄色或红色分值
银色	平均值小于 4.8，大于或等于 3.8，并且各绩效分值没有黄色或红色分值
棕色	平均值小于 3.8，或大于等于 2.8，并且各绩效分值没有红色分值
黄色	平均值小于 2.8，或大于等于 1
红色	平均值小于 1

波音公司已经拥有多年的民用飞机制造和销售经验，与许多供应商都有着紧密的合作。因此其中对于供应商的选择标准主要侧重对供应商的分类和排序，尤其侧重标准化的实践性和可行性，大型的商用飞机项目也是应该借鉴波音公司的供应商在设计上选择的方法和经验，合理地选择供应商来完成大型的商用飞机设计和制造。

3.5.6　供应链风险监控

波音公司对于供应链风险的监控，主要是为了与供应商建立长期的合作和战略伙伴关系，这种合作和战略伙伴关系的维护就需要采取适当的手段和措施，来实现和确保整个供应链的价值和利益最大化。在协调"硬"机制设计方面，波音公司特别重视契约与激励机制设计，也在实际中采取了许多方式。比如，相互合作抵押，这是一种以企业合伙人员的身份作为担保人并信守合伙契约的方式。波音公司与诺斯罗普公司的长期合作伙伴关系也正是通过相互提供抵押贷款才能长久维持。诺斯罗普公司为波音 747 和 767 飞机的主要制造者客户提供了许多优质的飞机零部件，因波音公司的特殊市场需求，诺斯罗普公司不得不对自己的飞机专用工业资产和基础设备项目进行重大的对外投资，产生了与这种重大投资直接且有联系的巨大交通费用和运营成本，诺斯罗普公司主要经济依赖波音公司，而波音公司的权力正是使诺斯罗普公司处于一个很小且有限的地位，它已经完全可以充分运用它的权力将飞机订单全部交付后再转到另外的飞机供应商那里，此为波音公司压低飞机售价的唯一手段。但实际上，波音公司并非一定只能这样做，因为波音公司也是诺斯罗普公司军需品供应部门的主要服务提供者，波音公司不得不通过对诺斯罗普公司的一个专用性金融资产项目进行投融资，以便为诺斯罗普公司的军用需求部门提供相关服务。因此，双方之间保险是可以彼此依赖、互相制约的，每家保险公司都必须充分掌握好自己的保险抵押品。

波音公司以所有客户的服务订单要求命名，被称为"商业号令"，从初始产品的市场销售活动开始直至最终产品的成功交付，波音公司以如何满足所有客户的服务承诺要求作为最终的决策出发点，决策的整个过程也较为严格。

1. 实现优势互补，强强联动，构建高效的供应链

为了尽快实现全球供应链的产品全球化管理系统发展目标，波音公司在开始设计和规划构建各类飞机产品的全球供应链之前，就已经预先做好了产品全球化系统的战略规划，并明确了产品发展战略定位和产品核心的市场竞争力，根据不同客户的不同需求，选择不同的业务领域、关键环节和其中的一些具有一定市场竞争力和优势的全资子公司或者合资企业，组成了全球供应链。例如，波音公司在推动组建波音 787 产品计划时，就已经精减了产品供应商，只与那些业务绩效最佳的产品供应商进行了一些继续性的协调，以此组合来有效提升整个企业价值链的平衡和稳定。它所选用的大型飞机主体结构材料供给商主要有四家，包括日本富士重工公司、川崎重工业株式会社、三菱重工和意大利阿莱尼亚航宇公司。2005 年，波音公司战略供应商的企业规模和雇员数量已经远远不到 1998 年的一半，这样我们才真正能够从更多的角度去建立一对一的战略合作伙伴服务关系，从更深入的角度去充分了解每一方的整体战略决策。一方面是由于企业供应商数量较少，另一方面企业技术含量却小幅度地有所增加，供应商的企业技术创新研发能力也因此变得更强，效率也因此变得更高，供应商之间的合作关系也因此变得更加稳固、简化，从而大大提高了设备制造的生产效率。

2. 构建互动学习式知识供应链

学习实际上就是对于中国供应链各个主要成员型实体企业的一种十分重要、有效的企业绩效考核激励管理方式，可快速地提高其他成员企业及其本身的实际经营力和管理水平，增强其资本市场核心竞争力，为将来企业不断进步获利提供有力的基本保障。波音公司为此类型的集体式机器学习计算方法开发提供了很好的技术契合。波音公司与其他飞机供应商之间不但频繁地相互交流，分享相关资料和技术信息，而且还在供应链管理层面上相互交流，分享相关资料和信息知识，使得波音公司不仅能够在必要时及时更新修复其他波音供应商生产基地的早期爆炸预警警报区域，还能借此让其他波音公司具有更大的运营灵活性。

为了能够充分利用供应链管理系统内外部的大量相关知识，提供简单高效的核心企业学习与沟通交流的平台，波音公司自行主持并建立了五年的供应链网络和信息化基础设施。此外，波音公司还研究制定了一套供应链企业间共同遵守的行为规范和标准制度，形成了一种有利于全体会员企业间相互沟通交流的学习气氛，激发了会员企业间、全体会员企业相关职能部门间进一步地实现广泛、及时、不间断的专业知识交流与资源共享。

3. 实行成员企业一定范围内的自主管理

现代中国企业普遍认为需要员工具备很强的自主学习创新能力，通过合理的企业授权控制方式即可有效实现对全体成员方、企业独立化和企业自主化的管理，这些授权方式已发展成为提高企业供应链管理体系品质、改善绩效管理、增强员工积极性的一种必然选择。合理地均衡分配整个供应链的战略决策权既能够充分调动企业全体成员对整个企业的协同激励、潜能与革新创造性，又同样能有效促进整个供应链的企业市场环境适应能力。在这种协调驱动机制的共同作用下，当所有系统成员的目标与系统能够保持高度一致时，每个系统成员中的企业就必然会自发地发生转变而成为努力推进全球供应链健康有序发展的一个无私奉献者。

4. 实现信息技术资源整合共享

从波音公司飞机的历史市场发展周期角度来看，波音公司的飞机生产率一直以来波动很大，特别是 1997 年，波音公司面临着飞机市场低迷。这将会让波音公司深刻认识并看到如何有效加强与客户沟通，并及时做出反应的必要性。因为新合同在一条新的供应链上，波音公司注定与每个供应商之间必须始终是相互联系和相互连接的。鉴于目前波音公司先进的流程资源整合管理方式，其服务提供者生产基地也正逐渐成为波音公司工厂快速扩张的重要组成部分。所以，波音公司需要十分注重对波音公司供应商生产基地的及时优化管理和有效沟通，进行内部信息网络化建设，尤其重要的是对波音公司供应链管理体系内部的整个信息网络进行建设。努力搭建企业成员与子公司之间开放型的企业网络电子信息业务交流管理服务平台，积极推动促进了网络电子信息交流管理模型在企业供应链管理体系内的广泛应用普及。

5. 与供应链公司间的密切协调、互利共生的关系

信任关系是整个供应链内各个部门成员和不同企业之间能够进行有效协调、沟通合作的一种重要纽带和有力保证。波音公司对一个企业的整体经营发展使命、目标及其最终目标实现的关键条件要素进行了总体规划，对企业供应链各个环节过程中的每一个关键企业都做出了普遍的诚信和服务承诺，即从广义而言，诚信必须展现在我们与顾客、供应商及彼此之间的关系上，这就意味着我们必须遵守各项法规。为了贯彻落实诚信的工作承诺，波音公司已经具体提出了诚信的基本

工作原则：互相理解尊重；公平地正确处理一切人际关系；严格遵守公司承诺，善于履尽公司职责；对自己的思想做法和实际行动完全负责；努力生产安全可靠的、优质的和高品质的波音产品；所有的波音公司员工都享有平等待遇，都要自觉遵守党和国家的各种纪律法规。

6. 用信息化平台整合全球业务

飞机的技术开发、设计研制和批量生产实际上就是一项复杂的系统工程，是在多个专门的飞机子系统之间进行相互协调的综合产物。各个网络子系统之间都可能存在复杂的电子信息网络传输与数据依赖。一个适当的产品信息化服务平台就应该能够支撑这些产品子系统之间进行信息交互与业务连接，使它们能够被充分集成，并共同负责进行产品研制、生产、营销及提供客户服务支持等相关工作。为了进一步有效提升其主营业务和资本市场的正常经营运作管理效率且进一步有效降低其运营成本，民用航空装备制造业不断努力研究探索和推广应用新的现代飞机信息网络技术就是增强其市场竞争力的具体方法和有效途径。目前我国现代飞机数字化和互联网络信息技术的快速推进，民用航空装备制造业的研发、制造和售后服务生产流程已经基本实现了飞机数字化和信息网络化。从三维的飞机数字产品定义，异地的无线电图纸产品设计，数字化产品包装，产品设计、制造、试验等都对航空行业的经济整体决策协调和人力资源的有效整合起到了决定性的推动作用。

第 4 章

大型商用飞机项目质量管理

4.1 项目质量管理概述

4.1.1 项目质量管理的基本概念

项目质量管理是项目管理中一项必不可少的内容。无论是对企业，还是对国家来说，优质的产品或服务都具有战略性的重要意义，项目质量更是如此。随着社会的发展，人们对项目质量及其管理越来越重视，为了适应这种国际化、科学化、标准化的要求，质量管理的专家对项目质量管理的含义和特点做了如下规范。

美国项目管理协会发布了《项目管理知识体系指南（PMBOK 指南）》[①]。项目质量管理包括把组织的质量政策应用于规划、管理、控制项目和产品质量要求，以满足相关方目标的各个过程。项目质量管理在项目环境内使用政策和程序，实施组织的质量管理体系；并以执行组织的名义，适当支持持续的过程改进活动。项目质量管理确保项目需求，包括产品需求，得到满足和确认。

根据国际项目管理协会发布的《国际项目管理资质标准（ICB3）》[②]，项目质量管理贯穿于从初始的项目定义到项目过程、项目团队的管理、项目的交付物和项目收尾的所有项目阶段和项目的每个部分。项目的质量管理是项目、大型项目、项目组合管理的主要内容，也是全面质量管理的一部分。项目的质量管理要求每个团队成员参与。项目质量管理与其长期性组织的质量管理实践密切相关。长期性组织的质量管理包括制定质量方针、目标和职责，并且对质量计划、标准运作程序以及质量管理体系进行改进。

综上所述，项目质量管理是项目管理的重要内容之一，是围绕项目质量所进行的，为确保项目能够满足顾客需求和期望所展开的过程和整体管理职能的所有活动，这些活动包括确定质量政策、目标和责任，以及在项目生命周期内持续使用质量计划、质量控制、质量保证和改进措施等。它的主体是项目各相关方，客

---

① PMBOK 为 project management body of knowledge guide，项目管理知识体系指南。

② ICB 为 International Competence Baseline，国际项目管理资质标准。

体是项目，宗旨是实现项目的质量目标并使各相关方都满意。项目的质量管理要求团队的全员参与，他们每个人都应该意识到，质量是项目成功的基础，是长期业务组织实现发展和成功的决定性因素。

与一般产品质量管理相比，项目质量管理在管理的原理及方法上基本相同。除此之外，项目自身的特点又决定了项目质量管理还具有以下几个方面的特征。

（1）一次性。每一个项目都是一次性的，不能够完全程序化，且具有不可逆的特征。因此对于项目质量管理来说，对每一个环节都要高度重视，否则就可能造成无法挽回的影响。

（2）多目标属性。项目具有确定的目标，如功能、特性、效益等；同时，项目也都有一定的约束条件，如资源、环境等。因此可以说，项目质量管理具有成果性目标与约束性目标结合的属性，是由优化的质量方针、计划及相应的资源所组成的管理活动。

（3）生命周期属性。所有项目都要经历从概念阶段至收尾阶段这一完整的生命周期，不同的阶段，影响项目质量的因素也不尽相同。所以对应地，项目质量管理也要根据时间的进展而对质量管理的内容和目的进行有针对性的调整，可以说，这是一种动态性的管理活动。

（4）对立统一性。在一个组织内，项目的运行要求相对独立。但同时项目的质量并不是孤立存在的，它会与其他因素和目标相互制约，所以项目的质量管理具有对立统一性，既要独立运行，又要系统管理。

4.1.2　项目质量管理的基本原则

ISO/TC176/SC2/WG15 结合 ISO 9000：2000①版制定工作的需要，通过广泛的顾客调查制定了质量管理八项原则。为了能对质量管理原则的定义取得高度的一致，又编制了仅包含质量管理八项原则的新文件 ISO/TC176/SC2/WG15/N130《质量管理原则》。这八项原则在赋予项目内涵和特点的基础上，同样是指导项目质量管理的重要原则。

原则一：以顾客关注为焦点。质量管理的主要关注点是满足顾客需求并且努力超越顾客期望，组织只有赢得和保持顾客和其他相关方的信任才能获得持续成功。在项目质量管理的过程中，顾客的需求与期望并非一成不变，因此需要不断对变化的动态情况加以识别。

原则二：领导作用。领导作用是多数质量问题的源头。在项目管理中，任一相关方的领导者都需要针对项目的特点和要求，建立统一的项目质量目标，应当创造并保持使项目的所有参与者都能充分参与实现项目质量目标的内部环境，以实现组织的质量目标。

---

①于 2005 年被 ISO 900：2005 取代。

原则三：全员参与。员工是组织的根本，只有他们的充分参与才能使他们的才干给组织带来收益。这里需要注意的是，项目的质量管理不只是某些人员、某些机构的工作，而是与项目相关的所有人员都有关。员工的素质和对项目质量的重视程度都将直接影响项目的最终质量。

原则四：过程方法。过程是一组将输入转化为输出的相互关联或相互作用的活动。过程方法实际上是对将相关的资源和活动作为过程来进行管理的办法，它要求组织在项目质量管理中能够系统地识别并管理所采用的过程以及过程的相互作用，从而可以更高效地达到预期的目的。

原则五：管理的系统方法。系统论是 20 世纪最重要的科学思想之一，已广泛渗透到哲学、社会学和管理学当中。系统论认为，针对制定的目标，识别、理解并管理一个由相互联系的过程所组成的体系，将有助于提高组织的有效性和效率。

原则六：持续地改进。改进对于保持当前的绩效水平，对其内外部条件的变化做出反应并创造新的机会具有重要作用，只有坚持持续改进，项目质量才能不断提高，才能满足顾客和其他相关方日益增长的和不断变化的需求与期望。

原则七：以事实为决策基础。在项目质量管理过程中，决策将会一直贯穿其中，其有效性将决定项目质量管理的有效性。决策者应采取科学的态度，在复杂的决策过程中尽量依据对事实、证据和数据的分析，从而使决策更加客观和可信。

原则八：与供方保持互利关系。供方提供给项目的资源将对项目的质量产生重要的影响，因此，需要加强与项目供方及其合作伙伴的关系管理。与供方建立战略伙伴关系，相互信任、相互尊重，共同承诺让顾客满意并持续改进。

上述八项原则对于项目质量管理来说非常重要，所有项目质量管理者都应严格遵循。

4.1.3 大型商业飞机项目质量管理的特点

1. 全面性

全面性包括管理对象的全面性、管理方法的全面性和经济效益的全面性三个方面。

管理对象的全面性指的是除了在传统意义上对产品加工制造环节进行质量管理，还要对产品的在零件制造、装配、调试、搬运、储存和交付等环节进行总体的质量管理。

管理方法的全面性指更加自觉灵活运用各种现代化的管理方法和手段，如数理统计、质量设计、反馈控制、信息化技术等，将众多的影响因素系统地控制起来，并实现网上的实时信息传递，使其更加透明化、科学化。

经济效益的全面性指除了考虑企业自身最大的经济效益外，还从社会、产品寿命循环全过程的角度考虑经济效益问题。

2. 全员性

大型商用飞机项目进行全面质量管理，要依靠全体员工，全体员工上岗前都要进行岗位知识培训，掌握岗位必需的业务知识，取得相应的资质，熟悉岗位工作要求，才能上机作业。

3. 预防性

大型商用飞机项目的全面质量管理应具有高度的预防性，对产品质量进行事前控制，把事故消灭在发生之前，使每一道工序都处于控制状态。鼓励员工自我暴露问题，对于主动暴露问题的员工减轻或减免质量追究。

4. 一致性

制定标准或文件夹规定或在合同中对质量管理体系做出明确的要求。例如，《波音对供应商质量管理体系要求》文件要求波音公司的供应商优先采用 AS 9100 系列标准，并通过认证。

4.1.4　项目质量管理过程

1. 项目质量规划

项目质量规划是围绕项目所进行的质量目标策划、运行过程策划和确定相关资源等活动的过程。根据 ISO 9000 标准关于质量规划的定义及质量管理学家约瑟夫·莫西·朱兰对于质量规划的认识，可以从以下几个方面理解项目质量规划的概念。

（1）项目质量规划是项目质量管理的一部分。项目质量管理是指导和控制与质量有关的活动，通常包括质量方针和质量目标的建立、质量规划、质量控制、质量保证和质量改进。质量规划是指导与质量有关的活动，只有经过质量规划，才可能有明确的对象和目标，以及切实的措施和方法。可以说，质量规划是连接质量方针和具体的质量管理活动的桥梁和纽带。

（2）项目质量规划致力于设定质量目标。要使顾客和委托人满意，就必须理解和满足他们的要求，设定符合项目实际的质量目标。因此，在设定项目质量目标时应考察项目委托人的质量方针，使两者保持一致，并使质量目标符合质量方针的要求。每一层次的项目管理者都应对相应层次的质量规划负责。这种质量规划应注重对高效地实现项目质量目标和要求所需的过程做出规定。

（3）项目质量规划应为实现质量目标规定必要的作业过程和相关资源。质量目标设定之后，就需要考虑为实现质量目标应采取哪些措施、必要的作业过程以及需提供的必要条件，包括人员和设备等资源，并将相应活动的职责落实到岗位或部门，以使项目的质量控制、质量保证和质量改进等质量管理活动得以顺利实施。

（4）项目质量规划的结果是形成质量计划。通过项目质量规划，将其所设定的质量目标及规定的作业过程和相关资源用书面形式表示出来，一般是质量计划文件，也可以是适用于项目运行需要的其他管理文件。

2. 项目质量保证

项目质量保证是项目质量管理的一部分，致力于使用户确信项目实施能符合项目的质量要求。它是在质量系统内实施的有计划的系统性活动，具体指通过项目质量计划，规定在项目实施过程中执行质量体系，针对项目特点和用户特殊要求采取相应的措施，使用户确信项目实施能符合项目的质量要求。项目的质量保证活动，是更高层次的质量管理，是对质量规划、质量控制过程的保证。

项目质量保证的作用是从外部向质量控制系统施加压力，促使其更有效地运行，并向对方提供信息，以便及时采取改进措施，将问题在早期加以解决，以避免产生更大的经济损失。可以说，项目质量保证的内涵已经超出了"保证质量"四个字，而是以保证质量为基础，进一步延伸到提供"确信"这一基本目的上。

3. 质量控制

项目质量控制是项目质量管理的一部分，致力于满足项目质量要求。它包括：保证由内部或外部机构进行监测管理的一致性；发现与质量标准的差异；类似于消除产品或服务过程中性能不能被满足的原因；审查质量标准来决定可以达到的项目目标及成本效率相关问题，需要时还可以修订项目的质量标准或项目的具体目标。项目质量控制与项目质量保证的不同之处在于：项目质量保证从项目质量管理组织、程序、方法和资源等方面为项目质量保驾护航；项目质量保证是一种预防性、提高性和保障性的质量管理活动，而项目质量控制是直接对项目质量进行把关的工作；项目质量控制是一种过程性、纠偏性和把关性的质量管理活动。

4.2　大型商用飞机项目质量管理工作实践与探索

大型商用飞机项目高度复杂，质量管理除了包含一般项目质量管理的特点和工作内容外，其他质量管理工作还包含一些特殊内容，质量管理工作也被进一步细分，尤其是部分专业性较强的管理内容被细分为具体的管理职能，如构型管理、适航管理、标准化管理等传统意义上质量管理范畴内的工作内容，一般均作为独立的技术专业进行管理。这里不再介绍一般性质量管理工作的实践，重点介绍大型商用飞机项目质量管理工作实践中的做法和探索。

4.2.1　质量管理体系的建设

总体来看，质量管理共经历了四个发展阶段（曲小，2019）。第一个阶段是检验管理阶段，事后控制是这个阶段的主要特点。第二个阶段是统计质量控制阶段，梳理统计方法被引入质量管理过程。第三个阶段是全面质量管理阶段，以质量为中心，以全员参与为基础，旨在通过所有相关方和客户受益而达到长期成功。第四个阶段是质量保证管理体系阶段，即 ISO 9000 标准阶段。

对于飞机制造商而言，其所遵循的质量标准是在 ISO 质量标准的基础上结合行业特点而形成的。目前，通行的航空航天质量管理体系标准为 AS 9100，其中包括 ISO 9001 的内容和附加的针对航空航天业的特殊要求。空中客车公司的质量体系就是以这些标准为蓝本，结合公司项目发展逐步建立和完善起来的。

中国商飞是我国实施国家大型飞机重大专项中大型客机项目的主体。中国商飞"以质量求生存"，将质量视为决定项目成功和公司发展的关键；"以质量促发展"，将质量视为核心竞争力的重要体现，视为可持续发展的原动力；"以质量保成功"，以工作质量保证产品质量，以产品质量保障 C919 大型客机的商业成功（宓佳等，2011）。

1. 质量管理体系的组织机构

中国商飞质量管理体系组织机构如图 4-1 所示。公司奉行"精湛设计、精细制造、精诚服务、精益求精"的质量方针。质量方针充分体现了以各大中心为依托，通过把握民用飞机设计、研制、生产、改装、试飞、销售、维修和服务的全过程，为顾客提供高度安全性、舒适性、经济性和环保性的商用飞机的理念。

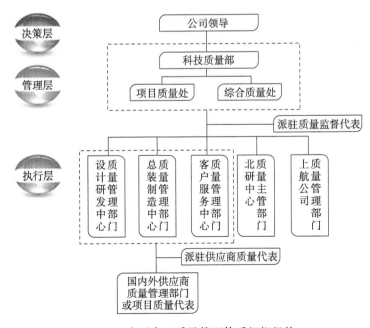

图 4-1　中国商飞质量管理体系组织机构

科技质量部是中国商飞质量管理体系的总体管理部门，全面负责公司总部及各成员单位的质量工作，并负责推动零缺陷质量管理。科技质量部下设项目质量处和综合质量处，项目质量处负责强化公司项目管理工作，严格项目质量要求，制定相关项目质量管理文件；综合质量处负责公司核验质量工作，制定综合质量管理、产品质量规定及相关管理文件。项目质量处与综合质量处均向成员单位派驻质量监督代表，负责监督总部质量政策的贯彻实施。中国商飞各成员单位是质量管理体系的基层实施单位，各成员单位各设相应的主管部门，负责传达总部质量管理政策，并制定相关措施，推进本单位质量管理工作。如图 4-1 所示，中国商飞实施质量监督代表制度，形成延伸到供应商的公司质量管理体系，派驻供应商质量代表，加强对供应商的质量过程控制。

上海飞机制造有限公司是中国商飞下属的飞机总装制造中心，承担国家大飞机项目的研制任务。本书以上海飞机制造有限公司为例简单介绍大型商用飞机研制过程中的质量管理体系的状况。公司的质量职能由理化计量中心、质量管理部、质量审核部、适航管理部共同组成的质量系统来承担，具体架构如图 4-2 所示。

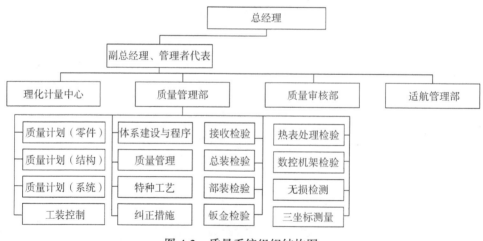

图 4-2   质量系统组织结构图

其中，理化计量中心负责宣贯和实施国家计量法令及上级相关规定、管理计量标准、负责计量器具的量值传递和溯源以及控制管理、负责理化试验和工艺控制试验、选择和评审理化计量外包供应商。质量管理部负责公司质量管理，宣贯质量方针、质量意识、质量目标与关键过程指标，编发质量体系文件，产品实现过程的监控与检验，工装定检，确定采购文件质量条款，审查工艺计划文件，确认特种工艺，组织纠正措施，评审和管理不合格品，统计质量信息，落实质量考核，维护合格供方清册等。质量审核部负责确定并实施公司年度质量审核、验证纠正措施有效性、处置二方和三方评审问题、培养自我审核人员队伍。适航管理部负责与局方的日常适航联络，将飞机制造过程中的重大故障、失效或缺陷报告民航局，研究国内外适航规章，监督质量管理系统的正常运行并持续符合适航要求，审查公司程序文件与适航规章的符合性，编发和跟踪适航工作指令，配合局方完成型号合格证（type certificate，TC）取证过程的制造符合性检查，负责生产许可证（production certificate，PC）取证及证后管理，协助局方管理委任生产检验代表，管理公司及供应商制造符合性声明签署人员。

2. 基于 AS9100 建立质量管理体系

基于 AS9100 中国商飞建立了文件化的质量管理体系并加以实施、保持和持续改进。为确保质量管理体系有效运行，对质量管理体系的各项活动以及监视和测量等方面做出规定，形成必要的文件。其质量管理体系文件构架如图 4-3 所示。

图 4-3　中国商飞质量管理体系文件构架

其质量管理体系文件包括质量方针、质量目标、质量手册、程序文件、作业指导书和记录等，可分为四个层次。第一层次文件是质量手册，包括公司质量手册和各中心的质量分手册。它描述质量方针和质量目标，是公司和分中心实施质量管理、开展质量策划、进行质量控制和持续改进活动的纲领性及法规性文件，旨在保证产品质量和质量管理体系满足或超越顾客和适航当局的要求。第二层次文件是程序文件，包括公司程序文件和各中心程序文件。它描述了为实施质量管理体系过程所涉及的各职能部门的活动，是质量手册的支持性文件。通过项目管理程序文件，对影响质量的各项活动规定了控制要求、评定准则及验证方法，使各项活动处于受控状态。第三层次文件是作业文件，包括作业指导书、规范和标准等，是项目管理程序的支持性文件。第四层次文件是记录。

以下是中国商飞部分质量管理体系文件，如表 4-1 所示。

表 4-1　中国商飞部分质量管理体系文件

序号	体系代码	体系名称
1	QM110-1	质量手册
2	QP110-2	文件控制程序
3	QP110-3	记录控制程序
4	QP108-4	人力资源控制程序
5	QP111-5	项目管理
6	QP111-6	风险管理控制程序
7	QP109-7	与产品有关要求的评审程序
8	QP111-8	设计评审程序
9	QP110-9	质量信息报告程序
10	QP111-10	采购过程控制程序
11	QP109-11	飞机产品交付控制程序
12	QP109-12	顾客满意度测量程序
13	QP110-13	内部质量审核程序
14	QP110-14	不合格控制程序
15	QP110-15	质量信息和数据分析程序
16	QP110-16	持续改进控制程序
17	QP110-17	纠正措施和预防性措施控制程序
18	QP110-18	管理评审控制程序

公司还颁布了一系列质量管理规章制度文件，以更好地实施质量管理体系。

中国商飞推行精益管理模式，把一切已经发现的问题和可能出现的隐患彻底消除"归零"，并兼顾和统筹质量与进度、成本、适航的关系，编制了《持续改进控制程序》《精益专员管理办法》《精益改进项目实施手册》《精益现场建设和考评要求》《原因分析和纠正措施工作指南》等文件，提供政策支持，规范和指引精益管理工作推进，指导解决问题，完善精益管理的制度体系。

4.2.2　不断完善适航方面的质量管理

由于大型商用飞机产品的特殊性，飞机的适航管理很关键。适航管理既包括理解、解读适航的各项要求，同时通过设计保证体系建设来确保各项适航法律法规要求融入飞机研制过程。另外按照局方的要求选用适宜的符合性方法，组织开展了一系列活动，以表明飞机设计符合适航标准及条款要求。由于局方要求也包括了对组织质量保证体系的要求，因此，适航管理与质量管理存在一定范围的交叉，质量管理为项目适航提供组织保证，适航管理通过对条款要求（安全性方面要求）的符合性来确保产品质量。

目前世界上的适航标准主要包括美国和欧洲两大体系，其余各国都以此为基础并加上各国附加要求建立自己的适航标准体系。中国的适航标准主要参考和翻译了美国的适航标准，同时又借鉴了欧洲适航标准的部分内容，如设计保证系统的要求。目前我们的大型客机 C919 和 C929 还没得到美国和欧盟的适航证。飞机制造商执行质量标准体系只是完成了质量管理的一部分工作，为了保证飞机的持续适航，制造商还要制定符合适航要求的、更加严格和全面的质量体系，不断完善持续适航方面的质量管理。中国商飞专门设立了适航管理部，为大飞机的研发生产提供全过程、全方位管理，并编制了一系列质量细则。这些质量细则和质量管理规定上接中国民航适航相关法规，下连中国商飞的各个研发和生产实践。

1. 不断完善的适航法规体系

中国民航适航法规体系分为四层，从法律地位来说，第一层《中华人民共和国民用航空法》属于国家法律，是从事民用航空活动的最高层文件；第二层是国务院颁布的《中华人民共和国民用航空器适航管理条例》和《中华人民共和国民用航空器国籍登记条例》属于行政法规；第三层是民航局适航规章；第四层是指导开展适航工作的指南性文件。前三层是法律法规性文件，第四层没有法律效力，仅是指导开展适航工作的指南性文件[①]。

2. 适航管理体系的建设

中国商飞的适航管理体系是依据中国适航当局的要求，结合公司实际而建的，组织框架分为总部和成员单位两级，成员单位的适航职能部在业务上均接受总部适航管理部的领导，通过供应商的适航管理部将适航职责予以延伸。总部适航管理部负责本公司的型号适航取证、生产许可取证、持续适航和其他有关的适航工作，是中国商飞对内和对外协调适航事务的唯一接口单位，并直接向中国商飞总经理负责，建立向其报告的工作程序，下设项目适航处、适航技术标准处、适航体系管理处、持续适航处（李涛，2016）。

中国商飞根据适航规章的要求建立了委任代表管理体系，委任代表由适航管理部提名，经培训合格后推荐给中国民航局航空器适航审定司，由其正式批准。在中国民航适航规章中增加了有关设计保证系统的审查要求，据此，中国商飞在国内首次建立了民用飞机研制的设计保证系统，并编制了设计保证手册，详细阐述了中国商飞的机构、职责、程序、资源等对规章的符合性。

中国商飞试飞中心安全质量适航管理部总结了试飞过程质量管理的探索实践。中国商飞试飞中心结合中国商飞实际情况以及自身需求，开展了"上道工序为下道工序负责"的质量管理提升活动，倡导客户意识、服务意识，满足新形势对大飞机"中国质造"的新要求。

---

①例如，《航空器型号合格审定程序》（AP-21-AA-2011-03-R4）。

4.2.3 "双五归零"的质量归零管理

质量问题归零是指对在设计、生产、试验、服务中出现的质量问题,从技术上、管理上分析产生的原因、发生机理,并采取纠正措施、预防措施,以避免问题重复发生的活动。质量问题归零管理,其目的一是不重复出现问题,二是持续改进。"双五归零"是中国特色的质量管理手段和质量保证措施,以严密的程序、严格的管理、严肃的态度解决质量问题。

1. 质量归零管理的由来

质量问题归零模式起源于航空制造,理念和方法形成于航天系统。航天系统在消化吸收的基础上提炼、总结,形成了"双五归零"标准,并全面推行,极大地提升了中国航天产品的质量。

"归零"概念的提出最早可追溯到 1990 年 7 月。原航空航天工业部在上海 5073 厂[上海航空工业(集团)有限公司]召开学习 MD-82 飞机质量管理经验研讨会。会议总结的飞机制造质量管理经验主要包括搞质量管理要坚持必要的程序,一切按程序办事;强有力的质量保证体系,即组织保证;通过培训、提高人员素质;"归零",即闭环归零,具体指 TO(tool order,工程工装指令)、FO(fabricate order,加工工艺指令)、AO(assemble order,装配工艺指令)的三个 O 闭环归零。第一是 TO 的归零,即工具、工装要保证,否则不能发出生产指令。第二是 FO 的归零,即如何加工、用什么工具加工、要达到什么质量标准,都要严格规定,经过核实没有问题才可以生产。第三是 AO 的归零,即装配指令归零,要求在没有任何问题的情况下才能够装配。

这时的"归零"概念,指生产过程闭环的质量控制,要求不带问题生产。"归零"概念中的"零",来自英文词"order"的首字母,意味着"秩序、命令、规则";而汉语"零"则含有"基点、原初、起始、无"等意,因此"归零"可理解为归到起始之处,从头来过,也可解释为在系统内闭环处置。从"order"到"归零"的词语生成过程呈现出的理性直觉,蕴涵着极大的思维创造性。抓三个 O 的闭环归零工作经验由此开始在航天系统进行试行和推广(方嘉民,2010)。

2. "两透一控,双五归零"的质量管理

航空产品发生质量问题,无外乎设计、工艺、管理三个方面出现问题。设计、工艺属于技术范畴,在技术上导致的质量问题,应按技术质量问题处理原则执行;在管理上导致的质量问题,应按照管理问题处理原则执行。管理归零是技术归零的延续。

"双五归零"分别规定了航空产品技术质量问题归零的五条实施准则和管理质量问题归零的五条实施准则。其具体内容可以简单概括如下。

（1）技术质量问题归零的准则：定位准确、机理清楚、问题复现、措施有效、举一反三。

（2）管理质量问题归零的准则：过程清楚、责任明确、措施落实、严肃处理、完善规章。

航空产品一般有设计方案（F）阶段、初样（C）阶段、试样（S）阶段、定型（D）阶段等研制阶段和定型后的批生产（P）阶段，归零工作从初样（C）阶段开始实施。

技术质量问题归零的五条准则具体如下。

（1）定位准确：确定质量问题发生的准确部位。电子产品定位要定到元器件，机械产品定位要定到零件或原材料等。

（2）机理清楚：通过理论分析或试验等手段，确定质量问题发生的根本原因。

（3）问题复现：通过试验或其他验证方法，复现质量问题发生的现象，验证定位的准确性和机理分析的正确性。

（4）措施有效：针对发生的质量问题，采取纠正措施，经过验证，确保质量问题得到解决。

（5）举一反三：把发生质量问题的信息反馈给本型号、本单位（发生问题的分厂）和其他型号、其他单位（公司其他有研制任务的单位），检查有无可能发生类似模式或机理的问题，并采取预防措施。

管理质量问题归零的五条准则具体如下。

（1）过程清楚：查明质量问题发生和发展的全过程，从中查找管理上的薄弱环节或漏洞。

（2）责任明确：根据质量职责分清造成质量问题的责任单位和责任人，并分清责任的主次和大小。

（3）措施落实：针对管理上的薄弱环节或漏洞，制定并落实有效的纠正措施和预防措施。

（4）严肃处理：对由管理原因造成的质量问题应严肃对待，从中吸取教训，达到教育职工和改进管理工作的目的。对重复性和人为责任质量问题的责任单位与责任人，应根据情节和后果，按规定给予处罚。处理的目的主要是吸取教训，加强思想教育和制度的宣贯与培训，这一点应放在处理工作的首位。

（5）完善规章：针对管理上的薄弱环节或漏洞，健全和完善规章制度，并加以落实，从制度上避免质量问题的发生。

基于系统工程的"双五归零"以满足客户需求为目的，围绕产品全生命周期，强化风险管控，通过快速响应、技术归零、管理归零和知识共享，形成解决方案和主动保证机制。这是中国商飞对航天"双五归零"方法的继承，更是一次创新。

同时，结合民用航空产品的特点，中国商飞又对"双五归零"提出了"两透一控"的总体要求。

"两透"就是吃透需求、吃透技术，是确保设计质量的前提。吃透需求，要做到需求捕获完整、场景分析全面、功能定义准确、层层分配合理、确认验证到位；吃透技术，要做到理论依据正确、研制路径可行、环境分析全面、试验验证充分、研制风险可控。

"一控"就是构型控制，是一切管控活动实施的基础。要掌握和运用统一、简单、有效的控制方式和方法，在产品全生命周期和全产业链环节控制构型，实现全方位的构型控制。

"两透一控"与"双五归零"互为因果、互相影响，"两透一控"包含了"双五归零"的要素，特别是"两透一控"的要求有助于提高"双五归零"过程中机理分析、纠正措施环节的准确性和有效性，其落脚点和目的是一致的：解决问题、提高产品质量。一方面通过"双五归零"，分析原因、制定措施、满足需求，实现"两透一控"的目标；另一方面在"双五归零"实施过程中，以"两透一控"为内核，最终达到原因准确、措施有效以及知识共享，实现减少问题发生、提高产品质量的目的。

4.2.4   标准先行，打造先进质量标准体系

我国航空标准体系表中包括五项质量管理标准，如 HB 6174-1988《航空质量管理术语》、GJB 9001C-2017《质量管理体系要求》等标准（邹峰和魏朋义，2018）。

通用标准体系表中的通用基础标准明细表，包含 47 项质量管理标准，如 GJB 1405A-2006《装备质量管理术语》、GJB/Z 4-1988《质量成本管理指南》、HB 7128-1994《多余物控制要求》等标准。

在航空通用标准下，航空标准体系表又包含 20 余项质量控制标准，如 HB/Z 59-1997《超声波检测》等标准。

此外，还有与镀层和焊接质量检验有关的 62 项标准以及与量具有关的 5 项标准，如 HB 5035-1992《锌镀层质量检验》、HB 5046-1993《锡镀层质量检验》、HB 4496-1990《量具产品质量分等规定总则》等。除了国防科技工业标准体系表中质量管理、质量控制、质量检验等标准外，为满足质量管理工作的需要，我国航空工业还制定了其他若干质量管理标准，如 HB/Z 299-1997《航空产品质量审核》、HB/Z 303-1997《特殊过程鉴定要求》等标准。

为完成我国自主大飞机标准体系构建及核心标准的研制，给 C919 大型客机从单架研制到批量生产做好技术支撑，打造我国先进标准体系，2010 年 12 月 28日，国家标准化管理委员会正式批复大型客机国家重大专项标准化示范项目。中

国商飞在上海市质量技术监督局的支持下，整合企业、政府、技术机构资源，构建了国家、行业、地方、企业广泛参与的工作平台，建立了示范项目联席会议制度，形成工作合力推进此重大专项项目。

标准化重大专项开展过程中，在对 21 万项标准资源的收集与适用性分析基础上，在设计、制造、客户服务、适航管理、信息化等领域，构建了涵盖 14 个业务模块的大型客机标准系统框架，提出标准规范需求超过 8500 项，形成一套既符合国际惯例又适合中国国情的大型客机标准和规范。标准化专项制定发布了 4691 项自主创新的中国民用飞机标准，打造了中国民用飞机先进标准。结合大型客机发展目标和特点，中国商飞完成国家标准化管理委员会重大课题"大型客机国家重大专项标准化示范项目"，通过关键技术攻关，带动了产品质量提升。

4.2.5　大型客机协同研制供应商质量管理

供应商管理被公认为商用飞机生产制造的三大难点之一。为保证项目的顺利进行，类目涵盖 20 余大飞机系统，数量以百万计的零部件需要按时按质交付，由此，大型商用飞机项目的供应商管理的难度可见一斑。作为承担我国大型客机研制生产任务的中国商飞建立了"主制造商–供应商"的运作模式，在海内外优选系统设备和机体结构等方面的优质供应商，最大限度聚集国内外资源，打造中国民用飞机品牌，有效融入世界大型客机产业链，加快与国际接轨的步伐。

我国大型客机采购管理流程主要包括供应商的选择与评价、合格供应商名单的批准与保持、签订采购合同、验证采购产品、供应商绩效综合评估，其流程如图 4-4 所示。由此可知，采购流程是针对供应商展开的，因此对供应商进行质量管理是确保所采购产品质量水平的绝对重要环节。

图 4-4　大型客机协同研制供应商管理流程

我国大型客机供应商质量管理流程具体如下。

1. 供应商质量管理体系评审

买方负责成立评审组，评审组需编制质量管理体系检查单，并对供应商的质量体系实施评审，汇总评审结果，编写审查报告。评审有第三方认证的评审、质量能力评审和现场评审三个类别。评审结果有通过、不通过和有条件通过三种，供应商在获得有条件通过后承诺整改并经现场评审通过后可以获得评审通过。最终供应商评审通过后被买方编入批准供应商清册。

2. 供应商工艺源评审

合格供应商在生产前首先要通过主制造商对其进行工艺源评审，只有评审合格的工艺才能用作产品的生产。评审包括初始工艺评审和年度工艺评审，评审结果又分为严重偏差、一般偏差和合格，严重偏差不给予批准，一般偏差形成不合格项和纠正措施报告，经过整改后通过。最后买方根据实际评审结果给出工艺源评审报告、不合格项和其改进方案报告、批准工艺源表。

3. 零部件检查

主制造商针对不合格品首先判断不合格品是否具有重复性、系统性的质量偏差，如果是的话需要进行质量问题归零控制，否则进入供应商不合格品控制程序。

4. 供应商不合格品控制

对不合格品的处理又分为返工返修、让步接收与报废等。主制造商对供应商提供的不合格品信息予以收集、处理和分析，明确责任单位，作为供应商业绩的评估依据。买方工程部门负责对供应商提交的不合格品处理记录进行工程评估，并对供应商提交的让步接收申请进行工程审批，同时保存相关的评审记录。让步接收需要根据产品的不合格程度分别进行处理，不合格程度高的产品需要内部评审小组进行评审，然后编写产品让步接收申请表，报主制造商审批。不合格品一般直接报主制造商进行审批。

5. 供应商质量问题归零控制

重复性、批次性、系统性的质量偏差要求做到质量的技术问题、管理问题归零。质量问题归零根据质量问题严重程度分为一般偶然不合格项和严重重复不合格项，分别采取供应商质量偏差控制和供应商质量纠正控制。质量问题归零依照供应商纠正措施通知和质量问题归零相关文件严格执行，制定出质量问题归零的评审意见表、通知单及其措施跟踪检查表。

6. 已交付产品质量漏检处理

供应商对已交付产品如果发现存在产品漏检现象，须按照漏检处理程序对漏检产品进行处理。发现漏检之后填写已交付产品问题通知发给主制造商，供应商管理部接收通知并转送生产控制部，主制造商组织各部门进行评估，形成初步意见，然后对影响的产品进行调查，开出 FRR/FRR-SR（FRR/FRR-SR 是一种授权于处理拒收活动的表格，用来拒收从正常生产渠道扣留下来的不合格品）。最后主制造商对产品进行处理，包括返工返修、退回、报废或者原样使用，并编制质量问题通知反馈给供应商。

综上所述，我国大型客机协同研制供应商质量管理流程图见图 4-5。

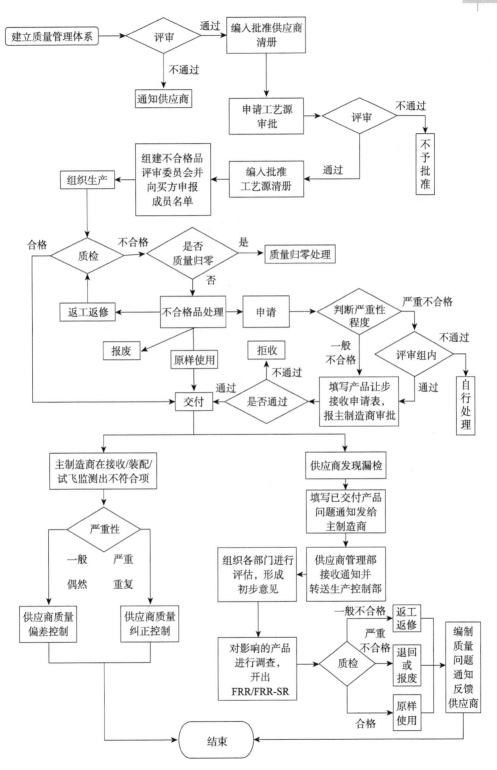

图 4-5　我国大型客机协同研制供应商质量管理流程图

4.2.6 采用国际最先进的系统设计与验证理念保证大型客机的质量安全

中国商飞适航安全质量部副部长、C919型号总质量师徐建强先生，在第十一届上海国际质量研讨会上的演讲，让大家了解了运用互联网进行集成设计和制造的大飞机，是真正的互联网经济下质量管理的实践成果。中国的大飞机是按照国际最新的研制过程、研制标准进行设计、试验和验证的飞机（徐建强，2016）。

一架大型商用飞机的系统非常复杂和庞大，大概需要400万个零部件，研发投入也非常大，C919大型客机的研制经费达到上百亿元。项目规模也非常大，不仅是上海的研发、生产、制造、试飞、客户服务这几个中心，还包括中航工业集团、中电集团等国内供应商和通用电气公司、霍尼韦尔公司等国际著名的航空产品制造商，共同参与大飞机的研制。大飞机项目进行全球设计、试验和生产，是真正运用互联网来进行集成设计与制造的。C919大型客机的总体和系统集成设计、总装制造在上海，很多分系统、结构则散布在全世界各地，如北美洲、欧洲。几万人的团队基于互联网进行系统设计，然后统一把飞机产品数模发到中国，由中国商飞把它统一拼装起来变成一架数字化的飞机，之后再去进行确认和验证。中国商飞大飞机采用国际上最先进的系统设计与验证理念来完成整个飞机的设计和验证过程，来保证大型客机的质量安全。

4.2.7 "主制造商–供应商"模式下的专项质量检查

"主制造商–供应商"模式下的专项质量检查是专项审核的一种形式，通过联合主制造商与供应商的质量审核力量，形成联合检查组，针对型号研制过程中存在的问题和薄弱环节、生产现场和航线反馈的产品质量问题开展专题性的审核，但因其联合检查的特殊形式和检查特点，专项质量检查在某种程度上超出了专项审核的范畴，除了质量审核，还大量融合了质量诊断、质量改进、质量咨询等质量工程要素，故称为专项质量检查（龚俊杰，2018）。中国商飞与中航工业集团公司联合成立了联合专项质量检查组，检查组是由中国商飞（主制造商）的审核人员和航空工业（供应商）专家组成。

在ARJ21-700和C919大型客机近几年的质量审核实践中，专项质量检查通过对历年检查数据的分析，形成了模块化的检查模式，并配套建立了各个模块的检查单、问题案例、数据分析等工具方法。联合专项质量检查组根据受检查单位产品质量和过程质量的数据分析，开展更具有针对性的纠正措施系统、工具/工装和软件管理、次级供应商管理、构型管理、工艺文件编制、人员培训等管理类专题审核，开展设计与试验过程控制、产品检验技术、无损检测、制孔技术、密封技术、装配技术、热加工技术、冷加工技术等技术类专题审核。

　　联合专项质量检查始于帮助 ARJ21-700 和 C919 飞机快速解决质量问题、保障民用飞机型号顺利取证，自始至终坚持"以产品问题为导向"的基本原则。在开展检查前，联合专项质量检查组会对受检查方的产品故障和问题进行收集，选取具有针对性的或薄弱的区域和过程开展深入检查。在检查结束后，联合专项质量检查组按照"联合专项质量检查问题分类标准"对问题按照过程、问题、性质进行不同维度的分类，并以此分析为基础对受检查方提出综合性的改进建议。

第 **5** 章

大型商用飞机项目进度管理

5.1 大型商用飞机项目研制过程进度计划管理特点

5.1.1 大型商用飞机项目进度计划体系与管理体系

1. 大型商用飞机项目进度计划体系

大型商用飞机项目进度计划包括里程碑计划、零级网络计划、Ⅰ级网络计划、Ⅱ级网络计划、Ⅲ级网络计划、年度计划、月度计划、临时计划、专项计划、赶工计划。Ⅰ级网络计划包括工程设计、试验试飞、总装制造、客户服务和适航等。

以C919为例，Ⅰ级网络计划从2009年1月1日联合概念定义阶段开始到2016年3月31日取得生产许可证、首架飞机交付客户，研制周期为87个月，2017年5月实现首飞。Ⅰ级网络计划包括工程设计Ⅰ级网络计划、试验试飞Ⅰ级网络计划、采购/制造Ⅰ级网络计划、客户服务Ⅰ级网络计划和适航Ⅰ级网络计划，大型商用飞机项目计划体系如图5-1所示。

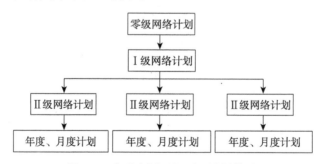

图 5-1　大型商用飞机项目计划体系

2. 大型商用飞机项目计划管理体系

总部项目管理部是中国商飞大型商用飞机项目计划管理的业务主管部门，负责组织编制项目、研制零级网络计划，会同总部其他部门编制、研制年度重点任务目标，组织中国商飞设计研发中心、总装制造中心、客户服务中心和总部有关部门编制项目研制工程设计、试验试飞、总装制造、客户服务和适航等Ⅰ级网络计划，负责下发零级网络计划，Ⅰ级网络计划及总部有关部门编制的专项、临时和赶工等项目研制计划，跟踪和考核项目研制计划的执行情况。

中国商飞设计研发中心、总装制造中心、客户服务中心参与项目研制零级网络计划的编制工作，参与项目研制年度重点任务目标的编制工作，负责编制项目、研制相关Ⅰ级网络计划，根据零级网络计划、Ⅰ级网络计划编制相关Ⅱ级和Ⅲ级网络计划，根据项目研制的零级网络计划、Ⅰ级网络计划和年度重点任务目标制定年度、月度计划并组织实施，根据项目研制进展情况编制专项、临时和赶工计划并组织实施，跟踪、检查本单位及实施管理的供应商项目研制计划执行情况，编写项目研制月度、年中和年度计划执行情况报告。

5.1.2　大型商用飞机项目进度控制流程

1. 中国商飞项目计划管理流程

中国商飞项目计划管理流程如图 5-2 所示。

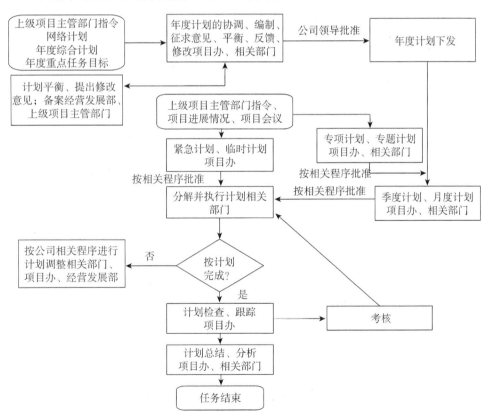

图 5-2　中国商飞项目计划管理流程

2. 中国商飞项目管理部进度控制流程

中国商飞项目管理部大型商用飞机项目进度控制流程见图 5-3。

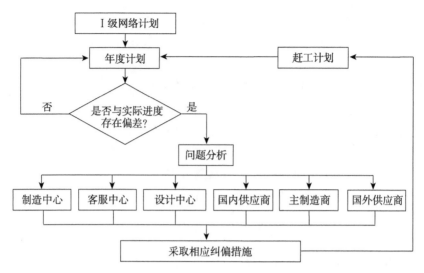

图 5-3　中国商飞项目管理部大型商用飞机项目进度控制流程

（1）由计划管理处根据工程设计、试验试飞、制造采购、客户服务、适航五个Ⅰ级网络计划和年度计划与大型商用飞机项目实际进度对比，判断是否存在偏差。

（2）若出现不能接受的偏差则开展进度问题分析，找出引起偏差的责任单位，找出问题所在。

（3）根据分析结果监督责任单位制定相应的纠偏措施，若影响较大则制订赶工计划，以弥补进度损失。

（4）中国商飞项目管理部每月听取各中心项目进度汇报，监督各中心项目开展。

3. 中国商飞各中心进度控制流程

中国商飞各中心进度控制流程如图 5-4 所示。

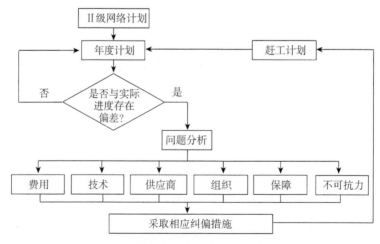

图 5-4　中国商飞各中心进度控制流程

（1）中国商飞各中心根据各自单位的Ⅱ级网络计划和年度计划与大型商用飞机项目实际进度对比，判断是否存在偏差。

（2）若出现不能接受的偏差则开展进度问题分析，对存在偏差的环节从技术、供应商、组织、保障、费用和不可抗力六个方面分析，找出问题所在。

（3）根据分析结果制定相应的纠偏措施，若影响较大则制订赶工计划，以弥补进度损失。

（4）中国商飞各中心每周一听取各所属下级单位项目进度汇报，并在每月三号上报中国商飞项目管理部。

4. 中国商飞项目研制计划调整程序

当进度问题造成较大影响时，需要对进度计划进行调整或变更，其调整或变更的程序见图 5-5。

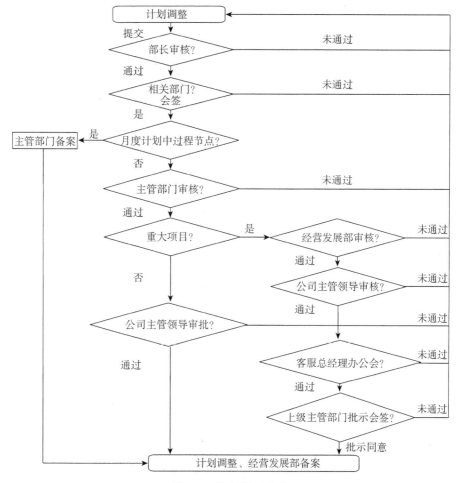

图 5-5　计划调整程序

5.1.3   大型商用飞机项目计划管理特点分析

大型商用飞机项目计划管理归口在大型商用飞机项目行政指挥系统，总部项目管理部是大型商用飞机项目计划管理的业务主管部门，在大型商用飞机项目新的管理模式下的计划管理体系具有以下优点。

（1）充分发挥行政指挥系统积聚力量办大事的优良传统，能克服技术、人力和财力上的困难，调动人员的积极性，保证项目计划按照原定的进度、质量和适航目标取得大型商用飞机项目的成功。

（2）能强化计划反馈和落实计划管理责任，计划能严格落实到各中心及其下属部门，并层层分解到项目研制组，能充分发挥各中心及其下属部门负责人对本部门项目计划的执行和监督作用，将责任层层分解到人、落实到位。

（3）有严格的计划变更、调整等审批流程，能保证计划管理过程中信息传递的有效性和真实性，并能保证计划变更或调整后实施的效力。

（4）具有较多的计划管理经验。我国在航空、航天、武器装备等项目的计划管理上积累了较为丰富的计划管理经验，这种经验可以很好地指导大型商用飞机项目开展计划管理工作。

虽然我国在计划管理方面具有较多的实践经验，但是大型商用飞机项目计划管理的模式也存在不可否认的缺点，这些缺点主要体现在以下几个方面。

（1）缺乏有效的进度计划监控措施。总部项目管理部对大型商用飞机项目进度的掌控是通过层层上报的方式了解进度情况，缺乏有效的进度监控措施，往往问题出现了再协调、沟通，既浪费时间又浪费人力、物力和财力。

（2）未考虑风险的影响，没有相应的应对机制。计划流程中的工作项目周期没有参照技术流程中所需周期和一些外界因素，按照最可能完成的周期制定，以提高计划的严肃性。缩短工作周期时必须以相应的保证措施为前提，根据研制实际情况，以及对原技术流程内容提出增减工作项目的要求。

（3）在两条指挥线并存的情况下，行政线与技术线若权责利分配不清可能会在某些问题上相互推诿。另外，行政线决策者掌握技术知识有限，若与技术线沟通不到位，在计划管理过程中容易造成决策失误。

（4）大型商用飞机项目规模大、层次多、涉及单位多，在新的"主制造商-供应商"模式以及"一个总部各中心"结构背景下会造成计划管理工作效率较低，需要在项目计划管理过程中引入先进的管理技术才能提高项目的管理效率。

（5）缺乏现代化的计划管理方法和工具，如缺乏 WBS、CBS 和 OBS 的支持，挣值管理等有效的进度计划管理方法没有或者很少得到利用，更缺乏相关管理信息系统、计划管理信息系统等。

（6）信息传递时效性低。由于计划管理过程中的行政审批涉及中国商飞其他有关职能部门，审批虽然保证了信息传递的有效性和真实性，但是时效性会受到很大的影响，可能会影响问题解决的速度，造成更大的问题出现。

为确保大型商用飞机项目进度计划顺利地实现，必须在现有的计划管理模式下增加进度风险管理模块，进行全面的工作分解结构，并在其基础上建立挣值管理体系，以加强计划管理的监控，提高信息传递时效性。

5.2　大型商用飞机项目进度管理原则与目的

5.2.1　进度管理原则

一般来讲，项目进度管理是采用科学的管理方法确定项目进度目标、编制进度计划与资源供应计划，在协调项目质量、费用、安全目标的基础上，通过实施科学有效的进度控制，实现项目总体目标。在进度计划实施过程中，不确定因素多，干扰因素多。这些因素有客观的，也有主观的，随着这些因素的不断变化，造成了计划的改变。因此，在项目实施过程中必须实时掌握项目实施状况，并将实际情况与进度计划进行对比分析，必要时采取有效的措施，使项目进度按预定的目标进行。大型商用飞机项目是一个复杂巨系统，影响项目进度的因素更多、更复杂，且各因素间存在线性或非线性的扰动关系，因此大型商用飞机研制项目进度管理的原则不同于一般项目，其进度管理应遵循以下原则。

（1）系统管理原则。大型商用飞机项目是一个复杂巨系统，由若干子系统组成，各个子系统之间也是相互联系、相互影响。项目管理者应从全系统出发，对于管理控制主体、对象、活动、进度计划和资源需求，运用系统的理论方法进行规划和管理。此外进度管理活动包括编制计划、执行计划、进度检查、对比分析、原因分析、调整措施、修改计划等，是一个封闭的循环系统。

（2）动态控制原则。项目进度管理是随着项目进展不断进行的，是一个动态的过程，也是一个循环进行的过程。当影响项目进度的重要因素变化时，进度计划和资源配置方案也应随之变化。在进度管理过程中，项目实际进度与进度计划要定期比对分析，如出现过大偏差，应该及时纠偏和调整。

（3）风险管理原则。大型商用飞机项目是一个复杂巨系统，干扰因素也较一般项目更多，因素间的相互关系也更复杂，所以进度管理过程中一定要树立风险管理的意识，制定风险管理机制，在进度管理过程中全程开展风险识别、分析、评价和应对的循环管理。

（4）信息反馈原则。在项目进度控制过程中，项目进度计划信息从上到下进行传递，项目实际进度信息自下而上进行反馈，这个过程中需要进度信息传递和反馈畅通无阻，而且需要准确无误，这些信息对于风险判断、资源整合和计划调整意义重大，因此进度管理过程中要建立信息传递和反馈的机制，以便及时发现问题、解决问题，保证项目的正常进展。

（5）目标最优原则。大型商用飞机研制项目范围定义了项目"做什么"的边界与规模，成本决定了完成项目的资源投入（如人、财、物），进度计划定义了项目的完成日期，项目质量定义了做出的项目好到什么程度，所以项目范围、成本、进度和质量之间是有明显的制约平衡关系的，所以项目"两总系统"要确定项目管理的最优目标，是在范围、成本和质量的固定目标下，实现进度的最优目标。

（6）任务分解原则。对于大型商用飞机研制这样大而复杂的项目，可以将其层层分解，划分成多级多个子项目或者多个子任务，每个子项目或者子任务都要明确负责人和进度时间要求，任务分解后能够充分地将项目管理的权力下放，充分调动相关人员的积极性，保证项目的进度与质量。但是任务分解后必须制定各个子项目或者子任务之间的协调机制和信息沟通机制，保证各个任务有序推进。

5.2.2　进度管理目的

简单来讲，项目进度管理的目的是在规定的时间内，根据进度计划，按照成本、质量、效益等约束条件要求，按时完成项目目标。

大型商用飞机项目是国家意志，具有重要的政治意义、社会意义和经济意义。因此大型商用飞机项目管理的目的是在国家要求的资源、质量、经济和社会效益下，按照进度计划有序推进项目，在规定的时间内，最大限度地实现预定目标。但是因为大型商用飞机具有技术跨度大、系统工程复杂、技术复杂度高、投资规模巨大等特点，使得项目进度管理目标的实现也增加了很多困难，需要制订科学、合理的进度计划和及时有效的进度调整机制。

5.3　大型商用飞机项目进度风险管理

5.3.1　大型商用飞机项目进度风险管理特点

大型商用飞机项目的特点与计划管理体系的特点决定了大型商用飞机项目进度风险管理的特点。大型商用飞机项目作为一项高科技重大科研项目，具有工程性强、技术新、中间环节多、系统操作复杂、参与人员众多、研制和生产周期长、耗费资金巨大、包含未知因素多以及影响面广等特点。在大型商用飞机项目研制的整个过程中，如果不对其中的不确定性加以有效的管理，一旦某一环节出现问题，轻则降低大型商用飞机的性能，延长研制和生产周期，增加整个项目的投资，重则引起机毁人亡，造成巨大的经济损失。

大型商用飞机项目的风险来源、风险的形成过程、风险潜在的破坏机制、风险的影响范围以及风险的破坏力错综复杂，单一的管理技术或单一的工程、技术、财务、组织、教育和程序措施都有一定的局限性，必须综合运用多种方法、手段和措施，才能以最小的成本将各种不利后果减少到最低程度。大型商用飞机项目风险管理是一种综合性的管理活动，其理论和实践涉及自然科学、社会科学、工程技术、系统科学、管理科学等多种学科，是一个复杂的、庞大的、动态的系统工程，涉及不同层次的多个部门、多个环节、多个方面，也涉及不同类型的管理人员。大型商用飞机项目管理者必须综合运用多种方法、手段和措施，坚持不懈地跟踪整个项目生命周期的进展情况，逐步形成项目风险管理的闭环系统，对大型商用飞机项目各个阶段、各个环节进行风险预测、风险识别、风险分析、风险评估及风险处理，确保大型商用飞机项目的风险能降到最低。因此，项目风险管理是大型商用飞机项目管理的重要环节，通过科学的风险管理有效提高项目管理水平，为大型商用飞机项目的顺利完成提供重要保证。

综合大型商用飞机项目在研制模式、技术难度、管理模式和国家的战略意义等方面的特点，大型商用飞机项目进度风险管理具有以下特点。

1. 进度风险影响面大

进度风险是项目风险的主要风险，大型商用飞机项目进度风险也是大型商用飞机项目的主要风险。进度风险对大型商用飞机项目影响面大，一旦进度风险事件发生，轻则影响项目的正常进展，影响项目费用，重则影响国家战略目标的实现。

2. 进度风险源多

大型商用飞机项目具有技术新、中间环节多、研制和生产周期长、耗费资金巨大、包含未知因素多以及影响面广等特点，这些特点决定了影响大型商用飞机项目进度的风险因素多、涉及面广，包括工程、技术、财务、组织、管理等方方面面。

3. 进度风险因素相互交叉影响

影响大型商用飞机项目进度的风险因素众多，这些因素相互影响、相互交叉。例如，费用问题影响研发进展，反过来技术研发又需要大量的资金投入。进度风险因素交织在一起，开展进度风险管理需要将这些交叉在一起的风险因素剥离开来，以免影响风险管理的效果。

4. "主制造商–供应商"模式进一步加大了进度风险管理的难度

"主制造商–供应商"的模式对于中国商飞大型商用飞机项目管理层而言是一个全新的管理模式，中国商飞项目管理部缺乏相关管理经验。研究表明，供应商风险是造成波音 787 项目和空中客车 A380 项目进度延后的主要因素。国内外供应商的技术力量、供货方式、时间和质量都将直接影响项目进度，同时国内外供应商的管理也是对大型商用飞机项目进度风险管理的极大挑战。

5. 由技术跨度引发的技术风险有可能成为项目进度的主要风险源

技术跨度引发的技术风险是大型商用飞机项目的主要风险，也是项目进度的主要风险。由于我国民用飞机技术储备不足、基础较差，在超音速巡航技术、矢量喷管技术、高推重比技术等方面都有一定差距，综合设计能力也较低，设计实践经验欠缺，设计规范较落后，要实现大飞机研制计划需要跨越很多技术障碍和困难。在大型商用飞机项目上的这些技术跨度也加大了进度风险管理的难度。

5.3.2　大型商用飞机项目进度风险管理原则

依据大型商用飞机项目进度风险的管理程序，大型商用飞机项目进度风险的管理要遵循以下 20 字原则，即"源头清楚，分析准确，处置落实，动态控制，持续改进"。

（1）大型商用飞机项目是一个参与方众多、研制期长、技术复杂、涉及面广的复杂系统工程，在技术、工艺、供应商、管理、组织等方方面面存在大量的不确定因素，这些不确定因素的存在使得大型商用飞机项目进度风险识别的难度很大。但是我们可以借助科学的进度风险识别方法，寻根溯源，找到影响进度的根源。在大型商用飞机项目进度风险识别上，不能简单地以某些中间节点或者中间层次作为识别的最终结果，而是要以不能再分的节点作为最终结果，即风险根源。这样才能条理清楚、层次分明地发现风险源头，做到准确地识别进度风险。

（2）在识别的过程中，我们一定要本着源头清楚的原则准确识别，不能把中间节点当作源头，要有条不紊地展开层层分析，层层过滤，直到分析到不能再分为止，这样我们就成功地找到了进度风险根源。进度风险的源头清楚了，那么我们就可以准确地识别出各类影响大型商用飞机项目进度的风险。

（3）针对大型商用飞机项目进度风险应对计划，实施时要做到"处置落实"，制定明确的工作流程结构分解，明确责任人、时间节点和要交付的成果，不能只制订计划不执行计划，将计划束之高阁，或者执行风险应对计划不及时，仍然没有引起高度重视。要切实将应对计划落到实处，才能见到风险管理的成果。

（4）进度风险的管理是一个动态的过程，而非以制订和执行风险应对计划为终点。因为风险随着内外界环境变化而变化，在实施应对计划过程中我们可能会检测到新的风险，或者应对计划执行完后还存在残余风险，那么风险管理人员要继续进行风险识别、评价、应对等，对新风险或残余风险实施应对和控制。

（5）进度风险管理完成后要对风险管理的经验教训进行归纳、总结、升华，并形成文档资料，以用于指导今后的项目进度管理，使项目管理者或项目进度风险管理者少走弯路或不走弯路。其中，对将来组织运行特别有益的经验要制定成规章制度，用于指导组织运行，确保以后的项目管理活动顺利开展。也可以建立风险管理数据库对日常管理的经验进行分析总结、逐步积累。

5.3.3　大型商用飞机项目进度风险管理流程

1. 中国商飞项目管理部进度风险管理流程

进度风险管理包括进度风险识别、进度风险分析、进度风险评价、进度风险控制。

1）总部项目管理部风险识别、分析与评价

总部项目管理部风险识别、分析与评价主要通过项目工作会实现。

A. 项目年度工作会

中国商飞项目管理部在每年初组织召开大型商用飞机项目工作会，会议由中国商飞各职能部门负责人、中国商飞各中心相关部门负责人、项目技术负责人和各个供应商单位负责人参加。会议的主要目的是分析未来一年项目进度计划实施中可能遇到的问题及其解决方法，合理分配资源。

中国商飞各中心根据本单位未来一年年度计划预测的主要困难和资源需求，包括技术、材料或成品供应、费用、组织、保障等，提出拟解决的方案。

各个供应商单位提出年度计划实施过程中的困难，分析这些困难可能对总体进度造成的影响，提出拟解决方案，其框架如图5-6所示。

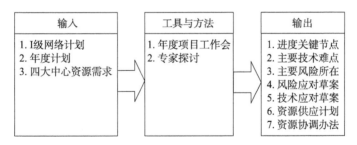

图 5-6　中国商飞项目管理部进度风险识别框架

B. 项目月度工作会

中国商飞项目管理部每月听取各中心项目进度汇报，汇报包括项目进展、进度风险管理计划执行情况和所遇困难，并预测下一个月可能出现的新风险。

2）总部项目管理部进度风险监控

总部项目管理部进度风险监控主要通过项目进度周报、月报、季报和年报实现。

（1）取各中心项目管理部在每周一上午的项目研制周报，报告内容包括上周应完工的任务、已完工的任务、进度偏差、原因和措施等。

（2）听取各中心项目管理部在每月三号前上报的项目研制月报，报告内容包括上月应完工的任务、已完工的任务、进度偏差、原因和措施，计划和重点任务目标的调整情况，对项目研制工作的建议和要求等。

（3）听取各中心项目管理部每年6月末的年中计划执行情况报告，报告内容包括上半年应完工的任务、已完工的任务、进度偏差、原因和措施，计划和重点任务目标的调整情况，对项目研制工作的建议和要求等。

（4）听取各中心项目管理部在每年12月末的年度计划执行情况报告，报告内容包括上半年应完工的任务、已完工的任务、进度偏差、原因和措施，计划和重点任务目标的调整情况，对项目研制工作的建议、要求、经验和教训等。

（5）中国商飞总部项目管理部汇总项目研制进展情况，根据实际需要组织总部有关部门对项目有关计划执行情况进行现场工作检查，协调解决相关问题，定期进行计划执行趋势分析研究，并向项目行政指挥系统汇报月度工作会和年度工作会工作进展情况。

2. 中国商飞各中心进度风险管理流程

中国商飞各中心根据项目管理部关于大型商用飞机项目进度风险管理的规定，完成本单位进度风险管理规划，实施进度风险管理，其具体操作步骤见图5-7。

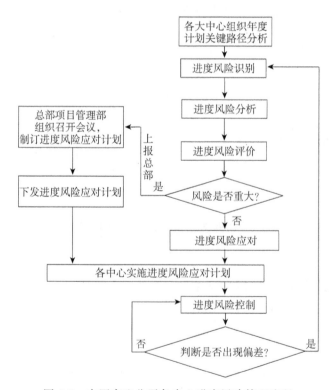

图 5-7 中国商飞公司各中心进度风险管理流程

（1）进度风险识别。对每一项关键活动自行或邀请专家从技术、供应商、组织、保障、费用、不可抗力等六个方面分析它们对该关键活动的影响。

（2）进度风险分析。分析技术风险、供应商风险、组织风险、保障风险、费用风险和不可抗力风险等发生的可能性和带来的影响。

（3）进度风险评价。根据每一风险发生的可能性和可能带来的影响，确定各个风险的等级。

（4）进度风险应对。针对不可接受的进度风险制订风险应对方案，提出资源需求，执行风险应对计划。

（5）进度风险控制。实时跟踪项目进度计划的实施情况，若出现实际进度与计划偏差过大则做相应的计划调整或其他措施。

5.3.4　大型商用飞机项目进度风险识别

1. 大型商用飞机项目进度风险识别程序

1）大型商用飞机项目进度风险识别的框架

大型商用飞机项目进度风险识别的框架如图 5-8 所示。

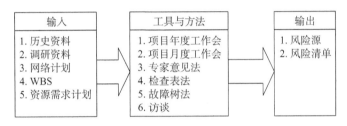

图 5-8　大型商用飞机项目进度风险识别的框架

2）大型商用飞机项目进度风险识别的流程

大型商用飞机项目进度风险识别的流程如图 5-9 所示。

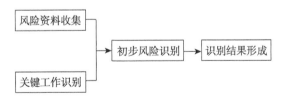

图 5-9　大型商用飞机项目进度风险识别的流程

大型商用飞机项目进度风险识别从可行性论证、预发展、工程发展三个阶段和技术风险、供应商风险、组织风险、保障风险、费用风险、不可抗力风险等六个方面开展。

（1）风险资料收集。通过历史资料收集、现场调研和相关人员座谈等方式收集国内外民用航空企业风险管理资料以及本单位相关项目风险管理资料。风险管理资料包括进度风险事件记录资料、分析资料，以及进度风险管理的成功经验资料。

（a）历史资料收集。收集本公司和国内其他同类航空企业以及国外波音公司、空中客车公司等欧美航空企业项目研发过程中已发生的事件和事故信息。

（b）现场调研。依据网络计划对各阶段各主要作业活动进行访谈分析，找出可能存在的进度风险因素，以及到同类航空企业进行调研访谈。

（c）相关人员座谈。召集各相关安全管理人员、专业人员、管理人员、操作人员，讨论分析各作业活动存在的可能导致进度延误的风险因素，对调研和资料分析得出的结果进行补充和确认。

（2）关键工作识别。分析年度计划，确定关键路线，根据分析结果和专家意见明确进度计划中的关键工作。

（3）初步风险识别。进度风险分析人员汇总分析收集的资料，目前宜采用检查表法等方法识别影响关键工作进度的潜在风险源。进行初步风险识别时，需要针对每一项关键工作，从技术、费用、组织、供应商、保障和不可抗力六个一级风险因素来考虑。因为关键工作的性质不同，受到的影响是不尽相同的，有的关键工作可能只受到六个风险因素中的一个或者两个或者几个因素的影响，有的则可能要受到六个方面的影响，所以在初步风险识别时一定要根据实际情况实际对待，从六个影响方面排除不受影响的因素，形成初步风险识别结果。

（4）识别结果形成。由专家组对初步分析结果进行评审，最终形成统一审核意见，根据专家意见确定风险识别结果，形成风险识别清单。

2. 进度风险因素

大型商用飞机项目进度风险识别是结合历史经验和实际调研的成果，采用检查表法等方法得到初步风险识别的结果，通过中国商飞项目年度工作会和项目月度工作会以及各中心的项目年度工作会和项目月度工作会讨论确定。大型商用飞机项目进度风险识别需要根据项目进度计划分阶段、分部门、分层次进行。

影响大飞机项目进度的一级风险因素包括技术风险、供应商风险、组织风险、保障风险、费用风险和不可抗力。可以在一级风险因素的基础上继续分出二级、三级、四级等，直至找出风险根源。以下是一级风险因素识别情况。

1）技术风险

技术风险是从原有设计水平向较高性能设计水平演进过程中，技术性能水平达不到预期的要求所带来的风险。大型商用飞机项目是一个技术复杂、不确定性因素多、周期长的大型项目，在研发过程中可能会因技术因素导致产品性能水平不能满足研发要求、研发周期延长或研发成本增加，甚至研发失败。航空材料、发动机、机载设备是大型商用飞机项目的三大关键性技术。技术风险是大型商用飞机项目的最大风险，也是大型商用飞机项目进度的最大风险源，其主要体现在以下几个大的方面。

A. 民用飞机技术储备少

由于历史的原因，我国民用飞机在技术上投入非常少，民用飞机的技术储备更少。我国飞机设计水平与国际水平相比差距约 20 年，综合设计能力也弱，设计实践经验欠缺，设计规范落后。在飞机制造技术方面，民用飞机与世界飞机制造加工基地相差 10~20 年，如数控效率只有波音公司的 1/8。当然与军用飞机相比，民用飞机还可以采用国际采购的方式来弥补技术上的差距，如飞机发动机、部分机载设备、零部件和材料都可以采用这种方式。但是民用飞机制造中仍有许多东西是用钱买不来的，如飞机的总体设计能力，尤其是集成能力得靠经验上的累积，又如电传操作，这是核心技术，空中客车公司在这个方面已比较成熟，波音 777 也采用了电传操作技术，其中有些还是光传技术，这种技术只有靠自己研发。

B. 复合材料的研制

制造大型商用飞机的材料，尤其是复合材料的研制，是中国大型商用飞机制造工作面临的最大挑战，也是最难突破的。随着近年来复合材料在飞机上的大量应用，我国民机研制的能力有进一步与世界先进水平拉开的风险。飞机上的复合材料主要是指碳纤维的复合材料。以前国际上的大型商用飞机采用的材料都是以先进铝合金为主，飞机的设计、制造都建立在这种材料基础上。以波音 777 为例，其机体结构中，铝合金占到 70%、钢 11%、钛合金 7%，复合材料仅占到 11%，而且复合材料主要用于飞机辅件。但到波音 787 时，复合材料的使用出现了质的飞跃，不仅数量激增，而且开始用于飞机的主要受力件，现在波音 787 的复合材料用量已占到结构重量的 50%。飞机结构件大规模使用复合材料，是现代飞机制造史上的一次革命性变化。它使飞机重量更轻、强度更高、耐疲劳耐腐蚀性更好，而且复合材料中的高强度碳纤维进行大规模工业化生产后，可以使飞机的制造成本更低。同时在计算机技术、激光、扫描等先进科技的支持下，复合材料制造的飞机结构件的质量能够更加可靠地保证飞机的安全性。而我国目前仅掌握金属飞机的研制能力，复合材料只能少量地用在飞机辅件上，在主结构上的应用还需要进一步预研。用于飞机的复合材料我国现在还需要进口，尤其是像 T800 这样广泛应用的飞机复合材料我国还不会生产。而且复合材料的加工方法与传统的金属合金完全不同，国内好不容易建立起来的飞机制造加工产生线面临重新建设的风险。但随着科技的进步，目前用于飞机制造的先进的金属材料也在发生变革，其性能也具有许多复合材料所不具备的优越性。所以飞机材料的应用选择问题又是一大技术风险。

C. 发动机的研制

除了机身主体，大型商用飞机的发动机的研制将是中国制造商面临的一大挑战。大型商用飞机上使用的大型涡轮风扇发动机，每分钟涡轮转速超过 5000 次，发动机燃气流进入涡轮前的温度高达 1500 摄氏度，发动机的 3 万余个零部件要在高温、高压和高转速等极端条件下，长期反复使用不出任何问题，不仅是对研制技术的挑战，也是对一个国家机械、冶金、材料等工业基础水平的考验。其困难主要体现在以下几个方面。

（1）目前我国在军用涡轮喷气发动机和小涵道比涡轮风扇发动机上具有一定的研制生产能力，但是在大飞机使用的大涵道比涡轮风扇发动机上，与国际先进水平相比差距较大，大量关键技术尚未掌握，自行独立研发还有较大困难。

（2）我国对航空发动机总体结构设计要素的理解还不够，还没有形成可供设计参考的规范性文件，在外来物撞击对部件影响的分析及整机安全性分析等许多专业领域，都需要进行更深入的研究。

（3）在发动机防冰系统设计技术方面，我国防冰系统设计由于历史的原因，主要借鉴国外防冰系统设计结构的阶段，全面性、基础性试验很少。

（4）航空发动机主轴承是航空发动机的关键部件之一，在高速、高温、受力复杂的条件下运转，其质量和性能直接影响发动机性能、寿命和可靠性。目前国外发达国家航空发动机主轴承的寿命能达到 1 万小时以上，完全可以满足大飞机发动机主轴承的寿命需求。而我国目前航空发动机的主轴承寿命基本在 900 小时以内。

（5）反推力装置是大飞机发动机必不可少的常设装置，可以显著缩短飞机的着陆滑跑距离（在潮湿和结冰的跑道上，这个装置的作用尤为突出），降低了对机场的要求。美国、英国、俄罗斯等很早就开展了这方面的基础研究和工程应用研究，在机械式反推力装置设计方面的技术十分成熟，拥有完备的设计手段、丰富的研制经验。而国内反推力技术研究刚刚起步，对设计方法和设计技术的掌握少，与国外相比差距很大。

（6）国内在发动机特种试验技术领域经验欠缺，如发动机吞咽（吞鸟、吞冰、吞水和吞砂）等试验技术。试验设备的建设、试验方法的设计和测试手段等，对我们来说均是考验。

D. 制造力量薄弱

与设计力量相比，我国现有的飞机制造力量也不容乐观，要造出能与波音公司、空中客车公司相竞争的大型商用飞机，必须大幅度地提高我国现有制造团队的素质和制造加工的能力。西飞是我国目前主要的飞机制造厂之一，其制造技术水平非常高。然而它的制造技术与波音公司还有相当大的距离。2000 年，西飞承担了为波音公司试制 737-700 的垂直尾翼的任务，其垂直尾翼前缘部分的制造就极大地考验了西飞的制造能力。波音 737-700 飞机前缘的外层是厚度仅为 0.05 毫米的纯铝层，用来提高飞机的防腐性能，波音公司要求前缘的纯铝层不能有一丝划痕，也不允许打磨，同时要求在前缘组件上人工钻的孔与前梁（垂直尾翼另一组成部分）上的孔必须同心，并且要具备国际水平的精确度。这些制作要求对西飞的工人来说闻所未闻，要达到这样的制作精度，美国工人是借助先进设备来进行的，中国制造力量较弱，得靠手工完成。半年后，第一个合格的试制品才被制造出来。虽然近些年，国内飞机制造厂的综合水平都有了显著的提高，但要生产国际一流的大型飞机还需要更大的提高。

E. 人才的问题

由于我国民用飞机型号研制的频率太低，缺乏大批人才脱颖而出的实践基础，长期以来我国民用飞机研制的人才十分短缺。目前我国飞机设计专家较少，受各种因素的影响，中青年人才的流失更多，缺乏后备人才，给大型商用飞机项目设计工作带来较为严重的影响。

F. 适航取证

民用飞机总的要求是安全、舒适、经济，而且安全始终是第一位的。为了确保飞机安全的审定工作独立、不受干扰地进行，美国和欧洲分别成立了介于研制和使用部门之间的、直接隶属政府管辖的 FAA 和 EASA 适航审定机构。安全的要求不仅仅是针对飞机设计、制造，而且对使用、维护也有严格、规范的控制。后来，美国的 FAA、欧洲的 EASA 制定了详细、可操作的《适航条例》。凡是进入北美、欧洲的民用飞机都要符合《适航条例》的规定，每架飞机都要有它们颁发的单机适航证。西方的适航审定规则，的确能保证民用飞机的安全，这个规则已经被世界各国所接受。

西方企业的民用飞机项目一旦启动，就得向 FAA（或 EASA）正式提出适航申请，随即 FAA（或 EASA）将全面介入项目的每一个环节。一般经过三年至四年，首架飞机可以升空进行型号审定试飞，紧接着在一年至一年半时间内，取得 FAA（或 EASA）颁发的"型号合格证"。在项目的最初阶段，FAA（或 EASA）还要按项目的制造特点，审查企业的制造能力、质量保证体系、管理水平等，审查合格后，颁发型号的"生产许可证"。在取得"型号合格证"的基础上，FAA（或 EASA）将给新飞机发放"单机适航证"，新飞机就可以按计划交给航空公司，投入航线使用。

这种按欧美的适航规则进行的民用飞机项目工作，与我国 ARJ21 新支线飞机项目飞机研制工作有很大的差别。对中国民用航空专家来说，欧美的适航规则，是我国大型商用飞机一道极难跨越的市场门槛。

2）供应商风险

大型商用飞机采用"主制造商–供应商"模式，C919 的机体、动力装置、系统设备、材料及标准件等都需要招标采购。供应商供货的时间是否按时、质量和性能指标是否达到大型商用飞机要求等将直接关系大型商用飞机项目进度，所以供应商风险是大型商用飞机项目进度风险的重要风险源（表 5-1）。

表 5-1　大型商用飞机项目供应商风险源表

风险源	风险事件
供应期拖延	供应商技术达不到产品要求
	供应商研制资金短缺
	供应商管理滞后
	供应商的研制时间过短
	合同款未按时间节点结算
供应商研制能力不足	供应商的研制能力、技术水平、资金水平和信誉等考察不够
合同风险	与国外航空制造公司合作和沟通上缺乏经验
	国际合作合同订立上经验不足
	合同条款不明或者存在漏洞
运输风险	运输受到气候、交通情况的制约
	突发事件的影响运输

3）组织风险

组织风险包括组织结构风险、管理制度风险、组织文化风险、人力资源风险（表 5-2）。

表 5-2　大型商用飞机项目组织风险源表

风险源	风险事件
组织结构风险	决策低效
	各中心间或总部职能部间或各中心与总部间协作不力
	流程效率低下
	权责不明
	岗位配置的风险
管理制度风险	总部与各中心间及各中心之间制度协调统一风险
	制度不完善风险
	制度监督风险
	制度变化风险
	制度操作风险
	制度人性化风险
组织文化风险	沟通不力风险
	协作不力风险
人力资源风险	责任心风险
	素质能力风险
	工作态度风险
	人才流失风险
	关键岗位人员调动风险

4）保障风险

大型商用飞机项目研发服务系统务必做好保障工作，保障不充足、研制保障条件建设跟不上项目发展需求也将影响项目进度。例如，原先适合小型飞机试验和总装的厂房、设备已经不适用于大型商用飞机，所以适合大型商用飞机总装和各类试验的相关设备的购置以及相关的配套设施的购置进度也影响到大型商用飞机项目的进度（表 5-3）。

表 5-3　大型商用飞机项目保障风险源表

风险源	风险事件
设备购置风险	设备选择风险
	设备质量风险
	设备供货时间延误风险
设备安装风险	设备安装质量风险
	设备安装监督风险
厂房建设风险	建设材料质量风险
	建设设计风险
	建筑材料供应风险
	建设施工方选择风险
	商用飞机监理风险
停机坪、试飞跑道等建设风险	建设材料质量风险
	建设设计风险
	建设材料供应风险
	建设施工方选择风险
	商飞监理风险
其他风险	其他保障条件建设风险

5）费用风险

费用风险主要考虑的是费用在使用过程中的风险，即考虑如何将预算经费有效地利用，发挥有效作用，解决关键费用问题，避免因经费问题延误项目进度。

大型商用飞机项目研制费用风险按一级风险源来分可分为：环境与形势风险、技术风险、管理风险、人力资源风险、供应商风险和汇率风险。当费用风险成为影响进度的一级风险因素时，不再考虑技术风险、人力资源风险和供应商风险对费用的影响（技术风险和供应商风险是一级进度风险因素，人力资源风险是组织风险的一级进度风险因素，是进度风险的二级进度风险因素），如表 5-4 所示。

表 5-4　大型商用飞机项目研制费用风险源

风险源	风险事件
环境与 形势风险	（a）自主性差，依赖性强 （b）类似项目、相关项目出现的问题波及本项目 （c）某些关键子系统、部件、材料来源单一，不具竞争性 （d）不可抗力 （e）国家、政府政治变动 （f）当事人、相关方倒闭或破产 （g）物价调整等
管理风险	（a）项目管理规范性不强，项目管理制度、流程、作业文件合理性及可执行性落实不好 （b）管理机制、体制不适应，管理机构不合理，组织机构不适宜 （c）决策、判断失误，或者没有决策判断能力 （d）失职、失误、疏忽 （e）项目范围、目标、可交付成果没有清楚定义，未被明确理解 （f）项目管理目标和组织管理目标不协调、不相容，项目目标体系、评价体系、分配体系不健全，项目管理理念、方法、技术、工具、手段不先进和不适应，项目管理的组织文化不适宜，项目管理环境不匹配 （g）项目计划分解不尽合理、计划不切实际、不充分（项目工作分解结构、资源分解结构不细致）、不落实 （h）费用概算、分解、预算、分配不合理，费用过程控制不到位以及费用拨付强度和任务不匹配 （i）采购、外协控制不严，招标工作不细致，外协单位调查不足、外协单位选择不当 （j）缺少风险管理规划、分析与决策 （k）合同管理不妥当，缺乏并行工程理念和集成管理思想 （l）全寿命周期管理不到位 （m）客户关系管理不畅，缺少项目沟通管理 （n）项目资源配置不合理 （o）项目管理中没有实现任务、组织、人员统一，时间、费用、质量统一，责任、权力、利益统一，能力、贡献、权益统一 （p）项目组织具有临时性，易产生短期行为，忽视长期规划 （q）项目要完成的是以前未曾做过的工作，具有独创性，项目人员对此认识、把握不够 （r）没能在性能、时间、费用等因素之间做好权衡等
汇率风险	（a）汇率的变化造成总研制经费的相对减少 （b）合同条款支付的延后造成研制经费的损失 （c）在项目实施的日常运作过程中汇率波动导致的汇率风险 （d）将不同币种计价的企业资产、负债、收入与费用按本币折算时，因折算时的适用汇率与当初入账时的汇率不一致，而产生的会计账面损失风险 （e）以外币计价进行的交易或持有的货币性资产负债，因为交易日至结算日之间未预期的汇率变动而引起的损失或得 （f）由未预期到的汇率变动对项目的一种或几种飞机的采购设备或原材料价格等的影响而带来的经济风险

6）不可抗力

我国是自然灾害多发国家，地震、台风、洪涝灾害、泥石流以及其他极端天气等自然灾害也可能影响到大型商用飞机项目的开展。

3. 大型商用飞机项目可行性论证阶段进度风险识别

大型商用飞机项目在可行性论证阶段面临的主要进度风险如表 5-5 所示。

表 5-5　大型商用飞机项目可行性论证阶段进度风险分解结构

一级风险因素	风险条目	条目说明
技术风险 R0201	设计是否符合预期目标要求	关键技术项目准备是否充分；总体设计要求是否明确；数据分析是否准确；是否存在分析错误
	适航取证工作方案制订是否符合要求	对适航取证工作要点分析是否存在不足；相关管理人员是否缺乏适航取证工作经验
	总体技术方案编制是否符合要求	总体技术方案中个别问题考虑不全面
	关键工艺是否能攻关	工艺方案是否完善；是否缺乏工艺技术验证；对关键工艺的认识是否存在不足的可能
费用风险 R0202	研制经费概算是否准确	研制经费概算是否存在漏项；在预算过程中是否考虑汇率和物价变化等给概算带来的不良影响
	经费估算是否准确	研制经费概算得不准确是否会给估算带来影响；在估算过程中是否考虑汇率和物价变化等可变因素给估算带来的不良影响
管理风险 R0203	项目研制计划编制是否符合要求	项目研制计划的编写关系整个项目的进度，计划编制不完善将严重影响整个项目的进程
	管理体系建设是否完善	项目管理模式选择是否符合组织目标的实现；质量管理体系、人力资源管理体系、客户服务体系建设是否符合原先计划要求；是否能达到大型商用飞机项目"主制造商–供应商"管理模式需要

4. 大型商用飞机项目预发展阶段进度风险识别

大型商用飞机项目在预发展阶段面临的主要进度风险如表 5-6 所示。

表 5-6　大型商用飞机项目预发展阶段进度风险分解结构

一级风险因素	风险条目	条目说明
技术风险 R0201	设计是否符合预期目标要求	关键技术攻关准备是否充分；设计分析是否存在不足；数据分析是否准确
	试验是否达到预期目标	试验准备是否存在不足；试验人员是否对试验设备、规程等熟悉；试验设备操作是否会出现错误
	技术规范编写是否符合要求	技术规范编写是否符合大型商用飞机技术要求和管理要求
	工艺总方案编写是否存在不足	设计是否采用不成熟的技术；是否缺乏工艺技术验证；是否忽视工艺评审；工艺规程编制与实际是否存在偏差；是否未开展工艺可行性分析
	人才风险	设计人员是否缺乏；现有人才是否经验不足；是否缺乏突出优秀人才

一级风险因素	风险条目	条目说明
供应商风险 R0202	客户需求分析风险	客户需求分析是否存在不足
	供应商选择是否达到预期目标	供应商选择标准不全面
		供应商选择标准缺乏客观性，相关标准一刀切
	采购计划编写是否存在不足	需求分析是否存在不足；采购量计算是否存在偏差
	供应商管理是否达到预期目标	供应商管理体系是否健全；供应商管理经验是否不足
费用风险 R0203	融资是否达到预期目标	融资渠道是否少；融资数量是否达到项目需要
	成本分析是否符合要求	成本分析是否存在不足；项目成本分解是否确切
管理风险 R0204	管理计划编制是否达到预期目标	计划编制是否有漏项，不全面；管理计划编写完成后是否未经评审即投入使用或评审形式化
	管理体系建设是否符合要求	设计保障体系是否完善；是否符合管理体系建设的要求；成本、质量、进度等控制工作的进展是否符合要求

5. 大型商用飞机项目工程发展阶段进度风险识别

1）设计研发中心

设计研发中心在进度计划执行上面临的主要风险包括技术风险，保障风险，组织管理风险，设计外包风险，材料、样件供应风险，费用风险（表 5-7）。

表 5-7　大型商用飞机项目设计研发中心进度风险分解结构

一级风险因素	风险条目	条目说明
技术风险 R0201	设计分析是否达到预期目标	设计分析是否存在不足；是否未进行设计分析
		产品特点分析是否存在不足；设计分析是否缺少工具和指南
	技术相关数据是否存在不足	历史数据是否缺乏；数据分析是否存在不准确的问题
	预研是否充分	关键技术难点分析是否存在不足；设计周期预判是否准确；技术准备是否存在不足
	技术人才是否符合技术要求	设计人员是否缺乏；现有人才是否经验不足；是否缺乏突出优秀人才；是否缺乏相关技术培训
	设计风险	方案论证是否充分；对难点和困难认识是否存在不足；设计方案是否经不同方案对比和优选；方案阶段对大型试验考虑是否不周
	适航工作准备是否达到预期目标	适航信息分析是否充足；局方要求是否明确；适航技术要求是否达到局方要求
保障风险 R0202	设备购置风险	设备选型是否符合技术设计要求；设备质量是否达到设计要求；设备供货时间有无延误的可能
	设备安装是否符合技术要求	设备安装质量是否符合标准要求；设备安装监督是否有效

一级风险因素	风险条目	条目说明
保障风险 R0202	信息化需求是否达到要求	设计所需软件的设计是否达到要求；设计所需软件供应是否及时；设计所需软件质量是否达到要求
	试验厂房建设是否达到要求	建设材料质量是否符合要求；建筑材料供应是否及时；建设施工方选择时是否充分考虑技术和信誉等；中国商飞是否有效监理施工过程
组织管理风险 R0203	组织结构是否符合组织目标	组织决策是否低效；部门间协作是否畅通；决策执行效率是否低下；执行层能否在规定的时间内完成；岗位权责是否清晰；岗位配置是否合理
	管理制度是否影响组织运行	中国商飞与各大中心制度是否协调统一；制度是否完善；是否考虑全面，无漏洞；制度是否存在监督机制；制度是否一成不变；制度是否随组织目标变化而变化；制度是否易操作；制度是否具有人性化的设置
	组织文化是否影响组织	沟通是否畅通；员工间协作是否满足组织需要
	人力资源问题是否影响组织运行	员工是否具有较强的责任心；素质能力是否达到组织岗位要求；工作态度是否端正；关键岗位人员调动是否对组织运行有影响；人才流失是否会对组织运行产生影响
设计外包风险 R0204	需求与能力分析是否充分	需求是否明晰；自我能力分析是否不足
	外包研制周期是否符合要求	技术水平是否达到设计要求；合同是否充分考虑各种可能发生的意外情况
	承研方选择是否正确	资质能力是否达到设计要求；技术水平是否达到设计要求；信誉是否达到设计要求
	适航风险	对供应商适航要求是否明确；对供应商的顶层技术文件评审是否充分
	外包研制成果质量是否符合要求	技术水平是否符合要求；研保能力是否符合要求；合同是否符合要求
材料、样件供应风险 R0205	材料采购是否符合建筑设计要求	复合材料采购质量是否符合建筑设计标准；其他材料采购是否符合建筑设计标准
	供应商选择是否符合要求	工艺技术水平是否符合大型商用飞机要求；供应商的信誉是否可信
	供应商管理风险	与国内外各供应商之间沟通是否顺畅；供应商管理体制及机制是否符合大型商用飞机项目要求
费用风险 R0206	环境与形势是否影响费用	国内技术基础是否达标；政府拨款是否及时和充足；是否考虑了不可抗力和市场风险
	费用管理是否有效	内部费用管理是否有效；费用管理体制是否符合大型商用飞机项目费用管理要求；费用风险管理人员是否具备较强的费用管理风险意识；外协成本管理是否符合大型商用飞机项目费用管理要求

设计外包风险涉及承研方的资质能力、技术水平、信誉和研保能力，主要的风险因素包括承研方选择风险、外包研制周期风险和外包研制成果质量风险。

2）总装制造中心

总装制造中心在总装制造阶段的进度管理上面临的风险包括：设备风险、工艺技术风险、保障风险、组织风险、不可抗力、设计风险、供应商风险、费用风险。其中工艺技术风险、设计风险和供应商风险是影响总装制造中心进度管理的主要风险（表5-8）。

表 5-8　大型商用飞机项目总装制造中心进度风险分解结构

一级风险因素	风险条目	条目说明
设备风险 R0201	设备是否发生故障，是否有应对方案	大型商用飞机总装设备零部件是否发生故障；仪表仪盘是否发生故障；动力系统是否发生故障
	设备产能是否达到要求	设施、设备是否能满足工艺要求；是否有适宜的工装工具；专用的工艺装备和设备是否完善
工艺技术风险 R0202	工艺是否达到要求	设计是否采用不成熟的技术；设计采用的新工艺是否未经验证；工艺方案是否完善；是否缺乏工艺技术验证；是否忽视工艺评审；工艺文件准备是否充分；工艺规程编制与实际是否存在偏差；是否未开展工艺可行性分析
	技术准备是否充足	预研是否充分；技术成熟度是否偏低；技术规程准备是否充足
	技术标准是否缺乏	在技术标准中相关概念定义是否模糊；是否缺乏统一的技术标准
	关键技术分析是否充足	技术难点估计是否存在不足；技术支撑分析是否存在不足
	技术人才是否缺乏	关键技术人才是否缺乏；技术培训是否不足
保障风险 R0203	设备购置是否符合技术要求	设备选型是否符合技术设计要求；设备购置质量是否达到设计要求；设备供货时间有无延误的可能
	设备安装是否符合技术要求	设备安装质量是否符合标准要求；设备安装监督是否有效
	试验厂房建设是否达到要求	建筑材料质量是否符合要求；建筑材料供应是否及时；建设施工方选择时是否充分考虑技术和信誉等；中国商飞是否有效监理施工过程
组织风险 R0204	组织结构是否符合组织目标	组织决策是否低效；部门间协作是否畅通；决策执行效率是否低下，执行层能否在规定的时间内完成；岗位权责是否清晰；岗位配置是否合理
	管理制度是否影响组织运行	中国商飞与各大中心制度是否协调统一；制度是否完善，是否考虑全面，无漏洞；制度是否存在监督机制；制度是否一成不变；制度是否随组织目标变化而变化；制度是否易操作；制度是否具有人性化的设置
	组织文化是否影响组织	沟通是否畅通；员工间协作是否满足组织需要
	人力资源问题是否影响组织运行	员工是否具有较强的责任心；素质能力是否达到组织岗位要求；工作态度是否端正；关键岗位人员调动是否对组织运行有影响；人才流失是否会对组织运行产生影响

续表

一级风险因素	风险条目	条目说明
不可抗力 R0205	自然灾害是否会发生	风暴潮、地震、台风、海啸、高温、暴雨等自然灾害是否会影响大型商用飞机项目
	政治事件是否会发生	政治运动是否会发生；战争是否会发生；国际形势是否会发生变化
	经济事件是否会发生	通货膨胀是否会发生；经济萧条是否会发生
设计风险 R0206	设计要求是否会发生变化	设计要求是否不稳定，常变化；设计要求的技术成熟度是否不高；设计是否提出过高的人员技能要求
	接口设计是否达到要求	系统与机体接口设计是否达到要求；系统内子系统接口设计是否达到要求；系统与系统接口设计是否达到要求
	标准件设计是否达到要求	标准件选型是否变化；标准件选择与设计是否相符；标准件设计与功能要求是否一致
	强度等计算分析是否充分	强度等计算误差是否较大；是否符合设计要求
	设计是否变更	重要部件设计是否变更；技术要求是否变更；标准连接件是否变更；变更影响是否很大
	工程发图是否及时、正确	发图延误是否存在很大影响；图纸是否存在错误
	技术文件是否全面	预研是否充分；概念定义是否模糊；是否缺乏技术统一标准
供应商风险 R0207	供应是否存在风险	原材料供应是否存在风险；物流是否存在风险
	供应商技术是否达到技术要求	供应商技术效果是否存在不确定性；供应商技术寿命是否存在不确定性；配套技术是否存在不确定性；知识产权是否存在风险；技术成熟度是否高
	供应商管理是否达到预期要求	协调控制是否存在风险；供应商组织是否存在风险；供应商决策是否存在风险；供应商的次级供应商管理是否存在风险；供应商计划是否存在风险
	供应商人力资源是否管理有效	人力资源是否存在较大流动性；人员的责任心是否符合供应商组织管理要求；人力资源的能力是否符合供应商组织管理要求
费用风险 R0208	环境与形势是否影响费用	国内技术基础是否达标；政府拨款是否及时和充足；是否考虑了不可抗力和市场风险
	费用管理是否有效	内部费用管理是否有效；费用管理体制是否符合大型商用飞机项目费用管理要求；费用风险管理人员是否具备较强的费用管理风险意识；外协成本管理是否符合大型商用飞机项目费用管理要求

设计风险是指由于设计方面的问题而给制造进度带来的不利影响，主要涉及设计发图延误、标准件设计问题、接口设计问题。

3）客户服务中心

客户服务中心面临的风险主要包括：技术风险、组织风险、不可抗力、供应商风险、费用风险（表 5-9）。

表 5-9　客户服务中心进度风险分解结构

一级风险因素	风险条目	条目说明
技术风险 R0201	技术标准风险	技术标准不统一 技术标准缺乏
	适航风险	对供应商产品适航要求不明确 供应商产品适航审定未通过 适航文件解读不深入
	技术服务风险	供应商维护不及时 技术服务文件不完善 供应商技术服务能力有限 技术服务协议存在漏洞
	培训风险	产品安装、试验、维修培训计划欠缺 培训支持计划不完善
组织风险 R0202	组织结构是否符合组织目标	组织决策是否低效；部门间协作是否畅通；决策执行效率是否低下；执行层能否在规定的时间内完成；岗位权责是否清晰；岗位配置是否合理
	管理制度是否影响组织运行	中国商飞与各大中心制度是否协调统一；制度是否完善，是否考虑全面，无漏洞；制度是否存在监督机制；制度是否一成不变；制度是否随组织目标变化而变化；制度是否易操作；制度是否具有人性化的设置
	组织文化是否影响组织	沟通是否畅通；员工间协作是否满足组织需要
	人力资源问题是否影响组织运行	员工是否具有较强的责任心；素质能力是否达到组织岗位要求；工作态度是否端正；关键岗位人员调动是否对组织运行有影响；人才流失是否会对组织运行产生影响
不可抗力 R0203	自然灾害是否会发生	风暴潮、地震、台风、海啸、高温、暴雨等自然灾害是否会影响大型商用飞机项目
	政治事件是否会发生	政治运动是否会发生；战争是否会发生；国际形势是否会发生变化
	经济事件是否会发生	通货膨胀是否会发生；经济萧条是否会发生
供应商风险 R0204	供应是否存在风险	原材料供应是否存在风险；物流是否存在风险
	供应商技术是否达到技术要求	供应商技术效果是否存在不确定性；供应商技术寿命是否存在不确定性；配套技术是否存在不确定性；知识产权是否存在风险；技术成熟度是否高
	供应商管理是否达到预期要求	协调控制是否存在风险；供应商组织是否存在风险；供应商决策风险是否存在风险；供应商的次级供应商管理是否存在风险；供应商计划是否存在风险
	供应商人力资源是否管理有效	人力资源是否存在较大流动性；人员的责任心是否符合供应商组织管理要求；人力资源的能力是否符合供应商组织管理要求
费用风险 R0205	环境与形势是否影响费用	国内技术基础是否达标；政府拨款是否及时和充足；是否考虑了不可抗力和市场风险
	费用管理是否有效	内部费用管理是否有效；费用管理体制是否符合大型商用飞机项目费用管理要求；费用风险管理人员是否具备较强的费用管理风险意识；外协成本管理是否符合大型商用飞机项目费用管理要求

5.3.5　大型商用飞机项目进度风险评估

1. 大型商用飞机项目进度风险分析

由于我国缺乏民航项目进度管理的数据库和案例库，在进行大型商用飞机项目进度风险分析时，风险因素可能发生的概率和可能造成的进度延误日期由专家结合有限的历史数据给出。若无历史数据则风险因素可能发生的概率和可能造成的进度延误日期由专家判断给出。大型商用飞机项目进度风险分析框架如图 5-10 所示。

图 5-10　大型商用飞机项目进度风险分析框架

1）概率分析

概率分析主要是依据航空研发项目的历史资料进行分析，根据历史上影响项目进度的风险因素的发生概率来预测在大型商用飞机项目中进度风险因素的发生概率。若无历史资料可依据，则根据专家判断来确定。风险因素发生概率范围如表 5-10 所示。

表 5-10　大型商用飞机项目进度风险概率判断标准表

概率等级	发生的可能性	表示
很高	80%（含）~100%，很有可能发生	5
较高	60%（含）~80%，发生可能性较大	4
中等	40%（含）~60%，在项目中预期发生	3
较低	20%（含）~40%，不可能发生	2
很低	0~20%，非常不可能发生	1

2）风险影响分析

风险影响分析同概率分析一样，也主要是依据航空研发项目历史资料进行分析，根据历史上影响项目进度的风险因素来分析大型商用飞机项目中进度风险因素的影响机制。若无历史资料可依据，则根据专家判断来确定。

风险因素对进度的影响如表 5-11 所示。

表 5-11　大型商用飞机项目进度风险影响判断标准表

风险影响	定义或说明	表示
严重影响	一旦风险事件发生，项目完成周期延长，可能无法满足项目需求，进度滞后超过原计划的 30%	5
较大影响	一旦风险事件发生，周期延长较大，进度滞后原计划的 20%~30%	4
中等影响	一旦风险事件发生，周期一般性延长，进度滞后原计划的 10%~20%	3
较小影响	一旦风险事件发生，周期延长不大，进度滞后原计划的 5%~10%	2
可忽略影响	一旦风险事件发生，对项目进度基本没有影响，进度滞后原计划的 5%以内	1

3）风险可检测性分析

风险可检测性主要是分析风险发生的时间段（范围）、发生的主要形式和主要的触发机制，可以依据航空研发项目历史资料进行分析，根据历史资料统计分析在大型商用飞机项目中进度风险因素的可检测度。若无历史资料可依据，则根据专家判断来确定。可检测性等级划分标准如表 5-12 所示。

表 5-12　大型商用飞机项目进度风险可检测性等级说明

可检测性	定义或说明	表示
可检测性高	能够清晰地判断风险事件发生的时间范围和形式等	1
可检测性较高	可以判断风险事件发生的时间范围和形式等	2
可检测性中等	基本可以判断风险事件发生的时间范围和形式等	3
可检测性较小	判断出风险事件发生的时间范围和形式的可能性较小	4
可检测性低，几乎不能检测	几乎无法判断风险事件发生的时间范围和形式等	5

2. 大型商用飞机项目进度风险评价

大型商用飞机项目进度风险评价采用三维风险评价法，其框架如图 5-11 所示。

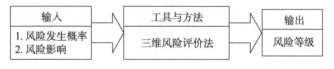

图 5-11　大型商用飞机项目进度风险评价框架

1）大型商用飞机项目进度风险评价方法

三维风险评价法在中国商飞大型商用飞机项目进度风险评价中可以分为以下四个步骤。

（1）根据各项风险对项目进度的影响程度，将风险对项目的影响程度分为 5 个等级，并分别对各个等级进行解释性说明（表 5-11）。

（2）将风险发生的概率划为 5 个等级，并对这 5 个等级进行了解释性说明（表 5-10 ）。

（3）风险的可检测性也分为 5 个等级，分别从风险发生时间范围、发生形式等方面分析风险的可检测性（表 5-12）。

（4）风险等级的划分将来可以在概率等级、影响等级和可检测性等级的基础上进行更为精细的分类，如可以分为 5 个等级，建议中国商飞各大中心大型商用飞机项目办根据实际需要选择等级划分的尺度。

在大型商用飞机项目进度风险管理模式上是采用三级管理模式，中国商飞大型商用飞机项目行政指挥系统为大型商用飞机项目进度风险管理的第一级，由总经理负责重大风险决策，进度风险的日常管理归口于项目管理部；中国商飞各中心行政指挥系统为第二级，负责中级风险决策，其日常管理由各中心大型商用飞机项目管理部负责；中国商飞各中心项目执行层为第三级，负责各自业务范围内中级以下风险的决策。

由此在进行项目进度风险评价分级时，将风险等级分为三个等级，由中国商飞大型商用飞机项目行政指挥系统负责高等级风险的决策，由中国商飞各中心行政指挥系统负责中等及以下风险的决策，如表 5-13 所示。

表 5-13　风险等级评定表

风险大小	风险等级
$45 \leqslant R \leqslant 125$	高等
$15 \leqslant R < 45$	中等
$1 \leqslant R < 15$	低等

注：R 为风险值

2）风险可接受准则

在进行风险评价和制定风险管理控制措施时，无论是降低风险发生概率，还是降低损失，这都需要投入资金、技术和劳务，风险与收益或投资总是相互关联的，如何均衡两者之间的关系、制定科学合理的风险控制措施，需要有系统的分析接受准则。风险可接受准则的制定必须有明确的基本原则，一般应遵循的基本原则是尽可能合理降低原则，如图 5-12 所示。

（1）进行定量风险评估，如果所评估出的风险标准在不可容忍线以上，则落入风险不可接受区域。此时，除特殊情况外，该风险是不能被接受的。

（2）如果所评估出的风险指标在可忽略线以下，则落入风险接受区域。此时，该风险是可以被接受的，无须再采取安全改进措施。

（3）如果所评估出的风险指标在可忽略线和不可容忍线之间，则落入风险容忍区域，此时的风险水平符合尽可能合理降低原则，需要进行安全措施成本-效益分析。对降低系统的风险水平贡献不大，则风险是可容忍的，即可以允许该风险的存在，以节省一定的成本。

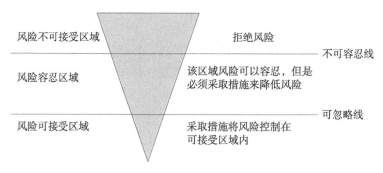

图 5-12 尽可能合理降低原则

5.3.6 大型商用飞机项目进度风险应对

1. 大型商用飞机项目进度风险应对原则与方法

1）大型商用飞机项目进度风险应对原则

大型商用飞机项目进度风险应对要遵循"处置落实"的原则。进度风险应对的计划既要合理可行，又要经济适用。计划的执行要做到确切落实，明确计划的执行人、计划执行的任务分配、计划执行的关键节点和计划执行的效果如何体现等，不能以进度风险应对计划制订的完成作为进度风险管理的终点，而是要将应对计划落实清楚，切实执行，并跟踪计划执行的情况，发现新问题及时向上级报告，做出计划调整或重新制订计划。

2）大型商用飞机项目进度风险应对方法

通常，使用三种方法应对可能对项目进度目标存在消极影响的风险和威胁。这些方法分别是风险规避、风险转移与风险减轻。

风险规避指改变项目计划，以排除风险或条件，或者保护项目目标，使其不受影响，或者对受到威胁的目标放松要求，如延长进度或减少范围等。

风险转移指将风险的后果连同应对的责任转移到第三方身上。风险转移实际上只是把风险转推给另一方，而并非将其排除。转移的方式多种多样，包括但不限于利用保险、履约保证书、担保书和保证书。可以利用合同将具体风险转移给另一方。在多数情况下，使用费用加成合同可将进度风险转移给买方，如果项目的设计是稳定的，可以用固定总价合同把风险转移给买方。

风险减轻指设法把不良的风险事件的概率降低到一个可以接受的临界值，提前采取行动降低风险发生的概率或减少其造成的影响。例如，在设计大型商用飞机过程中设置冗余组件有可能减轻组件故障所造成的影响。

（1）对于高风险，应该首先采取风险规避和风险转移，若上述两种方法无法实现时才考虑风险减轻。

（2）对于中等风险，也应该首先采取风险规避和风险转移，若上述两种方法无法实现时才考虑风险减轻，但是从经济效益的角度出发，该类风险完全可以不用规避和转移。

（3）对于低风险完全可以接受，但要实时跟踪，监测风险的变化趋势。

2. 大型商用飞机项目进度风险应对措施

技术风险、供应商风险、组织管理风险、保障风险和不可抗力等一级风险因素和主要的二级风险因素（设计外包风险、设计风险）应对主要从以下措施开展。

1）技术风险应对措施

A. 加强技术方案的论证工作

从源头上控制技术风险对大型商用飞机项目的影响，为加强预研工作和研制的衔接过渡与转化，应在科研阶段中，设立先期技术发展阶段，通过对技术项目进行试验或演示，评价技术的成熟程度，验证技术的效用性，以减少技术风险，及时将合格的技术成果转化应用到大型商用飞机项目。例如，美国国防部不仅重视对预研工作的投入，而且在装备预研和型号研制之间设立了"先期技术发展"和"演示与验证"两个过渡阶段，其目的在于消除或降低研制阶段的技术风险，使研制工作少走或不走弯路，最终缩短整个研制周期。方案论证工作对技术风险的控制同样十分重要，通过方案精选，评估各方案的技术成熟程度和技术风险，中国商飞可以选择技术成熟程度高、技术风险相对较小的方案，这样也可以减少技术风险，确保大型商用飞机项目科研工作的顺利进行。

B. 加强对供应商的资格审查和认证

在确定研制项目的承研方前，要对各申请单位进行仔细考察，看其是否有能力完成科研任务，从而减少因承研方夸大自己的技术实力而带来的技术风险。一方面可以通过对各单位的历史记录资料来考察各单位的真实能力。另一方面就是要聘请同行专家对各申请单位进行考核、鉴定，同时为了克服各申请单位上报资料的局限性，可同时确定多家单位承担项目的研制工作，在探索阶段之后，再确定项目的真正承担者。这样就可以避免因单一研究单位出现问题而使中国商飞处于被动的两难境地，从而有利于化被动为主动。因此，对一些重大项目的论证性研究，在资金允许的情况下，由不同的单位来承担，"仁者见仁，智者见智"，这样可以综合各方面的意见和建议，避免单一方案的失败而陷于两难境地。

C. 加强项目的过程管理，加强分阶段评审

由于大型商用飞机项目的高投入、高风险特征，管理部门必须对整个研制项目实施全过程进行管理，必须及时掌握研制的进展情况，不断了解已经出现或可

能出现的问题，并采取相应对策。为防范研制过程中的技术风险，采用分阶段评审的措施是行之有效的。严格技术方案评审规章制度，深入分析和评价各技术方案是否达到技术要求，若达不到技术要求应找出问题所在，合理分配所需资源，实施技术攻关，解决问题。主要的技术评审包括预发展阶段设计评审、系统初步设计评审、详细设计评审、关键设计评审、初步总体技术方案评审、全机静力试验方案评审、全机疲劳试验方案评审、共振大纲评审、疲劳大纲评审、电气系统试验任务书评审、航电系统试验任务书评审、航电系统试验大纲评审、电气系统试验大纲评审、飞控系统综合试验大纲评审、液压和起落架系统综合试验大纲评审等。

D. 选择技术力量强的供应商

为减少技术风险，在选择大型商用飞机的复合材料、发动机、机载设备等核心部件或系统的承担方时，可以选择对这一项目比较擅长或熟悉的单位。这样，由于项目承担方对技术比较熟悉和了解，可以较好地判断技术创新的成败，并及时做出应对措施，避免产生过多的损失。另外，如果一些单位对某一类型的项目经常进行研究，也可以增加知识积累，从而更容易出成果。在科研中，也存在由配套技术所引起的障碍，一项新技术经过预先研究出来之后，转化的效果有时并不是很明显。这是因为，与技术转化相配套的其他技术或设备水平达不到要求。因此，也应该重视其相关配套技术的发展。

E. 加强科研人才的培养

科研人才是科技创新的基础和关键，同样大型商用飞机项目的研制和生产也离不开科研人员。为提高科研人员科研水平、降低技术风险，项目组织要建立科研人员培训、学习的机制，让优秀的科研人员带动其他科研人员提高科研水平。另外还要建立激励机制，鼓励更多的科研人提高相关水平。要加强科研人员国际交流和合作，带着问题走出去，带着解决方案、技术和先进的生产管理经验走回来，这样可以使科研人员科研水平不断提高，最终降低技术风险，实现大型商用飞机项目的目标。

F. 仿真计算

对各项设计和技术进行仿真计算，借助各类设计仿真软件，通过仿真计算验证设计和数据的正确性。

G. 试验

通过结构试验、风洞试验、全机静力试验、全机疲劳试验、系统试验、试飞等试验体系验证设计的正确性，发现问题并及时解决，不能将技术问题带到下一个环节，致使项目进度延误。

H. 设计外包

在正确分析自己设计能力的基础上，将设计难度超出自己能力范围的部分外

包给技术能力强的设计单位，将技术风险转嫁给外包方。在承包方的选择上，从
技术能力、经济实力、研保能力、信誉和履约能力等方面做好对承包方的选择，
通过合同来控制设计外包风险。

I. 技术攻关

预先分析判断技术难点和关键点，成立技术攻关小组，预留出足够的时间进
行技术攻关。

J. 备用方案

针对技术难点设定两套技术方案，当一套技术方案出现问题致使项目无法继
续开展时，启用预先设定的备用方案，这样可以将技术风险降到最低，不至于造
成重大工程延误。

2）供应商风险应对措施

大型商用飞机项目供应商各类风险的来源不同，不可能采取某一固定的方法
来处置项目的供应商风险，项目管理者应针对各类风险的不同特点和来源采取不
同的风险控制方式，以达到最为有效、经济地控制大型商用飞机项目供应商风险
的目的，如表 5-14 所示。

表 5-14 大型商用飞机项目供应商各类风险的来源、特点及处置措施

风险种类	风险来源	风险的主要特点	风险处置措施
技术风险	设计方案不成熟；工艺达不到设计要求；设备落后；技术效果寿命、配套技术不确定；科技成果技术转化过程中的知识产权问题	广泛存在；造成的损失分散；具有较强的非线性	风险的控制、风险自留及风险转移。具体措施主要是可靠性保证，加强预先研究等
管理风险	组织结构不合理；供应商企业管理层管理经验不足；对次级供应商的管理不合理；供应商对项目的研制经费、进度、技术方案等计划不合理；各供应商系统在研制和生产中协调不力	广泛存在；造成的损失通过其他风险的形式表现出来；可以通过采取措施大幅度减少	风险控制、风险自留及风险转移。具体措施主要是促使供应商建立合理的制度，加强预先研究；建立更好的、合理的组织形式，制定更为严格的规章制度并加强管控
人力风险	供应商研制人员责任心不强，人员的能力不够；研制队伍人员流动频繁；关键岗位人才流失	与管理风险密切相关；可以通过采取措施充分地降低；难以完全避免；造成的损失分散；难以估量	风险控制、风险自留及风险转移。具体措施主要是加强人员的培训选拔工作，建立更为合理有效的竞争激励机制，加强宣传教育工作，提高科研人员的待遇
供应风险	供应商无法按期购买到设计要求的原材料进行生产；原材料的质量不能满足需求或达不到环保要求；供应商给顾客发运产品过程中发生的货物灭损；发货延迟；错发错运	造成损失较大；难以采取有效的措施进行控制；难以完全规避	风险转移、风险自留。具体措施主要是建立相应的应急措施，加强对供应商产品的质量检查

3）组织管理风险应对措施

A. 组织结构风险应对

（1）首先，在公司级层面上，由中国商飞设立的专职人员或专职部门主管相关接口管理事务，并直接对公司最高领导负责，其工作职责除其他管理事务外，还应包括公司各部门组织架构的合理设立、各部门工作职责的合理制定、各部门工作流程的制定和各部门工作绩效的评估等，以及各中心组织架构的合理设立、各中心工作职责的合理制定、各中心工作流程的制定和各中心工作绩效的评估等。

（2）针对项目目标设计组织架构。在组织架构设计时，应尽量考虑使其扁平化，即组织结构层次尽可能少。扁平化会使工作接口减少而且趋于简单，同时，有利于人力资源成本的下降和工作效率的提高，从而保证大型商用飞机项目目标的顺利实现。

（3）针对各主要工作流程应制定出详细的工作流程图，制定出各中心的工作权责，并使之标准化。制定工作流程和中心权责时，尤其注意应采取自下而上的方式进行，即各中心应首先提出本中心的工作流程和工作权责要求，然后将其统一汇总至中国商飞总部，由总部统一审核并将各中心意见协调一致后报最高管理者批准。总部应注意各中心的工作职责和权限覆盖到工作流程中要求的所有要素。

（4）在所有主要工作流程和工作权责得到确认后，中国商飞总部应建立执行状况的反馈机制（即绩效评估制度）以及有效的沟通机制，使得执行情况随时得到协调和监控，以确保其得到有效实施和根据需要进行适当的修订和增减。

（5）组织架构、工作流程、工作权责制定完成后，中国商飞总部应定期进行重新评定，以确保其有效，从而真正对工作的实际运作产生指导意义。

（6）相关负责人在制订工作计划和工作目标时，应考虑将接口方式，理顺并明确责任人。

（7）工作流程和工作权责得到确认后，应培训所有高层、中层和基层管理人员，要求其在工作过程中，严格按照工作流程进行作业（以执行状况的反馈机制来制约），以防止出现越权（下级对上级）、权力截留（上级对下级）、工作推诿（同级之间）等现象。

B. 管理制度风险应对

（1）加强组织管理过程的调研。组织管理所涉及的社会因素是复杂多样的，因此，作为组织的管理者在组织管理过程中，必须要广泛地了解究竟是哪些因素在影响组织管理活动，这些因素在多大程度上会给组织管理过程带来负面影响。此外，对这些影响组织管理过程的因素进行性质判断也是不可缺少的。在上述调研活动的基础上，调研人员还应针对这些问题进行归纳整理，并把那些可能会给组织管理过程带来不利影响的因素彻底消除或者将其影响降低到最低程度。有了科学的调查及相关信息，管理者就有条件加强对组织管理过程的科学预测。

（2）组织管理机构的科学化。现代组织管理过程发展的趋势之一就是从以个人的经验性的管理为主转变为以集体的科学性的管理为主。面对十分复杂的组织管理活动，任何个人的力量都会显得微不足道。辩证唯物主义告诉我们：任何个人经验都是过去实践经验的概括和总结，而我们的管理活动则都要面向现在和未来。因此，从这个意义上讲，经验越丰富的人受思维定式和经验决策的影响也就越大，因而具有明显的个人思维的局限性和个人管理的缺陷。虽然集体领导也难免会出现种种的失误，但是集体领导在管理过程中所形成的思维和智慧优势是很明显的。为了更好地发挥集体领导的优势，组织管理主体在年龄等构成上，应当包括老中青不同年龄层次的人士，以确保他们之间的优势互补。

（3）实现组织管理方法的多元化。组织管理的方法是多种多样的，究竟哪一种组织管理方法最科学、最合理，这就要具体问题具体分析。在不同的时间、地点、条件下，对不同的组织应采用不同的管理方法。一般地讲，现代管理活动由于越来越多地采用目标管理以及量化管理的方式，因此现代组织管理的方法也大多采用定量管理的方法或者是定性和定量相结合的管理方法。定量管理的最大优势就在于它对所需要管理的对象进行了科学的归纳和整理，从而将组织管理过程奠定在扎实的数据资料基础之上，这样就克服了管理过程中数据资料的不完备性，为科学化组织管理的顺利实施，打下了坚实的信息基础。此外任何一种组织的管理过程，都应严格按照科学化的程序进行，即首先应进行调查研究，在获得大量组织信息的基础上，准确预测组织管理过程的发展态势，采用科学的方法对组织实施过程管理。

（4）实行组织管理过程中的有效监督。表面上看，组织管理过程具有很强的独立性，其他社会机构和个人无权干预组织活动。实则不然，因为，任何社会机构都是相互联系的，整个社会是一个规模宏大的系统。因此，为了使组织管理活动科学、合理、有效地进行，组织管理机构必须在不断强化自身各种监督职能的同时，自觉而广泛地接受包括新闻媒体在内的社会各界的有力监督，以防止组织管理权限的过度膨胀。只有当这种对组织管理活动的监督具有法律意义的时候，它才会变得科学而有力。为了确保对组织管理活动及相关管理活动的监督，管理部门需要建立完善的法律体系和规范。另外，社会的相关管理部门以及各级执法机构加大监督执法力度也是不可忽视的重要因素。新闻媒体和社会舆论的广泛介入也能对整个组织管理过程产生理想的效果。

4）保障风险应对措施

（1）加快相关配套设施的建设，保证建设质量。相关配套设施包括各类厂房、停机坪、停机坪机库、整机喷漆厂房、试飞跑道、飞机实验楼等，都需要按时、按质、按量地完成，要加强相关建设的进度管理、质量管理和风险管理，保证配套设施建设符合大飞机项目进度要求。

（2）保证水、电、气等正常供应。项目的开展每时每刻都离不开水、电、气，要专门成立水、电、气管理组织，制定严格的相关管理制度，并提高相关人员安全管理水平，制订应急管理方案，保证在高温、自然灾害等条件下水、电、气可以正常供应。

（3）其他相关后勤保障。成立统一的后勤保障管理组织，负责整体的后勤保障工作，制定严格的管理制度和相应的应急预案，保证正常的后勤供应。

（4）加强监控。综合保障的建设是影响大型商用飞机项目进展的重要因素，不能只重视技术问题而忽略保障问题，要设立专人专岗实时监测保障是否正常，正确判断和预测建设进度，设立预警制度，出现进度偏差要及时上报，必要时采用行政干预的方法和手段来保证保障的建设。

5）不可抗力应对措施

不可抗力的应对主要考虑对自然灾害、火灾等突发事件的应对。根据项目的特点和需要，与当地政府减灾部门、气象部门、消防部门等建立联系，根据这些部门的要求建立适合大型商用飞机项目的自然灾害、火灾和其他突发事件应急预案，并开展应急演练，使相关人员具备应急管理的基本技能。对易受自然灾害破坏的相关子项目投保，将自然灾害相关风险转移给保险公司，确保项目的安全。

（1）建立紧急救援队伍。中国商飞要结合实际建立不同类型的紧急救援队伍。平时要有针对性地开展紧急救助演练，灾害发生后要及时赶赴现场实施紧急救援，确保职工和国家财产得到及时救助。

（2）完善救灾物资储备制度。要建立紧急救援物资储备，由中国商飞应急指挥部指派有关部门负责储备和筹集。

（3）加强救灾的基础建设。要加强救灾装备建设，配备专用救灾车辆和通信工具，确保救灾时通信网络畅通。加强灾害管理人员的培训工作，提高其业务素质。

6）设计外包风险应对措施

A. 提出准确的技术要求

在选择设计外包方之前要明确自我难以实现的技术困难，正确地分析自我能力，不能对自己的设计能力估计过于乐观，明确自己的技术不足之处，明确技术要求。

B. 识别承包方的技术能力

通过各渠道搜集承包方技术能力信息，主要包括资质能力、技术水平，以及历史上承担的设计任务执行情况，全面了解和掌握承包方的技术能力水平。

C. 严格评审

制定严格的评审制度和流程，明确评审细节，明确承包方的产品是否达到我方的技术要求。

7）设计风险应对措施

针对总装制造中心而言，设计风险也是较大的风险，对于设计风险的应对总装制造中心应采取以下措施。

（1）生产制造技术人员参与到设计当中，在部件、系统和标准件设计当中协助设计人员形成统一的技术文件。

（2）加强设计方与制造方的沟通，建立实时有效的沟通机制。

（3）总装制造中心在某些制造环节上预留出重新设计的时间，若问题发生不至于造成重大工期延误。

（4）及早明确设计的技术要求，对技术要求不明和定义含糊不清的地方及时跟设计方沟通。

（5）协助设计方监督供应商的设计是否满足大型商用飞机项目技术要求，是否满足适航要求，是否形成标准统一的技术文件等。

5.3.7　大型商用飞机项目进度风险监控

大型商用飞机项目进度风险监控即进度风险监测、管理与控制，指在整个项目生命周期中，跟踪已识别的进度风险、监测残余进度风险、管理识别新风险，并对应对计划的有效性进行评估的过程。风险监控是在整个项目周期内持续开展的活动。大型商用飞机项目进度风险监控较为适宜的方式是采用进度风险报告形式，在进度风险管理过程中实行严格的进度风险报告制度，包括报告周期、报告形式和报告内容。

1. 报告周期

报告分为两级，一级是风险管理人员向中国商飞各中心项目管理部报告，报告周期为一周，在每周一报告上周风险应对计划实施情况。另一级是各中心项目管理部向总部项目管理部报告，报告周期为一个月，即在每一个月一号报告上月风险应对计划实施情况。对于特别重大的且未及时解决的进度风险问题，项目管理部部长在第一时间向大型商用飞机项目的总指挥报告。

2. 报告形式

报告采用会议形式，所有报告内容需要以书面形式体现，突发重大事件除外。

3. 报告内容

报告内容包括：项目进度基本情况、项目进度风险应对计划情况、已解决和未解决问题列表、解决问题所需资源以及进度管理经验收获等。针对不可接受的风险制定相应的措施，以使其控制在接受范围内。

第 6 章

大型商用飞机费用管理

6.1 大型商用飞机项目研制费用特点

对大型商用飞机项目研制费用风险的管理，应该先明确大型商用飞机项目的研制费用的范围及其组成，并在此基础上，总结分析出大型商用飞机项目研制费用的特点。

6.1.1 大型商用飞机项目研制费用的范围及组成

1. 研制费用范围的界定

大型商用飞机项目总的研制费用是各研制阶段费用支出的总和，研制阶段具体包括立项论证和可行性论证阶段、预发展阶段、工程发展阶段和批生产与产业化阶段。大型商用飞机项目的研制流程如图 6-1 所示。

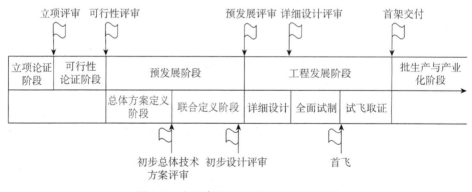

图 6-1 大型商用飞机项目的研制流程

⚑ 为里程碑控制节点

2. 研制费用的组成

大型商用飞机项目研制费用大致可以分为两大类，一类是大型商用飞机项目的科研费用，另一类是大型商用飞机项目的研保费用。

1）科研费用的组成

科研费用是指因科研开展和技术工作的需要而获得的经费。按照《国防科技工业科研经费管理暂行办法》文件的划分，将大型商用飞机项目的研制费用分为 13 个部分，包括：设计费、专用费、材料费、外协费、燃料动力费、固定资产使用费、工资及劳务费、差旅费、会议费、事务费、专家咨询费、管理费、不可预见费。

（1）设计费是指飞机项目研究过程中直接从事研制活动产生的费用，如论证费、分析费等。项目论证过程中产生的费用便是论证费。通常，论证成本的估计可根据设计费、外协费和其他费用之和的一定比例来确定。

（2）专用费是指因项目开发需要而发生的费用，包括购买、自制以及租赁专用仪器设备样机等。就大商用飞机项目而言，专用费的组成如图 6-2 所示。

专用费
- 专用工装设备费：工装制造费、工装检返修费
- 专用测试设备费：特设测试设备、总装测试设备、试飞测试设备、校验设备、调试安装设备费
- 专用运输费：专用车辆设计、制造、年检费，厂际公路、水路、铁路车辆运输费，特急件航空运输、包装箱设计、制造费
- 试飞专用费：适航试飞机载测试系统设计、补充集成、联调准备费、适航试飞综合保障条件费、适航试飞期间课题研究测试保障等费用
- 零星技术措施费
- 专用软件费：专用软件购置费、自主研发软件费

图 6-2 专用费的组成

（3）材料费是指飞机项目开发过程中各项必要的材料消耗费用及低值易耗品的采购运输费，专业器件和材料的研制试验费。就大商用飞机项目而言，材料费的组成如图 6-3 所示。

材料费
- 原型机制造材料费：机体材料费、制造关键技术攻关等用料费、工艺试验及试用材料费、试飞保障材料费、试飞恢复用材料及成品费
- 设计试验材料：风洞模型、结构试验件、系统试验件、工程模拟器、地面支援设备、设计试验关键技术攻关用材料、文件出版、印刷用材料
- 试飞材料费
- 客服服务材料费
- 国际合作材料费
- 适航专项验证技术和攻关用料费
- 市场营销材料消耗
- 持续支援材料消耗

图 6-3 材料费的组成

（4）外协费是指项目开发过程中，由于研发单位自身技术限制，将有些工作

外包给其他单位所必须支付的费用。"主制造商–供应商"模式是当前大型商用飞机主要采取的运作模式，因此，在大型商用飞机项目的研制费用中，外协费是最主要的费用，也是产生费用风险的主要源头。大型商用飞机项目的外协费由检验外协费、加工外协费、设计外协费、试验外协费组成。

（5）燃料动力费是项目开发过程中使用的水、电、气、燃等费用。大型商用飞机项目的燃料动力费主要有试验燃料动力费、原型机制造燃料动力费。

（6）固定资产使用费是指研发单位固定资产在项目开发中被使用发生的费用。按照项目使用科研设备仪器原值 5%和厂房建筑物原值 2%之和计提固定资产使用费，以全年工时比例分摊。房屋固定资产使用费和设备固定资产使用费都属于大型商用飞机项目的固定资产使用费。

（7）工资及劳务费是诸如工资、津贴、奖金等工资性费用，包括没有工资性收入的相关人员和临时聘用人员的劳务费用。

（8）差旅费是因项目需要而出差的国内外差旅费用，包括项目开发过程中因科学实验、考察、调研、学术交流等发生的差旅费。其开支依照有关国家规定执行。

（9）会议费是指因项目活动需要而发生的会议费用，主要由项目研究过程中组织学术开展、研讨、咨询评审及协调所发生的费用，也有工作会议费、评审会议费以及协调会议费。

（10）事务费包括因项目需要而发生的出版费、标准费、知识产权费、资料购置费、文献检索费、专业通信费和专利申请费等。就大型商用飞机而言，此项费用包括技术资料费、设计用品费、标准规范费、科技情报费、计量费、成果管理与推广费、环境试验与测试费、无损与理化检测费、专用通信费、网络运行费等。

（11）专家咨询费是指临时聘请专家所发生的费用，不得支付给项目相关工作人员和项目管理人员，主要有会议组织形式的国内外咨询费、通信形式的咨询费和国际合作咨询费。

（12）管理费主要有飞机项目中应当分摊的研制管理费用，包括暖气耗费，水、电、气费建筑及专用仪器维修保养费、审计费、业务招待费、科技培训费等。管理费实行总额控制法，其费用不得超过成本的 8%，由项目承担单位使用。归口管理科研项目部门（单位）不得从科研项目中计提经费。

（13）不可预见费是指在大飞机研制过程中核定经费时，针对可能发生的不可预见因素而预先计算的预备费。不可预见费会综合考虑研制时间、技术因素、科研项目大小等具体信息确定适当比例，不超过费用之和的 5%。

由于大型商用飞机项目属于重大型科研项目，需要经财政部及国家国防科技工业局协定后，列入系统协调费。

但是，下列开支则不可列入大型商用飞机项目的经费当中。

（1）应在基本建设资金、其他专项资金（含拨款）中开支的费用，以及基本建设或专项贷款利息。

（2）按规定应在自有资金中开支的各项费用。

（3）各种赔偿费、违约金、滞纳金和罚款等。

（4）中国商飞在生产经营过程中发生的费用、对外投资以及在规定比例以外增提的固定资产使用费。

（5）未经财政部、国家国防科技工业局批准的其他费用。

2）研保费用的组成

研保费是指为了保证研制项目任务的顺利完成而产生的一些与研制任务相关的保障费用。大型商用飞机项目的研保费主要是指大型商用飞机项目研制保障条件建设方面的费用，主要包括总部基地建设、640 所的建设、上海飞机制造有限公司的建设以及客户服务中心建设。其具体由以下几个部分组成：设计条件需求建设；试验条件需求建设；试制条件需求建设；试飞条件需求建设；协同工作平台建设；客户服务条件建设。

6.1.2　大型商用飞机项目研制费用特点分析

1. 大型商用飞机项目的费用流程

大型商用飞机项目的费用按照费用发生流程可以分为设计及研制费用、生产费用、使用保障费用、退役处置费用。全寿命周期费用流程图如图 6-4 所示。

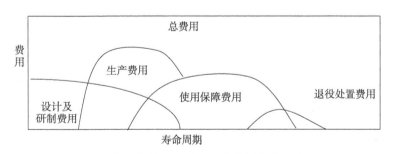

图 6-4　大型商用飞机项目全寿命周期费用流程图

2. 大型商用飞机项目研制费用组成

（1）大型商用飞机项目全寿命周期的费用在各阶段都有所不同（图 6-5），将来全生命周期成本（life cycle cost，LCC）的 85%由概念系统阶段（初步设计和审批完成）决定。当 LCC 达到 95%时，全面研制结束。投入生产后，将来的改进对LCC 的影响也将是有限的。

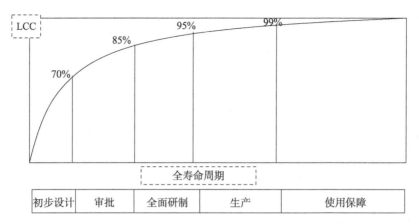

图 6-5 大型商用飞机项目全寿命周期各阶段对 LCC 的影响程度图

（2）从大型商用飞机项目研制费用各个组成部分来看，外协成本这部分费用占大型商用飞机项目制造成本的很大比重，外协成本的控制通常是成本控制的主要对象，占到总成本的 60%左右。而论证成本通常是设计成本、外协成本、其他费用之和的 0.5%到 0.8%之间，因而只是总研制费用中的极小一部分。

（3）研制保障条件费用（研保费用）的重要作用。大型商用飞机被誉为"工业之花"，是当前世界技术含量最高，工艺最复杂的产品，目前全球只有美国、欧洲具有研制大型商用飞机的能力。大型商用飞机项目的研制涉及大量的新技术、新材料和新工艺，就目前国内的技术能力来看，还不能满足大型商用飞机的研制需要，还存在较大的能力缺口。另外，中国商飞是新组建的企业，工业基础设施本身就存在严重不足，因此需要进行必要的研制保障条件建设，由此会产生很大的研保费用。

因此，综上从对大型商用飞机项目研制费用特点的研究可以得知：费用风险的控制从费用的组成上来说，应该主要集中在降低外协成本的支出，提高经费的使用效率，减少费用超支的风险；而费用风险的控制从费用产生的阶段上来说，应该主要集中在初步设计和审批阶段中的费用风险控制。

6.2 大型商用飞机项目费用管理特点

大型商用飞机项目属于国家科技重大专项项目，因此，根据《国防科技工业科研经费管理暂行办法》和国家规章制度来制定经费管理办法。

6.2.1 管理要求

（1）研制经费的使用和管理按照"统一规范、分级负责、分工管理、专款专用"的原则。

（2）部门预算管理研制经费。遵照《中央部门预算编制工作规程》等要求分年度编制使用单位经费需求，依据财政预算执行管理费的预算核定及下达财务部门。

（3）不可随意挪用或挤占研制费用，要严格遵照规定的开支范围和标准，预算要在核定范围内。

（4）研制经费一经核定预算一般不可更改。确需更改的，需要沿原程序逐级审批。

（5）研制经费需统一管理，单独核算，纳入相关使用单位财务系统。使用单位对研制费用支出的财务审核应当继续加强，手续不完备、超出开支范围、无预算等情况应当不予支付。

（6）使用单位对研制经费的使用及研制经费决算的编制，应按要求据实编制部门决算管理。研制费应遵照财政拨款结转和结余资金管理规定进行管理。

（7）研制费用的使用单位要对内部管理制度进行完善，对研制经费的使用加强管理，同时强化内部控制和日常管理，确保使用安全高效。

（8）财政、审计等有关部门应加强对研制费用的管理和使用的监督。

（9）落实责任追究制度管理研制费用。不得弄虚作假，研制费用不得随意挪用挤占，对于违反制度规定的行为，按规定处理。

6.2.2　大型商用飞机项目经费管理职责

1. 公司财务部

（1）贯彻执行国家有关法律法规。

（2）制定科研经费管理有关规定制度。

（3）根据年度科研经费计划，协助落实科研经费收款工作。

（4）汇总审核科研经费年度预算，监督预算执行情况。

（5）参与科研经费合同的管理，根据合同、预算以及项目主管部门的意见安排拨付科研经费。

（6）负责科研成本的管理、科研经费年度决算、项目决算及科研经费收支核算。

（7）负责向单位领导和上级部门提供科研经费会计信息资料。

（8）负责监督、检查、指导科研经费使用管理及核算。

（9）配合有关部门完成研制项目的可行性论证。

（10）接受配合上级主管部门对科研经费进行审查、审计和财务验收。

2. 公司发展规划部

（1）负责组织编制项目科研经费总预算。

（2）负责向国家有关部门申请年度科研经费，并落实相关收款工作。

3. 公司项目管理部

（1）负责项目合同管理，按照合同和有关规定管理使用科研经费。

（2）编制科研项目经费年度预算，分配、使用、控制年度预算内科研经费。

（3）对各单位提出的科研经费申请报告进行审核，提出科研经费拨付意见，并办理科研经费拨款申请。

（4）接受配合接受上级主管部门对科研经费的检查、审核和财务验收。

4. 公司质量技术部

（1）负责科研课题经费的申请，并落实相关收款工作。

（2）负责科研课题合同管理，按照合同和有关规定管理、使用科研课题经费。

（3）编制科研课题年度预算，分配、使用、控制年度预算内科研课题经费。

（4）办理科研课题经费拨款申请。

（5）接受配合接受上级主管部门对科研课题经费的检查、审计和财务验收。

5. 公司审计部

（1）管理科研经费，监督审计和评价其使用的真实性、合法性及合理性。

（2）对科研经费管理、制度、使用原则进行监督与评价。

（3）对科研经费收入和支出及结存情况进行监督与评价。

（4）对科研经费会计核算情况及成本归集的真实性、合理性进行监督与评价。

（5）监督和评价使用科研经费，确保形成资产的真实性、完整性及科研经费管理的有效性。

（6）根据公司有关规定处理审计中发生的问题。

（7）接受配合接受上级主管部门对科研经费的审查、审计和财务验收。

6. 各中心

（1）执行科研项目和科研课题合同，按照合同和有关规定管理及使用科研经费，确认科研收入，确保科研经费专款专用。

（2）严格控制科研经费成本开支，并进行成本核算。

（3）编报项目科研经费年度预算和课题预算，根据报告计划和预算执行情况编制年度决算和项目决算。

（4）接受配合上级主管部门对科研经费的检查、审计和财务验收。

（5）向公司项目管理部门提出科研经费申请请示报告。

6.3　大型商用飞机项目费用风险管理的现状及发展

6.3.1　项目费用风险管理现状

我国项目风险管理尚不成熟。在项目风险管理方面，同国外相比，项目研制风险管理是项目风险管理中的一个薄弱环节，尚没有完全把风险管理上升到制度的层次来看待，相关的理论与方法体系均不健全。由此导致的问题就是"拖进度、降指标、超经费"，严重者将导致整个项目的失败，造成巨额资金损失。同时，我国项目风险管理大多是借鉴国外的成果，相关数据的积累比较缺乏，研究也相对缺乏中国特色。因此，急需建立多层次、全方位的项目风险管理的申请、报告、跟踪、反馈等制度，从而为我国项目风险管理体系的建立奠定基础。

在项目费用风险管理方面，我国航空工业企业内部目前普遍还存在一种思想，即不惜任何代价把民用飞机项目当作政治任务来完成，不计成本先做出来再说，对于项目的成本控制目前还没有上升到风险控制的范畴。项目费用管理也只从降低消耗、节约费用和控制科研经费的角度考虑，而没有从系统的角度来考虑，如技术、进度、质量等是如何影响费用的，也没有对造成费用超支的可能风险源进行分类汇总和分析，更没有对可能的费用风险进行管理、监控的系统指导文件。

对于全寿命周期的项目费用的风险管理，首先，没有相对有效的方法来对风险性费用进行管理，一般在不可预见费中抽出一定比例的费用作为风险管理费用，而缺乏对全寿命周期各阶段费用的风险影响因素及控制方法的系统研究。其次，虽然我国工程造价界越来越重视风险性费用管理的研究，但是风险管理方法论在成熟的全寿命周期方面的研究尚处于初级阶段。

6.3.2　项目费用风险管理的发展

随着项目管理的发展与不断进步，项目费用风险管理也不断呈现出新的研究思路。国外项目费用风险管理的新思路主要包括全寿命周期管理观念和系统管理观念。

1. 全寿命周期管理观念

从项目开始到项目结束各阶段所经历的全过程就是项目的全寿命周期。在项目全寿命周期中共包含了六个阶段，分别是论证、设计方案、定型、生产、使用保障等。项目整个寿命周期的各个阶段之间相互作用和制约，形成一个完整的一体化过程。全寿命周期费用管理研究还未展开，研究和实践工作存在的问题还较多，提升的空间很大。研制项目风险管理研究尚处于初步理论阶段，研究成果也较少，大多局限于某个阶段或某一方面的风险管理，而对全寿命周期风险管理整体研究较为欠缺。将全寿命周期费用与风险紧密结合，从项目全寿命周期费用风险管理角度进行研究，则是一个全新的课题。

2. 系统管理观念

国外有的企业已经树立了项目费用风险系统管理的观念，全面研究分析企业费用风险管理的方法和内容，着眼整体和全局，将项目费用风险管理工作视为一项系统工程。

项目费用风险的系统管理观念中，费用风险管理应将视野延伸到产品市场需求分析，相关技术发展动态分析和产品设计分析，不应只局限于产品的生产研制过程；同时应延伸到售后服务。根据项目风险管理要求，产品费用风险包括技术、后勤、生产、库存、销售以及顾客保障维修等过程中产生的费用风险。

由于市场经济的深化，非物质产品也逐渐商品化，与此同时，项目费用风险管理也从物质产品风险延伸到非物质产品风险，如人力资源、服务、产权、环境等所导致的费用风险。

6.4　大型商用飞机项目费用风险管理

本章对大型商用飞机项目费用风险管理的一般原则、技术方法和国内外现状进行了研究，并提出包括费用风险规划、费用风险识别、费用风险分析、费用风险应对和费用风险监控五个部分的大型商用飞机项目费用风险管理思路。本章重点对五个环节的每一个环节的原理、应运用的技术、操作方法等进行详细的研究，从而为制定大型商用飞机项目费用风险管理规定提供理论基础。

6.4.1　大型商用飞机项目费用风险管理规划

1. 大型商用飞机项目费用风险管理组织

健全的风险管理组织是国外商用飞机研制风险管理的成功经验，大型商用飞机项目费用风险管理同样必须有完善的组织。作为费用风险管理的载体，风险管理组织设计必须基于项目的组织结构，大型商用飞机项目采用了"主制造商–供应商"模式，同时采用了军用飞机研制一贯采用的设计师总系统，结合中国商飞组织架构，提出大型商用飞机项目费用风险管理的二级组织架构。

1）组织架构

大型商用飞机项目费用风险管理采取二级管理的模式，其结构如图 6-6 所示。

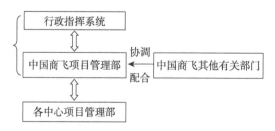

图 6-6　大型商用飞机项目费用风险管理组织架构

双箭头中向下的箭头是指上一级向下一级传达命令,双箭头中向上的箭头是指下一级对上一级汇报相关情况。

第一级为行政指挥系统和中国商飞项目管理部,行政指挥系统是费用风险管理工作的总指挥,负责项目研制费用风险管理中的总体方向把握,负责重大费用风险管控决策;中国商飞项目管理部是大型商用飞机项目研制经费风险管理的具体负责部门。第二级为各中心项目管理部,各中心项目管理部是费用风险管理工作的具体执行部门,负责各自业务范围内中级以下费用风险的决策。

2)职责

A. 行政指挥系统

(1)组织召开大型商用飞机项目风险年度工作会,根据各中心提交的本中心经费使用报告及经费风险报告,分析未来一年项目经费计划实施中的潜在风险,探讨其解决方法,制订解决方案,合理分配资源。

(2)组织对大型商用飞机项目费用风险管理制度、办法进行学习。

(3)组织审核费用风险规划和应对计划。

(4)对费用风险进行监督和控制。

B. 中国商飞项目管理部

(1)负责制定项目费用风险管理的规章制度,确定费用风险管理的工具和方法,检查、监督和指导中国商飞各中心费用风险管理工作。

(2)协调与总部其他各部门、各中心等有关费用风险管理的相关工作,从公司其他各相关部门获取费用风险管理相应信息和资源。

(3)在每年一月组织召开大型商用飞机项目风险年度工作会,会议由中国商飞财务部、发展规划部、质量技术部、中国商飞各中心经费主管、外协合同主管、资源主管以及各中心下属的主要业务负责人参加。根据各中心提交的本中心经费管理工作报告,分析项目未来一年的潜在风险,探讨其解决方法,制订解决方案,合理分配资源。

(4)制定重大以上风险的应对措施,负责对中国商飞各中心项目管理部上报的重大费用风险组织专家论证,并上报行政指挥系统进行审批。

C. 各中心项目管理部

(1)贯彻执行项目管理部制定的项目费用风险管理的规章制度,制订本中心项目费用风险管理规划。

(2)落实项目管理部制定的项目费用风险监控措施。

(3)按照本中心费用风险管理规划,开展费用风险的识别、分析、评价、应对、监控等工作,并负责相关文件起草、上报和归档。

(4)定期向项目管理部上报费用风险评价结果、决策及处理中级及以下风险。

（5）定期（每月一次为宜）听取所在中心各部门项目经费汇报，并按季度定期向项目管理部上报项目经费使用情况。

（6）配合项目管理部开展项目费用风险管理等工作。

（7）参加由项目管理部组织的费用风险研讨会和风险培训讲座。

2. 大型商用飞机项目费用风险管理流程

大型商用飞机项目费用风险管理流程见图 6-7。

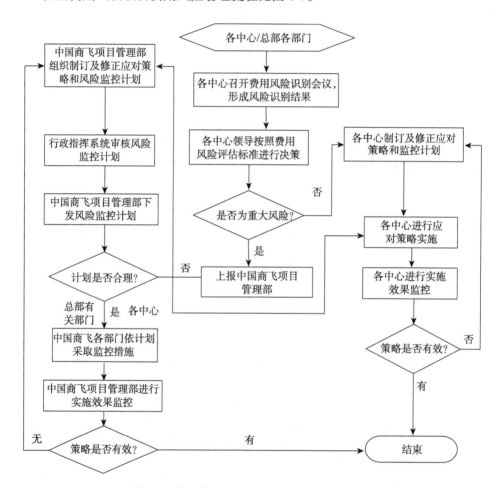

图 6-7　大型商用飞机项目费用风险管理流程

（1）费用风险识别。识别项目实施过程中可能产生的费用风险因素。

（2）费用风险分析。分析环境与形势风险、技术设计风险、决策与管理风险、人力资源风险、供应商风险、汇率风险等风险发生的可能性以及造成的影响。

（3）费用风险评价。根据每一风险发生的可能性和可能产生的影响，确定各个风险的等级。

（4）费用风险应对。针对不可接受的费用风险制订风险应对方案，提出资源需求，执行风险应对计划。

（5）费用风险监控。实时跟踪项目费用计划的实施情况，若出现实际费用与计划偏差过大则做相应的计划调整或其他措施。

6.4.2　大型商用飞机项目费用风险识别

项目费用风险识别就是通过确定费用风险的来源和产生条件，描述可能影响商用飞机项目费用的风险事件及其特征的过程就是大型商用飞机项目费用的风险识别。由于大型商用飞机项目费用风险的复杂性以及系统性，在风险识别的基础上，应该对费用风险源的关系进行分析，并将它们记录在案。费用风险识别不是一次完成的，应当在大型商用飞机项目寿命周期全过程中定期进行。

1. 大型商用飞机项目费用风险识别程序

1）大型商用飞机项目费用风险识别框架

大型商用飞机项目费用风险识别框架如图 6-8 所示。

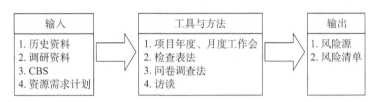

图 6-8　大型商用飞机项目费用风险识别框架

2）大型商用飞机项目费用风险识别流程

大型商用飞机项目费用风险识别流程如图 6-9 所示。

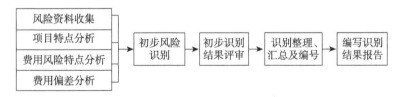

图 6-9　大型商用飞机项目费用风险识别流程

A. 风险资料收集

大型商用飞机项目费用风险资料主要通过案例分析、座谈法的形式得到。

（1）案例分析是指收集本公司和国内其他同类航空企业以及国外波音公司、空中客车公司等欧美航空项目过去已发生的事件和事故信息，对风险事件及其发生的次数及概率进行统计。

（2）座谈是指各中心项目部负责人召集型号副总指挥、副总经理、总经理助理、副总设计师、部长、副部长、财务部负责人、项目管理部经费负责人、各中心经费主管、外协合同主管、资源主管、各中心下属的主要业务负责人及相关部门负责人等针对大型商用飞机项目费用风险进行座谈，分析各作业活动中可能存在的、致使费用增加的风险因素，并补充和确认分析得出的结果。

B. 项目特点分析

研究分析大型商用飞机项目特点、"主制造商–供应商"的运营模式、行政指挥系统与总师系统两条指挥线的管理模式以及"一个总部各中心"的整体布局对大型商用飞机项目费用管理及费用风险的影响，发现其不足以及潜在的风险因素。

C. 费用风险特点分析

研究费用风险区别于其他风险的特点以及与其他风险之间的关系。

D. 费用偏差分析

记录监控时点的累计费用，并分别与基准进度计划和基准费用计划比较，清楚偏差大小，分析偏差产生的原因，从而找出风险源。

E. 初步风险识别

初步风险识别是指费用风险分析人员汇总分析收集的资料，采用检查表法等方法识别影响费用的潜在风险源。

F. 初步识别结果评审

根据初步风险识别的材料清单，邀请业内的专家对材料清单进行研讨、复核，往往会涉及多个轮次的初步识别。

G. 识别整理、汇总及编号

由专家组对初步分析结果进行评审，最终形成统一审核意见，根据专家意见确定风险识别结果，形成风险识别清单。

H. 编写识别结果报告

由费用风险分析人员将识别分析的结果汇总整理，形成风险识别报告，并对风险进行分类、编号、备案。

2. 大型商用飞机项目费用风险识别方法

大型商用飞机项目费用风险识别是结合历史经验和实际调研的成果，采用检查表法等得到初步风险识别的结果，通过中国商飞项目年度工作会和项目月度工作会，以及各中心的项目年度工作会和项目月度工作会讨论确定。

检查表法是一种识别风险因素简单有效的方法，是一个包括所有可能会发生风险的列表。它可由专家或相关人员通过头脑风暴法等方法得到。由于费用风险的结果特性，本节按照一级风险源和费用管理程序划分的风险源这两个维度来设定检查表，由此做到对费用风险的全面把握。大型商用飞机项目的研制费用风险检查表分别如表 6-1 和表 6-2 所示。

表 6-1　大型商用飞机项目的研制费用风险检查表（按项目一级风险来源分）

风险源	风险事件描述
R1 环境 与形势 风险	进行国际合作或引进部分技术和物资时，汇率比价是否会变化？如果是，将会对费用产生怎样的影响 大型商用飞机项目的资金筹措缺乏详细的计划，是否会导致资金短缺？国家的民用飞机发展政策可能会对本项目产生哪些影响 商飞与合作方的公共关系能否为项目维持一个良好的环境？是否存在与项目有关的法律问题？特别是合同方面的法律纠纷 项目的周期较长，物价的变化如劳动力成本和原材料成本上升会产生哪些不利影响？本项目是否会受到不可抗力因素的影响？这些因素有哪些
R2 技术设计 风险	飞机设计中的各尺寸参数（如翼展、展弦、机高、机长、机翼面积、主轮距、前主轮距等）和性能参数［如最大平飞速度、最大速度（起落架放下）、起飞速度、进场速度、失速速度、最大爬升率、最大续航时间等］是否有合同设定和技术设定 如果有设定是否能够实现？机翼、机身、尾翼、起落架、动力装置、座舱、系统、机载设备等方面可能存在哪些问题？有无解决措施？设计匹配协调性如何 设计产品是否具有可制造性、可装配性、可测试性和实现性？设计、试制、验证之间的关系是否处理得当？技术的后备措施是否充足 是否拥有必要的技术资料和数据
R3 试验 风险	试验方案和方法设计是否科学合理？试验手段是否可行 在试验中出现故障时，故障的应急处理方法是否适当 试验中是否有设备损坏，参试仪器烧毁的情况？如果是，发生的概率有多大 试验过程中，试验基地以及其他试验外协单位是否充分配合 工作人员是否会因为工作疏忽或其他原因导致错误
R4 管理 风险	项目开发过程中是否涉及信息安全问题？是否存在可能导致信息泄露的环节 特别是员工的流动导致的信息泄露是否有相关措施？公司组织结构是否合理、稳定 员工及管理者可能的道德风险都有哪些？费用概算、分解、预算、分配、审核是否合理 费用的拨付强度是否和任务相匹配？项目的财务验收方面是否考虑全面？采购、外协费用支出中的控制是否严格，是否有相关的措施 合同管理是否得当，是否具有并行工程理念和集成管理思想 是否存在用人不当而导致的决策、判断失误？项目工作分解结构、资源分解结构是否合理、充分、细致以及具有可实施性？和客户关系是否流畅
R5 人力资源 风险	项目人员的选择是否得当，是否能胜任相应的工作 关键技术人员及领导者的流动性如何 是否能够保证组织工作的连续性？是否有一整套的机制促使项目人员有效地竞争、激励和约束 项目的权、责、利是否统一？集权和分权的处理是否得当 项目的技术人员的能力如何？是否具有相应的后备人员

表 6-2 大型商用飞机项目的研制费用风险检查表（按费用管理程序来分）

费用管理过程	风险事件描述
费用估算	费用估算中的方法是否合理
	费用估算时是否对项目未来实施过程中可能遇到的技术、市场、经济环境、社会等各种影响因素进行了全面的考虑
	费用估算是否由资深的专家进行了审核，对其合理性进行了验证
费用（概算）预算	是否有良好的费用预算
	支出预算是否按照经费开支范围确定的支出科目和不同经费来源编列
	支出预算是否对各项支出的主要用途和测算理由等进行详细说明
	费用预算是否留有弹性，并根据实施情况调整或变更授权
	进行费用预算时是否考虑了相关的潜在风险
	费用预算的审批程序是否合理
	预算执行过程中是否实行重大事项报告制度
	是否按照项目的工作分解结构对各个工作包的费用进行了预算
费用核算	费用核算是否全面、细致、科学、准确
	费用核算方法的规划设计是否合理
	是否有建立完整的费用台账体系
	在费用核算过程中是否实现了费用与财务的一体化处理
	费用支出内容是否符合规定及有效
	资金到位和落实情况是否与预算一致
	费用使用是否做到了专项专用
费用控制	费用报销制度设计是否科学合理
	费用报销管理流程是否科学合理
	是否建立了材料、工时等各种耗费的计算标准
	项目付款时的审核是否合理
	是否每月进行计划费用和实际费用的比较，并提供了各种报表
费用决算	是否有一整套的经费检查、审计和财务验收的管理流程
	工程完工是否编制财务决算报告
	评价项目过程发生的费用是否合理
费用审计	是否建立了费用数据系统
	是否能及时、有效地进行费用分析

3. 大型商用飞机项目费用风险识别结果

1）费用风险事件按一级风险源进行识别

大型商用飞机项目研制费用风险按一级风险源来分可分为：环境与形势风险、技术设计风险、试验风险、管理风险、人力资源风险。

A. 环境与形势风险

环境与形势风险指由环境和形势因素造成的费用增加，对大型商用飞机项目研制费用造成风险的所有可能的环境与形势风险事件如下。

（1）类似项目、相关项目出现的问题影响本项目。

（2）某些关键子系统、部件、材料来源太过单一，不具有竞争性。

（3）不可抗力。

（4）国家、政府政治变动。

（5）当事人、相关方倒闭或破产。

（6）物价调整等。

B. 技术设计风险

技术设计风险指由技术原因使得设计修改、重复性生产、飞机试验失败和重复返工等造成的费用增加。对大型商用飞机项目研制费用造成风险的所有可能的技术设计风险事件如下。

（1）在总体方案可行性论证不够充分、研制条件不具备的情况之下，便开展任务。

（2）技术指标要求太过严格，不切实际，不具备合理性，技术实施过难。

（3）对技术难度以及复杂性的认识不到位，没有充分准备。

（4）技术的设计成熟度不过关。

（5）关键技术、新技术未经充分验证。

（6）技术状态控制不到位。

（7）没有处理好设计、试制以及试验之间的关系。

（8）工业基础有局限性，对相关的技术和设备的引进落实不到位。

（9）设计、技术以及生产规范没有考虑是否具有可实践性。

（10）技术后备措施不充足。

（11）缺乏必要的技术资料和数据。

（12）设计产品不具有可制造性、可装配性、可测试性、可实现性。

（13）设计质量达不到预期目标。

（14）技术状态的变更。

C. 试验风险

试验风险包括：试验文件不配套、不符合规范；试验方案和方法设计没有达到科学合理的标准；试验手段落后；试验工装、卡具不满足试验要求；FMEA（failure mode and effect analysis，失效模式与影响分析）和 FMECA（failure mode effect and criticality analysis，失效模式效应与危害度分析）考虑不周；故障应急处理方法不当或时机不适；试验中设备损坏、参试仪器烧毁；靶标设计不合理，拱靶不满足试验要求；试验基地技术阵地、发射阵地也没有良好的保障；没有精准引用或采用试验数据，同时也存在试验数据录取失败情况等。

D. 管理风险

管理风险指由成本管理问题导致的费用增加。对大型商用飞机项目研制费用造成风险的所有可能的管理风险事件如下。

（1）项目管理规范性不强，项目管理制度、流程、作业文件合理性及可执行性落实不好。

（2）管理机制、体制不适应，管理机构不合理，组织机构不适宜。

（3）决策、判断失误，或者没有决策判断能力。

（4）失职、失误、疏忽。

（5）项目范围、目标、可交付成果没有清楚的定义，未被明确理解。

（6）项目管理目标和组织管理目标没有很好地相适应，项目目标、评价、分配等体系没有很好地完善，项目管理理念、方法、技术、工具、手段不先进、不适应，项目管理的组织文化不适宜，项目管理环境不匹配。

（7）项目计划分解不尽合理，计划不切实际、不充分（项目工作分解结构、资源分解结构不细致）、不落实。

（8）费用概算、分解、预算、分配不合理，费用过程控制不到位以及费用拨付强度和任务不匹配。

（9）采购、外协控制不严，招标工作不细致，外协单位调查不足、外协单位选择不当。

（10）缺少风险管理规划、分析与决策。

（11）合同管理不妥当，缺乏并行工程理念和集成管理思想。

（12）全寿命周期管理不到位。

（13）客户关系管理不畅，缺少项目沟通管理。

（14）项目资源配置不合理。

（15）项目管理中没有实现任务、组织、人员统一，时间、费用、质量统一，责任、权力、利益统一，能力、贡献、权益统一。

（16）项目组织具有临时性，短期行为容易产生，但长期规划遭到了忽视。

（17）项目要完成的是以前未曾做过的工作，具有独创性，项目人员对此认识、把握不够。

（18）没能在性能、时间、费用等因素之间做好权衡等。

E. 人力资源风险

对大型商用飞机项目研制费用造成风险的所有可能的人力资源风险事件如下。

（1）项目人力资源管理制度不适应、不完善。

（2）项目行政负责人、项目技术负责人、项目相关人选择不力（素质、能力、结构、效率、品质不符合要求），不能胜任工作，具有一定资格的可选人员短缺。

（3）项目人员，尤其关键人员、高级职员更换、不具集中统一性，没有保持工作、责任的连续性。

（4）人员疾病、伤亡。

（5）没有形成有效的项目人员竞争、激励、约束和监督机制，人员使命感、责任感、危机感不足。

（6）项目人员没有得到充分授权，集权和分权处理不当，职权、职责不清。

（7）人员培训、发展得不到保证，人员成长环境不具备。

（8）项目人员对项目以及项目当事人的忠诚程度下降。

（9）项目人员缺乏团队意识。

（10）项目人员个性存在差异，项目人员在技术观点上存在矛盾与差异。

（11）项目队伍不成熟，人际关系、项目社交不到位。

（12）人力分解不充分，人员配备使用不合理等。

2）费用风险事件按研制阶段进行识别

A. 大型商用飞机项目立项论证和可行性论证阶段的主要风险因素

（1）方案论证中技术成分采用过多。

（2）方案论证中大型试验考虑不当。

（3）没有充分的方案论证，没有对难点与困难有清晰的认知等。

（4）对保障性要求的忽视，并且忽略了新技术的成熟与否。

（5）参数设计优化不合理。

（6）各种要求的分配缺少权衡研究。

（7）接口协调不够，更改过多，没有严格管控。

（8）没有精准引用标准裁剪，不能保证设计周期。

（9）没能早制定切实可行的费用目标。

（10）进度目标没有落到实处，实现起来很难。

（11）在研究权衡当中忽视了进度问题，进度的要求超越了资源的供应。

（12）没有在方案阶段当中充分考虑各种影响因素。

（13）方案阶段没有经不同方案的对比和优选。

（14）忽视了工艺的可行性分析。

B. 大型商用飞机项目预发展阶段的主要风险因素

（1）衡量不周，分配不当。

（2）忽视了各种专门的设计分析。

（3）元器件选择使用不当。

（4）生产定点不当与多变。

（5）没有对产品特点进行全面分析，制造能力满足不了设计提出的过高的工艺要求。

（6）加工工艺经常变动，十分不稳定。

（7）设施、设备不能满足工艺要求。

（8）没有详细地检验和筛查采购产品，产品的测试性也不满足所需要求。

（9）设计采用了没有成熟的技术，设计分析缺少工具与指南。

（10）设计人员知识结构不适应。

（11）忽略可生产性设计。

（12）工具的设计十分不先进，应用也不到位。

（13）预算周期内，没有稳定投资进程或资金到位不及时。

（14）冗余性设计占了大量费用。

（15）在研发的最后阶段中才发现问题，从而导致费用的增多，进度也会有一定的延迟，技术也会存在一定的风险，没有全面考虑费用和进度的影响等。

C. 大型商用飞机项目工程发展阶段及批生产与产业化阶段的主要风险因素

（1）没有制定合理经济的工艺路线。

（2）工艺规程编制没有结合于实际当中。

（3）缺乏对工艺人员和工人的培训。

（4）工艺文件准备不充分，忽视工艺评审。

（5）对采购质量控制不严格。

（6）对工艺的更改没有良好把控，也没有对多余物进行严格的控制。

（7）对不合格品没有及时采取措施。

（8）使用周期下极其恶劣的情况和比较极端的环境因素没有考虑进来。

（9）重大更改或改型后没有进行验证。

（10）加工设备精度及数量不满足要求，生产工人能力不足、数量不够。

（11）原材料、元器件到货时间推迟，不能按时完成工艺攻关。

（12）原材料、元器件合格率不达标，质量不过关，生产设备破损。

（13）发生生产安全问题。

（14）生产图纸不配套、不完整。

（15）生产转包单位选择不当、质量控制不严以及生产单位质量体系不健全。

（16）被转包任务经费被挪用。

（17）多任务冲突。

（18）生产时没有充分地进行市场调研等。

综上分析，通过不同的分类方法对风险事件的分析，可以发现，在大型商用飞机项目的立项论证和可行性论证阶段的风险主要是技术设计风险、决策风险；在大型商用飞机项目的预发展阶段的主要风险是设计风险；在大型商用飞机项目的工程批生产与专业化阶段的风险是试验风险和研制生产风险等。

3）大型商用飞机项目研制费用风险分解结构

在对研制费用风险进行识别的基础上，本节形成了大型商用飞机项目研制费用风险分解结构，大型商用飞机项目费用风险分解结构的分类层级结构框架如图6-10所示。

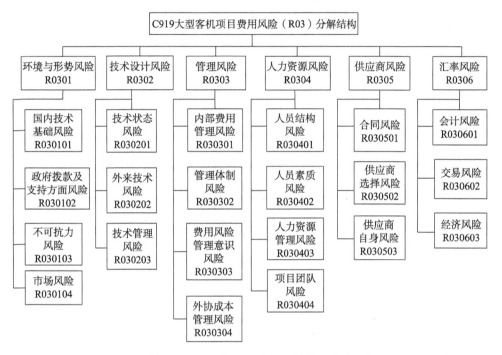

图 6-10 大型商用飞机项目费用风险分解结构的分类层级结构框架

费用风险分解结构中的各风险的识别条目及条目说明如表6-3所示。

表 6-3 大型商用飞机项目研制费用风险条目及说明

风险类别	风险	识别条目 （风险识别问题项）	条目说明
环境与 形势风险 R0301	国内技术 基础风险 R030101	是否存在人员年轻化、缺乏经验、知识面窄、知识储备不足而造成的技术水平低下问题	技术型人才的数量、质量是确保大型商用飞机项目研制成功的一个重要的因素之一，而技术又需要长期的实战经验的累积，因此，技术人员的年龄、在一线工作的时间长短等都会影响到具体工作的开展，需要有一支拥有丰富经验、资历老的技术骨干人才队伍
		试验的基础设施如何？能否达到试验的要求	试验基础设施是试验成功的最基本因素。在进行系统试验时，发现现有试验设施无法满足试验要求，此时对试验设施进行改进会导致进度大幅拖延、增加相关费用。因此，在系统研制早期，就应该对试验设施进行充分论证。试验设施通常是指天线室、电磁干扰室、热真空、多自由度试验台、火箭滑轨试验台、靶场等大型设施

风险类别	风险	识别条目 （风险识别问题项）	条目说明
环境与 形势风险 R0301	国内技术 基础风险 R030101	在签订相关的技术服务 合同时，是否对系统本 身的技术要求有全面的 了解	如果在签订相关的技术服务合同时，本身对系统的技术 了解不全面，则在以后的合同实施过程中会造成合同的 变更，对产品提出变更等，势必会导致产品的重新研制， 导致经费的增加、进度的拖延
	政府拨款 及支持方 面风险 R030102	政府的拨款额度是否满 足研制的要求？是否及 时到位	一定的资金保证是项目能正常开展的保障
		国家民用飞机产业政策 是否连续	国家对民用飞机产业的政策支持需要制度化和法治化， 保持其稳定性和持续性，实现民用飞机产业持续、稳定 发展
	不可抗力 风险 R030103	研制期间是否有相关的自 然灾害	例如，地震、洪灾等的发生
		是否受相关政治事件的 影响	受国际政治环境影响、地缘政局动荡等导致关键系统或 者配件无法进口，或者因为国际关系紧张禁止供货
		是否存在相关的经济 事件	新冠疫情导致全球经济增长的速度下降、经济衰退、金 融危机等，全球金融市场动荡可能造成项目投资不足、 融资困难，或者引发大型商用飞机市场需求疲软
	市场风险 R030104	是否存在物价调整而导 致的工时费变化、供应商 产品价格的变化发生	通货膨胀可能导致项目成本大幅上升
		激烈的市场竞争是否造 成市场份额的下降	国际竞争加剧，竞争对手恶意竞争。项目研制所需的关 键原材料、元器件、设备、系统等具有一定的不可替代 性，如果波音公司、空中客车公司在关键时刻对一些共 同的关键原材料、元器件供应商施加压力，可能造成原 材料短缺。在合作方双方沟通不顺、存在政府压力或竞 争对手压力的情况下，合作难以开展
技术设 计风险 R0302	技术状态 风险 R030201	技术状态是否存在变 更？变更的次数、频率 如何	设计要求改变是造成费用增长和进度拖延的重要因素， 频繁改变设计要求，意味着设计还处于流动的状态，很 可能导致关键方面被忽视，或者设计在实现前已经过 时。设计要求变化也是导致作废和返工的原因之一，进 一步导致费用增长。冻结设计要求或对设计要求进行有 力的约束，对系统研制至关重要
		技术要求是否符合现实 的技术水平？是否存在 技术要求过高的问题	在系统研制早期，应对系统设计要求进行权衡研究，关 注设计要求的可行性，以确保最终系统能够实现。在进 行设计要求的权衡研究时，重点关注当前技术的成熟 性，采用某项不太成熟的技术能满足系统性能要求，而 采用某项成熟的技术则需要放宽系统性能要求，则应当 充分权衡二者为系统引入的风险

续表

风险类别	风险	识别条目 （风险识别问题项）	条目说明
技术设计风险 R0302	技术状态风险 R030201	技术论证是否充分、合理	在对设计参数和性能进行验证时，需要对设计过程本身进行彻底的审查。如果基础数据不准确或者不够充分，可能导致设计出来的系统不能满足其性能需求，或者造成安全隐患。例如，设计是否基于新材料？如果是，是否充分掌握了该材料的性能？能否验证该材料在未来的所有使用环境不会出现问题？再比如，为了能够使电缆穿过一个活动的万向节，需要设计一个开口，但是，如果没有全面掌握该电缆的防护要求，未考虑该电缆的柔韧性，就很可能给系统带来安全隐患
		是否有参考原型及设计经验？如何利用参考原型	如何利用参考原型？任何一个项目的研发都是在以前相关型号及设计经验的基础上来进行的。但利用这种参考原型也会带来一定的风险。在利用参考原型时，是否根据项目本身的特点，对系统设计参数和性能增加了一定的余量，增强了系统的适应性
	外来技术风险 R030202	元器件的采购是否和要求相匹配？元器件的提供商是否参与系统集成过程	采购的元器件如果不能很好地和现有的系统进行匹配、吻合，那势必会造成元器件的重新采购，增加费用。因此，系统集成过程是那些起到关键作用的供应商及其子承包商都应该参与的，一些在过程遇到的问题会被深入了解。一般来说，那些并不敏感的问题，或者那些在各种报告中已说明的问题，并不是真正的问题，真正的问题往往是那些敏感的、没有说明的问题，这些问题通常会在进行系统联试的时候表现出来，要想快速解决这些问题，供应商及其子承包商的参与就变得非常重要
		新材料、新工艺、元器件、技术、设备的选择是否恰当	许多新技术、新工艺、新材料在研制中需要被应用，这些新技术本身储备少，成熟度低，不少技术还需要在研制中同步攻关，关键性技术的突破与否将对项目研制成败产生重大影响
		相关技术的引进是否落实	受国际环境、政治因素等影响以及受国际寡头技术封锁的制约，大型商用飞机关键技术引进的不确定性是巨大的，同时谈判也极其复杂艰巨，引进代价的昂贵是鲜见的，大型商用飞机受研制进度和研制能力等方面因素的制约，一旦技术引进失败，将对项目研制造成重大影响
	技术管理风险 R030203	系统总体与分系统及设备设计协调性如何	
		技术安全管理是否到位	技术安全管理的不到位往往会造成相关的安全事故，安全事故的发生必然会造成费用的增加。因此，需要对系统安全性要求进行明确、完整的定义，对系统的所有故障模式进行分析，掌握系统安全性的符合性验证方法以及进行软件安全性分析和验证

风险类别	风险	识别条目 （风险识别问题项）	条目说明
技术设计 风险 R0302	技术管理 风险 R030203	人员技术及管理是否 成熟	相关人员是否具备相应的技能和能力？是否具备类似系统研制的经验？是否具备相应的技能或者专业资质？是否进行了相应的培训？是否掌握了相应的软件、工具以及仿真手段等？相关硬件负责人是否具备同等复杂程度硬件的研制经验？人员的管理如何？是否存在阻碍知识共享的组织障碍？有意无意的组织障碍通常会导致费用超支和进度拖延。项目部、各设计研究部、系统研制团队内部，人与人之间，研制方与使用方之间等存在知识产权、信任以及保密等问题
管理风险 R0303	内部费用 管理风险 R030301	是否在项目工作分解结构的基础上，建立了费用分解？费用分解结构是否合理、是否具有可操作性？是否按照费用分解结构进行费用的管理	费用分解结构是项目费用管理的一个基本要求，只有将费用按照工作包进行预算，并在项目的具体实施过程中，将各个工作包费用的实际支出情况与计划项对比，才能有效对各项费用进行控制，减少费用风险的发生
		费用管理过程中的各个流程是否合理？是否做到了有效管理	在费用估算上，费用估算方法是否合理？项目实施过程中技术、市场、经济环境、社会等因素考虑是否全面？有无资深专家进行审核？对合理性是否验证？
			在费用的预算上，是否有良好的费用预算？支出预算是否按照经费开支支出科目和不同经费来源编列？是否对支出的主要用途和测算理由进行详细说明？是否留有弹性，并根据实施情况调整或变更授权？是否考虑了相关的潜在风险？审批程序是否合理？预算执行过程中是否实行重大事项报告制度
			在费用的核算上，费用核算是否全面、细致、科学、准确？费用核算方法的规划设计是否合理？是否有建立完整的费用台账体系？在费用核算过程中是否实现了费用与财务的一体化处理？费用支出内容是否符合规定及有效？资金到位和落实情况是否与预算一致
			费用使用是否做到了专项专用
			费用控制上，报销制度设计是否科学合理
			费用报支管理流程是否科学合理？是否建立了材料、工时等各种耗费的计算标准？采购、库存、销售、车间、人力资源等关联部门是否能有效配合经费的使用？项目付款时的审核是否合理？是否每月进行计划费用和实际费用的比较，并提供了各种报表
			在费用决算上，是否有一整套的经费检查、审计和财务验收的管理流程？工程完工是否编制财务决算报告？评价项目过程发生的费用是否合理
			在费用的审计上，是否建立了费用数据系统？能否及时、有效地进行费用分析

风险类别	风险	识别条目 （风险识别问题项）	条目说明
管理风险 R0303	管理体制 风险 R030302	各职能部门与项目办公室是否能充分协调配合	大型商用飞机项目沿用了我国航空企业一直以来的行政指挥系统与技术指挥系统两条指挥线的管理模式，这种模式存在先天的一些制度缺陷，容易造成权、责、利的不统一，真正掌握项目经费情况的人员受制于行政指挥系统，没有相关的财务权，由此导致成本的增加。如何给予项目成本管理的人员一定的权力，让其根据项目的具体情况对经费进行管理，避免不太了解项目具体情况的财务部门的权力过度集中，而造成与实际情况相脱节，这是一个非常重要的问题
		组织结构是否合理	目前中国商飞的总部和各大中心的组织模式，在费用的控制模式上，中国商飞对三大中心实行的是总量控制、自由安排的模式，三大中心编报项目年度研制经费，并执行下达的项目年度研制经费，严格按照研制经费成本开支范围进行成本核算和成本控制，并报告计划和研制经费的执行情况。这种模式只是控制费用总额，将权力下放到三大中心有助于发挥三大中心的积极性，但对于费用的控制过于粗放，可能会造成实际发展情况严重脱节，从而导致更大的费用风险的发生
	费用风险 管理意识 风险 R030303	论证阶段对费用风险的考虑、论证是否充分	例如，项目的经济可行性论证中，是否对所有潜在的可能的费用风险进行了分析？如果对费用风险的考虑不全面、不充分，遗漏了相关的风险，势必会影响到整个项目预留的风险成本的大小，预留的风险成本不足，会进一步使得在风险真正来临时，没有相关的经费对风险进行处理
		是否有一整套的费用风险管理规划，并设立了具体的风险管理岗位	费用风险的管理需要有一整套的费用风险管理程序，对费用风险识别、分析、应对、监控等的方法、流程及各部门的任务职责等进行了明确，以指导具体的费用风险管理的工作。否则，没有规章制度可依，将造成无人管理的现象
	外协成本 管理风险 R030304	供应商管理选择是否合理	供应商是否合理地履行相应的合同
		合同管理是否到位	合同及相应的违约条款是否完备
人力资源 风险 R0304	人员结构 风险 R030401	人员的配备是否稳定	人员的频繁变动会造成工作进度的拖延，工作中交接的失误会造成诸如技术接口等方面的差错，引发技术失误。核心研发人员的变动对研制进度的影响非常大，一定数量的核心研发人员离职必然会造成项目进度的拖延
		人力资源结构及层次是否合理	技术、管理人员的比例构成是否合理
		相关的后备人才储备是否不足	人员的不足会使工作进度受到严重制约

续表

风险类别	风险	识别条目 （风险识别问题项）	条目说明
人力资源 风险 R0304	人员素质 风险 R030402	人员的责任心和能力如何	人员与工作的匹配度
		工作态度是否积极	人员是否能够主动加入到工作中去
		人员是否有相关经验	人员的工作经验是否与此相关
	人力资源 管理风险 R030403	人员绩效考核、激励机制安排 是否合理	绩效考核、激励机制能否形成良好的激励作用
		是否有技术、管理人员的岗位 培训？岗位培训是否及时有效	是否建立了良好的培训机制，定期对员工进行培训，提高技术、管理人员的工作技能
	项目团队 风险 R030404	项目团队合作的默契度如何	团队的组建程度如何
		协调性是否很好	各部门之间信息沟通不流畅，会造成产品构型传递的不流畅，进而影响产品的质量，造成设计和生产中的质量成本问题。并且，不同部门间的进度协调也会受到影响，直接影响整个项目的进度
		结构和岗位设置是否合理	项目人员结构与岗位职责的设置是否合理
供应商风 险 R0305	合同风险 R030501	合同涉及的关键问题是否变更	关键材料、技术、质量等是否变更
		合同条款考虑是否充分、严密	是否考虑供应商的实际情况以及可能出现的变动条款
		合同有关的法律问题是否清楚	条款的违约责任是否清晰界定
		是否对合同实施情况进行检查 追踪	是否有相应的追踪记录
	供应商选 择风险 R030502	供应商选择是否合理？在对供应商进行选择时是否对供应商的产品质量、进度、费用、技术及信誉进行了全面的考核	组织哪些供应商进行选择、评价？供应商选择、评价的准则是否确定？供应商选择、评价准则是否符合供应商提供产品的能力？供应商的选择是否进行了技术和商务之间的权衡？是否按照评价准则进行供应商的选择评价？供应商选择和评价结果是否形成记录并予以保存？是否建立了合格供应商目录？目录是否得到批准并分发到各部门？采购是否按照合格供应商目录进行
		供应商的管理是否合理？是否对供应商开展了全面的四性管理？是否对供应商四性工程能力进行了有效评价	是否对供应商提出四性要求，向其提供必要的四性要求，实现形式的培训，明确提出四性要求的验证方法？对供应商四性要求是否进行了节点控制？是否有效进行了供应商四性信息管理，如对供应商四性信息进行收集和审查？是否对供应商提供的四性要求验证结果有效性进行了审查

续表

风险类别	风险	识别条目 (风险识别问题项)	条目说明
供应商风 险 R0305	供应商选 择风险 R030502	是否对供应商进行了有效监控	是否对供应商业绩进行了跟踪? 业绩不良时, 是否采取了措施, 以使供应商改进, 满足采购要求? 是否有对供应商进行质量、适航、计划进度、成本的考核? 是否对供应商进行了严格的构型管理? 对供应商信息的监控是否到位? 供应商的产品、程序、过程、设备的变化会影响产品质量时, 对这种变化是否要进行批准? 这些批准是否确定并实施? 当供应商人员的变动影响质量时, 是否对规定人员资格进行要求并鉴定
		是否引入竞争机制以及设立备选供应商	寻源过程中是否确定三家以上供应商以及备选方案
	供应商自 身风险 R030503	供应商是否存在挪用研制费用的情况	追踪供应商财务信息
		是否有供应商倒闭或破产	及时追踪供应商变更情况
		是否有供应商的产品质量不合格、进度推迟的事情发生	及时追踪供应商产品信息
汇率风险 R0306	会计风险 R030601	汇率变动使得编制财务报表的资产负债数据变动	及时追踪财务报表信息
	交易风险 R030602	交易在汇率变动前完成, 但交易在变动之后	及时追踪财务单据信息
	经济风险 R030603	未预料到的汇率变动对项目的一种或几种飞机的采购设备或原材料价格等的影响	及时追踪财务单据信息

6.4.3　大型商用飞机项目费用风险评估

大型商用飞机项目风险评估是对已识别风险发生概率及一旦发生所产生的影响进行估算, 然后在此基础上, 对费用风险进行评价。

1. 大型商用飞机项目费用风险评估程序

1) 大型商用飞机项目费用风险评估框架

大型商用飞机项目费用风险评估框架如图 6-11 所示。

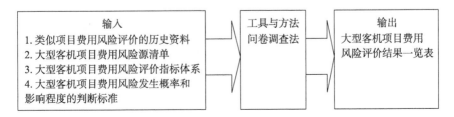

图 6-11　大型商用飞机项目费用风险评估框架

2）大型商用飞机项目费用风险评估流程

大型商用飞机项目费用风险评估流程如图 6-12 所示。

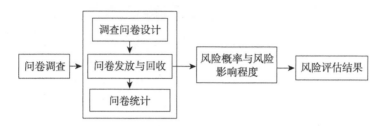

图 6-12   大型商用飞机项目费用风险评估流程

2. 大型商用飞机项目费用风险估计方法

费用风险发生的概率和费用风险的影响程度主要通过问卷调查法得到。问卷调查法是指表格是由飞机项目总负责人负责，形成的项目费用风险分析表。然后由各副设计师、副主任等人员进行填写。项目所面对的风险，往往需要外部专家和领导意见。问卷调查法方法的具体运用如下。

1）调查问卷表的设计

A. 调查问卷表的形式

调查问卷表的形式如表 6-4 所示。

表 6-4   大商用飞机项目研制费用风险因素分析调查表

填表人		填表人职位				填表日期					
1	2	3	4			5					6
费用风险所在		损失时机		损失原因	可能损失金额			损失频率估计				建议措施
风险源	事件	最有利	最不利		最大预期损失	最可能损失	可能最大损失	重大	高	中等	低	极低	

B. 调查问卷表的说明

第一栏："费用风险所在"要求回答在什么地方会发生重大损失。回答者应根据过去所经历的事件（不一定为亲身经历）等做出明确回答，如为设备损失，则要具体指出设备名称、部位等。

第二栏："损失时机"要求回答当损失发生时，什么时候损失最大，什么时候损失最小，如在不可逆程序阶段，大商用飞机飞行试验中设备供电出现问题，将会使试验失利，造成重大损失，而在可逆程序阶段，可以随时终止程序，这时损失是最小的。

第三栏："损失原因"要求回答发生损失的原因，即是设计上的问题，操作失误还是生产工艺问题。

第四栏："可能损失金额"这一栏较难填写，一般填写最大预期损失、最可能损失和可能最大损失，要求被访者综合估计各种因素后做出预测。通常将风险对费用的影响设定为五级，从高到低分别为严重影响、较大影响、中等影响、较小影响、可忽略影响。严重影响表示此风险事件的发生会导致费用增加超过 40%，较大影响表示费用增加在 20%~40%，中等影响表示费用增加在 10%~20%，较小影响表示费用增加不超过 10%，可忽略影响表示费用不显著增加。

第五栏："损失频率估计"要求被访者对损失频率进行定性估计。通常将风险发生的概率设定为五级，它们所对应的等级分别为重大、高、中等、低、极低，分别表示风险发生的概率区间为 80%（含）~100%、60%（含）~80%、40%（含）~60%、20%（含）~40%、0~20%。

第六栏："建议措施"要求被访者提出与控制风险的有关措施和建议。

同时，可以运用德尔菲法和头脑风暴法。德尔菲法由型号总指挥和总设计师确定专家名单，一般由本单位相关型号的"两总系统"（副总师和副总指挥）组成，由风险管理部门主导实施。头脑风暴法只是用来进行前期的风险识别，因为会议中的人员水平有差异，可能导致会议的成果达不到预期效果。

2）问卷发放与回收

发放对象即 5 个层次、每个层次为 2 人组成的 10 人的专家组。其中，各层次分别为项目管理部高层管理人员、经费合同处处长及经费合同处财务管理员工、计划处处长及计划管理员工、国内供应商管理处处长及供应商管理员工、各中心的经费主管及业务负责人。

由中国商飞项目管理部的经费合同处负责将问卷收回。

3）问卷的统计

（1）统计权重的规定。回收的问卷按照调查对象的不同赋予不同的权重，各层次权重为项目管理部高层管理人员、经费合同处处长及经费合同处财务管理员工、计划处处长及计划管理员工、国内供应商管理处处长及供应商管理员工、各中心的经费主管及业务负责人比例约等于 1∶0.8∶0.6∶0.4∶0.2。

（2）风险事件概率的计算。在调查表（表 6-4）以及各填写专家的权重的基础上，根据式（6-1）计算风险事件发生的概率。假设针对第 i 个风险事件，由 n 个专家进行打分，w_j 为专家权重。则

$$p_t = \frac{1}{n}\sum_{j=1}^{n}\frac{\left(p_{\max}+4\overline{p}+p_{\min}\right)w_j}{6} \tag{6-1}$$

其中，p_{max} 为风险事件发生的最大可能性的估计；p_{min} 为专家调查表中对风险事件的最小可能性的估计；$\overline{p}$ 为最大可能性和最小可能性的均值。

（3）风险事件影响程度计算。可运用式（6-2）计算风险事件对费用的影响程度。

$$p_t = \frac{1}{n}\sum_{j=1}^{n}\frac{\left(F_{max} + 4\overline{F} + F_{min}\right)w_j}{6} \tag{6-2}$$

其中，F_{max} 为对风险事件发生造成的最大损失的预测；F_{min} 为对风险事件发生造成的最小损失的预测；$\overline{F}$ 为对风险事件发生造成的最有可能的损失的估计。

3. 大型商用飞机项目费用风险评估结果

1）费用风险评价标准

（1）风险的可检测性是指将可检测性作为风险发生概率中的一个要素进行考虑。因为可检测性对风险发生的概率有影响，风险可检测性高，那么提前预防的可能性就大，其发生的概率就小，反之，风险可检测性小，那么它发生的概率就大，因为不能检测就只能任由其发生。大型商用飞机项目风险发生的可能性和可检测性可以用百分数表示，对于大型商用飞机项目而言，大型商用飞机项目研制费用风险因素发生概率的判断标准如表 6-5 所示。

表 6-5　大型商用飞机项目研制费用风险因素发生概率的判断标准

概率等级	风险发生的概率	含义
很高	90%（含）~100%	很有可能发生，可检测性低，几乎不能检测
较高	70%（含）~90%	可能性较大，可检测性较小
中等	30%（含）~70%	在项目中预期发生，可检测性中等
较低	10%（含）~30%	不可能发生，可检测性很大
很低	0~10%	非常不可能发生，可检测性高

（2）风险严重性是指大型商用飞机项目的费用风险因素对项目费用造成的危害程度，对于大型商用飞机项目而言，大型商用飞机项目研制费用风险因素影响的判断标准如表 6-6 所示。

表 6-6　大型商用飞机项目研制费用风险因素影响的判断标准

影响等级	对项目目标影响程度	含义
严重影响	40%（含）及以上	费用超支很大
较大影响	20%（含）~40%	费用超支较大
中等影响	10%（含）~20%	费用超支程度一般
较小影响	6%（含）~10%	费用超支较小
可忽略影响	6%以下	费用不显著增加

（3）风险优先级等于风险严重性和风险可能性的乘积。对于大型商用飞机项目来说，大型商用飞机项目研制费用风险的概率–严重度矩阵如表 6-7 所示。

表 6-7　大型商用飞机项目研制费用风险的概率–严重度矩阵

概率	影响				
	可忽略影响	较小影响	中等影响	较大影响	严重影响
很高	II	II	I	I	I
较高	III	II	II	I	I
中等	III	II	II	I	I
较低	III	III	II	II	I
很低	III	III	III	III	II

其中，I 为高费用风险，应重点采取措施积极应对，必要时形成风险评估报告。II 为中度费用风险，应采取应对措施，降低风险发生概率及风险的影响。III 为低费用风险，应观察项目，继续监控其发展。

2）费用风险评价结果

在根据上述标准进行问卷调查的基础上，形成大型商用飞机项目研制费用风险评价表，具体格式见表 6-8。

表 6-8　大型商用飞机项目研制费用风险评价表

序号	风险源	风险事件	可能性	严重性	风险等级	说明
1						
2						
3						
4						

6.4.4　大型商用飞机项目费用风险应对

风险应对是根据研制费用风险的性质和项目对研制费用风险的承受能力制订相应的防范计划，以求将风险降至可接受程度。通常，需要根据费用风险等级的不同以及费用风险性质的不同而采取不同的风险应对方法及计划。

1. 大型商用飞机项目费用风险应对框架

大型商用飞机项目费用风险应对框架如图 6-13 所示。

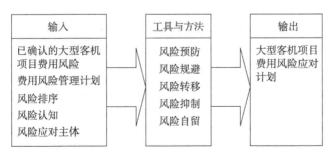

图 6-13　大型商用飞机项目费用风险应对框架

2. 大型商用飞机项目费用风险应对方法

对于大型商用飞机项目费用风险的应对主要使用以下五种方法：风险预防、风险规避、风险转移、风险抑制、风险自留。

（1）风险预防：指往往使用特定手段，常常在组织结构上进行更改，把组织形式合理化能有效预防风险。

（2）风险规避：指改变大型商用飞机项目计划，以排除风险或条件，或者保护大型商用飞机项目目标，使其不受影响，或者对受到威胁的目标放松要求。

（3）风险转移：指由第三方来承受飞机项目中的费用风险以及其中涉及的责任。

（4）风险抑制：指想办法把发生风险的概率降到一个可以接受的值。

（5）风险自留：是组织成员应对风险的方法。

3. 大型商用飞机项目费用风险应对措施

1）不同性质的费用风险应对措施

A. 环境与形势风险

对于该风险主要采取风险自留策略，通过改变管理模式以适应环境与形势的变化，如物流统一管理、经费统一管理等。另外，及时抓住国内外政治经济形势，加大与政府的沟通力度，减少因环境变化带来的损失，如争取型号技术改造经费、新品研制立项、衍生型号预研经费等。

B. 技术设计风险

对技术设计风险来说，主要采用风险控制，辅以风险规避的方法。

第一，在总体方案论证阶段。指标仿真验证、技术途径选择等方面采取技术设计结论会签、评审制度，采用成熟或有预期成果的关键技术，规范设计文件编制规范。把好设计评审关，是降低研制风险的关键。

第二，充分借鉴已有类型型号研制经验。

第三，对于有较大风险的技术，可以采取回避的方法，采用技术储备好或已运用过的成熟技术，从技术选择途径上回避由于技术实现难度大而导致风险增加的技术。

第四，生产工艺难度大、设计精度要求高的产品或部件，在"两头在内，中间在外，关键在手"的指导原则下，扬长避短，发挥设计院设计、试验设计和手段的优势，减少生产这个较弱环节带来的问题，主要采取风险转移的办法，通过生产任务转包，将部分设备或部件交由生产能力强、工艺水平高、生产设备好的加工型单位。

C. 管理风险

管理风险主要和大型商用飞机项目的组织体系，项目领导人及决策人的阅历、管理能力有关。对航空类企业来说，受行业特点、企业运作惯性等原因，管理问题更为突出。

首先，体制带来的风险只能依靠风险自留和风险回避，尽可能减少体制问题造成大型商用飞机研发项目费用风险的发生。

其次，通过制定大型商用飞机项目研制管理办法，明确管理职责分工，落实型号总指挥责、权、利，提高各层次人员科研生产综合管理素质，做好型号研制策划、工作结构分解及项目经费的预算，采取风险控制及一般基础管理办法，可以降低领导决策、职能分工、预算与控制、工作结构分解、管理人员素质等管理问题带来的费用风险。

D. 人力资源风险

人力资源风险由于受单位体制约束，只能采取风险自留的管理策略。

首先，应完善大型商用飞机项目人员绩效考核措施，改进激励手段，以加强项目的吸引力，减少人员离职、疾病或伤亡等带来的损失。

其次，加强大型商用飞机项目人员（技术人员和管理人员）的全面培训，包括研制程序、质量可靠性意识、质量保证体系及相关型号研制标准等，提高项目人员素质，培养技术带头人、接班人和后续力量。

再次，保持大型商用飞机项目关键人员、高层人员稳定性，对减少大型商用飞机项目的研制费用风险极为重要。

最后，做好大型商用飞机项目岗位职务设计及职务说明，实行招聘上岗，明确职责，合理授权，避免因集权造成决策脱离实际研制情况，也要避免权力分散造成决策延迟及决策混乱。

E. 供应商风险

依靠合同及航空产品质量体系的约束，可以避免研制设备、人力不足、工艺落后等引起的延期风险、生产安全风险、生产工艺风险、生产单位质量保证体系不健全风险。

在选择供方时，尽量选取航空系统内部的单位，这样由于系统内存在质量保证体系一及行政性干预的优势，可以避免承制单位挪用研制费用风险、生产任务转包风险。同时，采取统一的物流管理，可以大大降低原材料、元器件的采购风险。

F. 汇率风险

（1）基于内部策略操作的汇率风险管理策略。在当前复杂的市场背景下，公司应该结合自身情况，通过内部调整进行管理，积极地采取预防措施，如价格调整、采购设备减少等。

（a）贸易经营策略。贸易经营策略指中国商飞在对外交易中，特别是在价格、付款方式等方面要采取对应的措施，从而避免其带来的风险。这方面的措施主要有尽量以美元为计价单位进行合同谈判、对产品价格进行一定的调整、在合同中设定外汇保值条款。固定汇率条款指中国商飞在和国外供应商签订设备买卖合同时，与供应商先约定一个汇率区间，当汇率发生变动时，价格按实际变动即可。

（b）财务管理策略。财务管理策略是把那些会计科目变成维持自己价值或增值的货币。财务人员可以使用以下策略进行操作：①配对管理。配对管理是指企业通过安排日常业务中的每笔货币来消除汇率风险的方法。②提前滞后收付。这是一种对已经发生的应收、应付货款或者债权债务采用的一种避险方法，当市场变化大时，可以提前或延迟收款，通过人为操作来降低汇率变动带来的损失。

（2）基于外部金融工具的汇率风险管理策略。当风险不能使用合同进行调节的时候，可以使用外汇市场来降低风险：①外汇衍生金融工具，主要通过外汇掉期、期权、互换的方法来规避风险。②其他金融产品。采用保理业务、改变外币现金流的期限结构来规避风险。除了上述这些方法外，中国商飞还可以根据自身与金融中介的业务优势采用汇率风险保险、出口信贷等来使得风险降低。

2）不同等级的费用风险的应对措施

不同风险等级的事件应采取不同的应对措施。本着集中精力处理主要矛盾，但又不放任次要矛盾的原则，对于那些发生概率较小而且对费用影响也较小的风险事件，可以继续观察，而对于发生概率大而且造成的影响大的潜在风险事件则要制订特定的管理计划。

根据风险等级评价矩阵，提出如表 6-9 所示的应对措施。

表 6-9　大型商用飞机项目不同等级费用风险事件的应对措施

风险大小	建议措施
高	不可接受的风险：应重点采取措施，积极应对，必要时形成风险评估报告。可执行新过程或更改极限，寻求上级关注，制订管理计划等
中	不可接受的风险：应对措施，降低风险发生的概率及其风险的影响。可积极管理，考虑变更过程和基线，寻求上级关注，制订管理计划
低	可接受风险：观察项目，继续控制、监测其发展，要求有关工作包执行者注意

6.4.5　大型商用飞机项目研制费用风险监控

1. 大型商用飞机项目研制费用风险监控的基础工作

1）明确费用风险管理目标，推行目标管理

大型商用飞机项目研制费用风险管理的目标必须与大型商用飞机项目的总目标一致，也必须与大型商用飞机项目的环境和其特有属性一致。

大型商用飞机项目的总目标可以概括为：在既定的周期内，在总体研制经费预算内，使大型商用飞机达到战术技术指标要求，完成大型商用飞机设计定型任务，具备转入批量生产条件。

大型商用飞机项目费用风险管理目标可综合概括如下：降低成本，确保研制任务在总预算内完成，避免研制过程中出现颠覆性问题，减少风险成本投入，应对特殊变故。

目标管理方法应用于大型商用飞机项目管理需经过以下几个阶段。

（1）明确大型商用飞机项目内各层次、各部门的任务分工，做好组织结构分解工作，提出完成研制任务的要求和工作效率的要求。

（2）把各组织的任务具体到可行的目标，要明确质量、成本、劳动生产率等。

（3）目标落实：一是明确目标主体及其相应责任，二是要明确相应的检查监督人员和方法，三是要为实现目标提供相应的条件。

（4）对目标执行过程进行协调和控制，出现偏差时，及时进行分析和纠正。

（5）评价结果。

在大型商用飞机项目目标控制中，会不断受到各种宏观因素的干扰，各种风险因素可能随时发生，故应通过组织协调和风险管理，加强对施工项目目标的控制。

在落实大型商用飞机项目目标中，实行大型商用飞机项目责任令制度，对于下属各研究院承担的研制任务，根据各院上报的研制总策划及年度科研生产综合计划，按年度、按节点对各研究院校行政一把手下达年度任务"总公司责任令"。再由院长对主管各型号的总指挥（一般为副院长）下达"院长责任令"，由大型商用飞机总指挥将任务分解，向各下属厂所指挥下达分责任令，使大型商用飞机年度总目标得到层层分解保证。明确责任令奖惩措施，并将责任令是否能完成作为上级对下级年度工作的重点考核项目。在接受责任令时，下级向上级领导提出各种保障条件，如人力、财力、物力、技术等。

2）结合工作分解结构，做好项目经费预算工作

大型商用飞机项目的管理方法一般只要达到几个基本目标，再由专家评审，合格后项目就算完成，这种管理方法忽略了风险不确定性和隐含性，会造成成本、质量等问题。因此，使用 WBS 方法，即项目开始前先对工作范围进行界定，把每一个环节标示出来，这样就避免了风险不确定性和隐含性问题，其具体分解按以下原则进行。

（1）定点单位按任务进行费用分配。

（2）根据开发阶段和每年投资情况进行粗算。

（3）对资金的投入按季度进行核算。

（4）使用独立项目单独的核算方式。

3）加强内部成本管理，推行统一物流管理

对于中国商飞，企业的成本费用根据用途主要分为两大类，一是制造产品发生的设计费、材料费、外协费、设备费、试验费、专用费等直接进入科研成本的费

用为直接费用。二是组织科研生产而发生的间接费用，即需要年底按航空统一要求分摊到各课题中的费用，如工资费、管理费，部分企业还有财务费用等。

首先，对于大型商用飞机项目直接费用的控制，主要根据 WBS 中相关工作单位费用预算情况，结合上年度各项目直接费用支出情况及本年度计划任务情况，由项目组或项目组所在研究室统一进行年度直接预算费用，经型号管理部门进行审核，经主管经济的领导审批后执行，并将执行结果作为各基层单位半年度和年度绩效考核的重要依据，并由项目部进行费用使用的控制和监督。

其次，在预算基础上，推行内部核算制度，形成自我约束机制。通过实行两级核算，各中心形成以利润为中心的结算制度，并根据研究室预算执行情况确定半年和全年考核奖金数额。

最后，大型商用飞机项目所用原材料、元器件不仅对指标要求高，对可靠性、维修性和电磁兼容性指标要求特殊，而且对供应商的选择有特殊要求。因此，其价格要比一般原材料和元器件高很多，特别是采购数量少导致价格更高，更要实行物流统一管理，编制电子原材料和元器件优先目录，不仅可以实现统一采购、统一保管、统一配送、批量筛选、降低购置成本和试验费用，同时减少供货厂商数量，利于物流管理和售后服务。

4）加强研制生产外协工作管理

大型商用飞机的研制，需要多单位、跨行业进行合作。根据数据统计，在大型商用飞机的研制过程中，关键设备、组件等外协研制费用及试验费用占型号成本的 35%到 40%。因此，对于大型商用飞机项目的外协费用加强管理极为重要。

在大型商用飞机项目的外协工作中，存在许多潜在风险，有些风险可以靠双方的充分协调和交流避免或减低风险，而大部分风险属于不受控风险，它与承制单位的管理机制、管理理念和水平、质量保证体系建设情况和运行情况、经济运行情况、沟通和协助能力、人员技术力量和素质及生产试验基础条件等因素极为相关。在对大型商用飞机研制开始进行 WBS 设计时，中国商飞提出需要进行外协研制生产的设备和组件、外协承制单位，并报项目办汇总备案。项目办制定并下发该型号研制生产外协工作管理办法和规定，各厂所根据规定和厂际质量保证体系开展外协管理工作。例如，在分承制方的选择过程中，要对外协承制单位的技术水平、质量保证体系、经济基本运行情况、研制生产经验、售后服务等进行考察；对于上天参加飞行试验的产品，要求承制单位必须持有航空产品生产许可证。一般采取直接签订合同、邀请招标或委托招标方式进行产品外协定点研制，随着工作的开展和招标工作的规范化，实行招标方法确定承制单位，增加选择和比较的机会，可以找到技术力量强、产品质量好、研制费用低的单位进行合作，降低了外协工作中的风险，减少由人为因素造成的费用损失。

2. 大型商用飞机项目研制费用风险控制程序

1）费用风险控制的内容

大型商用飞机项目费用风险控制的内容包括对项目经济指标的分解与内控、经费计划管理控制、经费财务管理控制、专项经费管理控制，如表 6-10 所示。

表 6-10　大型商用飞机项目费用风险控制的内容

控制内容	项目控制方法
对项目经济指标的分解与内控	项目分解，工作量分解
	经济指标分解
	工作陈述编制
	经费需求报告编制
经费计划管理控制	年度经费计划的编制与控制
	月度经费计划的编制与控制
	各中心年度经费计划的编制与控制
	各中心月度经费计划的编制与控制
经费财务管理控制	严格执行《大型商用飞机项目经费管理办法》和财务会计制度等相关法规和制度
	独自核算技术改造与型号研制费用
	按分系统进行经费收支核算
	产品价格体系的建立
	经费收支采用预算制度
	采用财务成本管理控制
专项经费管理控制	专项经费申请报告编制
	专项经费计划编制
	专项经费情况制度
	专项项目验收制度

2）费用风险控制的途径

A. 预算控制

预算是进行费用控制和管理的工具，编制一个完整的、符合实际的、准确的项目预算，是费用控制的基础。实施预算控制是项目费用控制的重要手段。各级预算的责任单位应控制其项目的支付不超过预算。可生产性/价值工程专家要对费用估算后确定出向跟踪系统提供的各种输入值，由该跟踪系统监控为达到目标值所做工作的进展。每进展一步，都要将估算值与指标值比较，如发现估算值超过指标值，应进行研究，考虑采用费用较低的替代方案。

B. 立项控制

立项申请时，其项目责任单位应根据工作特点、质量要求、工作量等进行子项目费用预算，并报预算管理部门审核。审核的主要内容主要是：审核该子项是否属于预算范围、子项的必要性如何、方案是否优化、费用预算是否合理，并最终核批一个费用限额，由授权人员批准。

C. 变更控制

由于该研制项目周期长、技术复杂、技术接口多，设计和技术要求方面的变化经常发生，另外在实施中，实际工作量与设计的工作量经常有些出入，有的出入很大。大型商用飞机项目研制费用变更控制程序如图 6-14 所示。

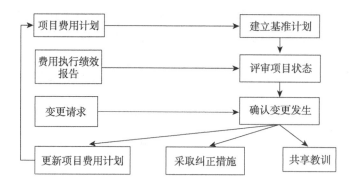

图 6-14　大型商用飞机项目研制费用变更控制程序

D. 项目财务验收控制

大型商用飞机项目实施中将项目外包了诸多单位，由此，财务验收控制同样是控制费用的一个重要环节。在财务验收控制当中，可以建立如表 6-11 所示的指标体系。

表 6-11　大型商用飞机项目财务验收指标体系

验收指标		分值	指标评分档次			
一级指标	二级指标		好	较好	一般	较差
财务管理制度执行情况	财务管理制度的建立健全情况	3	3	2	1	0
	财务管理制度的执行情况	7	6~7	4~5	2~3	0~1
资金到位和落实情况	中央财政资金、地方财政资金、单位自筹资金、从其他渠道获得的资金的到位和落实情况	5	5	3~4	2	0~1
	按照预算和合同任务书给任务承担单位拨付资金情况	5	5	3~4	2	0~1
会计核算和财务信息情况	按照重大专项资金管理规定实行单独核算的情况	5	5	3~4	2	0~1
	会计核算的规范性、准确性情况	5	5	3~4	2	0~1
	财务信息的真实性情况	5	5	3~4	2	0~1
支出内容合规有效性	执行国家财经制度及重大专项资金管理规定的支出范围和支出标准的情况	10	9~10	6~8	3~5	0~2
	支出的目标相关性、政策相符性和经济合理性情况	10	9~10	6~8	3~5	0~2
	资金效益情况	5	5	3~4	2	0~1
预算执行情况	按照合同任务约定和课题进展执行预算的情况	15	12~15	8~11	4~7	0~3
	按规定程序和权限调整预算情况	10	9~10	6~8	3~5	0~2
固定资产管理情况	资产购置情况	4	4	2~3	1	0
	资产入账情况	3	3	2	1	0
	资产使用和处置情况	5	5	3~4	2	0~1
	开放共享情况	3	3	2	1	0

E. 合同控制

供应商与其他企业签订的协议文件是建立在甲乙双方权责明确、地位平等、具有同等约束能力的条件下。承包企业需要熟悉掌握合同中的各项条款，利用条款中对自己有利的部分，降低项目风险，保护自身利益。在项目实施过程中，承包企业不仅需要履行合同规定的义务，还具有通过合同的约束能力来保护自身利益的权利，从而降低风险，保护自身利益。

F. 加强对各项费用的控制

在大型商用飞机项目研制中，费用主要从人工、机械、材料和管理方面产生，因此在项目的研制过程中需要加强对以上费用的管控。

（1）人工费的控制。人工费的控制包括对项目消耗工时的控制与对人工费单价的控制。目前国内对于人工费的计算没有一个很公开、透明的计算体系。

（2）材料费的控制。在大型商用飞机项目总投资额中占比重较大的是材料费，因此控制材料费是项目顺利实施的关键所在，从材料自身出发提高材料的利用率。材料费一般都是通过控制材料的用量和降低材料的采购价格的方式来控制。材料用量的控制可以通过材料消耗定额计算工程的材料消耗，发放相应材料。材料采购价格企业可以建立多渠道并行的采购方式，同时建立监督体系，使用智能化的采购方式减少人的参与。

（3）设备使用费的控制。设备使用费的计算涉及两个方面：台班消耗和台班单价。为了有效控制设备使用费，需要制订科学有效的计划，合理安排生产率，加强设备的使用和租赁的管理工作。减少不必要设备的相关开支和提高设备的利用率可以从以下几个方面进行：通过租赁的方式减少设备闲置时间，提高设备的生产使用；通过调度的方式提高现场设备的利用率；通过加强设备的维修保养频率，减少不必要设备的损坏。现场设备通过"单机单车"的核算方式，减少因设备产生的费用。

（4）管理费的控制。管理费一般采取据实结算、重点开支指标控制和总开支指标相结合的原则进行管控。管理费虽然在项目成本中占有一定份额，但是因为涉及人为因素，因此在使用上有较大的弹性空间，所以我们制定了以下措施加强管理费用的控制。①精简机构，裁减人员。精兵简政需要成立精简高效的组织机构。在项目实施过程中除了工程技术员之外，将后勤人员和非生产人员压减到最低限度，从而改变部门"大而全""小而全"的状态。②为了降低管理费用，需要制定严格的经费使用办法。办公费用和差旅费用可以通过包干的方式将费用核算到各科室；管理费用可以实施定期会签制度；在经费使用办法规定的范围内工作人员有权支配该经费，超出部分需要通过严格审批手续；等等。

（5）项目质量费用成本的控制。项目质量费用是承包方为了满足合同上的质量要求采取一定的保障质量的措施而花费的费用和因为工程项目质量不合格而产生的损失的总称。一般来说，工程质量越高，质量保证成本越高；工程水平越高，质量事故损失越低。项目追求的目标是高质量和低成本，因此需要我们权衡利弊。项目质量费用成本是影响项目顺利进行的关键。为了方便把控质量成本我们将质量成本分为预防成本、检测成本、质量事故成本和过剩投入成本。为了保证总的目标顺利进行，需要在四个方面全面把控。

（a）工程质量预防成本是为了预防质量事故的发生、保证工期、提高工程质量而开展的一系列活动而发生的费用。工程开展初期通过成立质量小组、制定质量管理体系等相关文件、开展质量讲座等方式提高质量环境。

（b）工程质量检测成本是指根据工程相关要求对工程现场质量检测所花费的费用。比如，购进检测设备、成立检测中心、委托第三方检验等方式发生的费用。

（c）工程质量事故成本指因发生质量事故而额外支付的费用，例如，工程施工过程中由于未达到工程要求标准而导致返工、不合格品等，因此需要严把各道工序，提高工程质量。

（d）工程过剩投入成本指因投入过多而产生的超额费用。过剩投入成本是造成质量管理水平不高的主要原因。

（6）进度费用成本的控制

进度费用成本主要是由于工程超期、延期和赶工期而增加的费用。施工的进度主要取决于总工期，总工期过长不利于投资效益的发挥；总工期过短会导致施工企业疲于应付，短期的劳动力、材料和设备的大量投入增加了施工费用，降低了工程质量。因此在编制符合总工期要求的科学施工计划时，既不宜过量投入，又不能拖延工期。

（7）控制安全事故对费用成本的影响

安全管理是所有工程项目的首要标准，防止安全事故的发生既是对现场工作人员人身安全的负责也是保证固定财产不受损害、保障项目顺利进行的前提条件。因此在项目实施过程中，安全第一，切实防止安全工作不到位而产生的安全事故。

3. 大型商用飞机项目研制费用风险监督

项目费用风险的监督可以主要采用如下方法。

1）费用考核

大型商用飞机研制过程中为了控制成本，需要经常开展针对性的费用成本分析活动。其考核内容包括：试飞以及其他过程中的现场费用；合同执行情况；对工程进度、产值、资金等进行盘点；项目开支情况、成本过高原因；等等。针对相关问题制定科学有效措施来最大限度地节约成本。

2）项目资金分析

（1）项目资金来源。

（2）项目资金的去向。在工程实施过程中，需要对项目资金定期进行分析，确保做到合理支出，在资金使用过程中确保存在节余以便后续项目顺利进行。

3）质量方面监督

质量一直是工程项目最核心的问题之一。一旦存在质量问题，前期的工程投入很大一部分将不会产生效益，即使质量问题并不突出，后期的保修、返工费用也是一大笔开支。因此在项目开始之初，应编制质量计划文件，成立专门质量监督小组，通过定期检测、抽检、委托第三方等多种形式，控制项目质量。

4）进度方面监督

大型商用飞机项目进度容易受技术、质量以及外部环境等的影响，项目进度的保证措施非常重要。因此，项目需要制订大型商用飞机项目的Ⅰ级网络计划和Ⅱ级网络计划。对于关键网络计划需要定期进行调整，在满足总工期的要求的情况下可以根据月计划、周计划进行适当调整，使实际进度与计划进度相符。确保项目按期完工，最好提前完工。

第 7 章

大型商用飞机采购与供应商管理决策

7.1 大型商用飞机采购与供应商管理概述

7.1.1 航空制造业采购与供应商产业链分析

对于航空制造采购与供应商产业链而言，以民用飞机制造企业为例来分析供应链结构。企业按照参与产业提供产品或服务的不同可以划分为：航空器营运人、航空器制造商、航空产品制造商、航空服务提供商、产品销售与配套企业等。这几个领域的企业之间的供应与需求关系构成了航空制造业的供应链结构。对于民用航空制造业的供应链而言，其最下一层的原材料特别是一些金属原材料的供应商则是一些大型或超大型的矿山企业，供应链结构中节点比较分散的企业是处于比较中间位置的零部件供应厂商。

对于航空产业采购与供应链结构的分析还可利用价值链工具。随着民用航空制造企业间"横向一体化"格局的形成，综合考察民用航空制造业可以将民用航空制造业供应链的结构分为三层（袁文峰，2013）。

第一层级的航空制造商，又称为主承制商、初始航空订约人，如波音公司、空中客车公司、巴西航空工业公司、加拿大庞巴迪公司等，它们为航空公司或客户供应民用或军用飞机机身（airframes）或飞机引擎（engines）。这一层级的企业一般都为超大型的跨国公司。由于航空工业在技术和认证程序上的复杂性，该产业的新进入者很难成为第一层级的飞机制造商，但是作为第二级、第三级的供应商，会有比较好的机会进入航空产业中去。

第二层级的航空制造商，为第一层级的公司供应构件（components）或飞机部件（aerostructures）、子系统（subsystem）和航空电子设备（avionics）或者诸如机匣、叶片、钣金、燃气轮机的引擎零部件等，如联合信号公司（生产引擎部件）、马可尼公司、戴尔公司、罗克韦尔公司等。这一层级的企业一般为大中型的专业化企业，一般都会向多于一个的初始订约人提供零件和材料。

第三层级航空制造商，为第二层级的公司供应标准零件、非标准件或原材料的企业。该层级的标准零件和非标准件制造商以中小企业为主，但原材料的供应商以大型企业为主，它们同时为几个不同产业的供应商提供产品。

7.1.2　大型商用飞机采购与供应商管理的重要性

1. 采购与供应商风险管理是风险管理的重要组成部分

让中国的大型商用飞机飞上蓝天，既是国家的意志，也是全国人民的意志。我们一定要把这件事情做成功，实现几代人的梦想。发展大型商用飞机，是党中央、国务院做出的重大战略决策，是《国家中长期科学和技术发展规划纲要（2006—2020年）》确定的 16 个重大专项之一，也是新时期建设创新型国家的标志性工程。航空工业涉及电子、冶金、纺织、机械、化工等多个产业，事关国防、外交、财政、税收、经贸、民航运输等各个部门，要对有关飞机的工业布局、管理体制、基础科研、技术改造、人才政策、外汇管理等一系列问题，制定相应的政策，这些都需要国家高层决策和大力推进，其中的风险不言而喻，做好大型商用飞机的风险管理直接关系大型商用飞机的成败。供应商风险管理作为风险管理的重要一环，关系大型商用飞机的设计，机载设备、材料供应等各方面的风险，直接影响大型商用飞机进度和项目的完成质量，因此对大型商用飞机供应商管理的全过程进行风险监控是十分重要的（陈斌等，2017）。

2. 采购与供应商风险管理是大型商用飞机风险管理的重要一环

中国首型国产大型商用飞机，以单通道 150 座级为切入点。2008 年中国商用飞机有限责任公司正式启动大型商用飞机论证工作，举全国之力、聚全国之智，邀请国内外 47 家单位 468 位专家组成了联合工程队，成立了由 20 位院士、专家组成的专家咨询组，形成了初步总体技术方案，完成了技术经济可行性研究报告。2009 年研制任务相当繁重，全面进入预发展阶段。大型商用飞机的特点在于投入高、风险大、回报周期长，很难期望能在短期内盈利，其中风险很难监控，尤其是供应商风险管理难度很大。

因此有必要对中国商飞组织机构和业务模式进行研究，建立适合中国商飞高层、中层机构管理的标准化供应商风险管理规范、顶层文件和支撑文件，对大型商用飞机实施全寿命动态风险供应商风险，把风险决策纳入大型商用飞机供应商风险管理全过程，进而形成一套完整的大型商用飞机风险供应商风险管理手册，使之逐步制度化、程序化和科学化，这对确保供应商风险管理过程的完整性和可追溯性是十分重要的。

3. 采购与供应商风险管理的效果决定了大型商用飞机的成败

中国商飞目前实施供应商管理流程，主要采用"主供应商–制造商"管理模式，旨在促进供应商与制造商之间的共同合作和研发。该管理模式强调供应商与制造商之间的密切关系，充分利用国内现有资源，运用市场化机制，通过招投标方式来选择机体部件和系统设备供应商，以确保最佳选择。

7.1.3　大型商用飞机采购与供应商管理特点

1. 大型商用飞机采购与供应商管理的组织模式

大型商用飞机采购与供应商管理采取"主制造商–供应商"的管理模式，一般理解的"主制造商–供应商"管理模式就是制造商管供应商，这其实是不科学的，"主制造商–供应商"的管理模式，应该理解为由主制造商领导的团队和组织，在产品制造的过程中，涵盖了一系列的供应商。一个团队风险共担、利益共享，通过产品和一个供应链来赢得市场，实现制造商和供应商的共赢。国外也是采取这样的管理模式，中国商飞的这种模式还是处于探索阶段，只有产品赢得了市场才能吸引供应商的参与（李丽雅和田云，2015）。

2. 大型商用飞机采购与供应商的分类

按照产品，大型商用飞机供应商分为：发动机/机体结构供应商、机载系统/成品供应商和标准件/原材料供应商。其中，发动机/机体结构供应商是合作供应商，主要包括国际采购供应商和国内的机体结构供应商；机载系统/成品供应商也是合作供应商，主要包括航电、飞控等国际采购供应商；标准件/原材料供应商为实际生产商。

按商务性质，大型商用飞机供应商分为：战略联盟供应商、国际合作伙伴供应商和一般供应商。战略联盟供应商指与主制造商一同，在战略合作伙伴关系框架下，共同承担项目风险、分享收益，共同开发市场，并进行股份合作的供应商；国际合作伙伴供应商在项目初期参与项目产品研制，与主制造商一起为项目量身定做产品，并各自承担各自的研制费用，以获取在产品提供方面的有利地位和有效订单；一般供应商指传统意义上依据买方要求提供产品供应商，可替代性强，产品较简单。

7.1.4　大型商用飞机采购与供应商风险管理的目标

大型商用飞机国内供应商风险管理的目标可以定义为：对大型商用飞机供应商风险识别、风险量化，并以此为基础，合理地使用多种管理方法、技术手段，对大型商用飞机供应商活动涉及的风险进行有效的防范与控制，采取主动行动，创造条件，尽量扩大风险事件的有利结果，妥善地处理大型商用飞机供应商风险事件造成的不利后果，以最低的成本，保证安全、可靠地实现大型商用飞机的总目标。由以上定义可知，大型商用飞机供应商风险管理的目标应与大型商用飞机的总体目标相一致，应是一个明确的、可以控制的层次化的目标系统。一般情况下项目的目标经常可以表述为诸如工期目标、费用目标、质量目标、环境目标和安全目标等。

我国大型商用飞机研发与制造过程技术难度大、创新点多、投资强度大、周期长、不确定因素多，突破飞机发动机、机载设备、材料等关键核心技术的研发和制造，是一个多学科、多专业技术集成的极其复杂的系统工程。大型商用飞机的研发与制造过程存在着多种风险，按对项目研发和制造的制约程度考虑，主要包括：达不到预期的技术性能要求、投资大大超过预算、项目周期拖延、管理决策失误等风险。目前，我国在风险防范与对策的一般理论研究方面已经有很多突出的成果，但这些成果并不能直接应用到大型飞机供应商研制的项目中。因此，有必要针对大型飞机供应商管理中可能出现的各种风险进行全面研究，并为以后军民用航空器的研制提供参考。

7.2 大型商用飞机采购与供应商管理的基础理论

本章所涉及的范围是供应商管理领域，而研究的问题是在当前中国航空工业蓬勃发展之际，面对航空产业化程度的日益提高与国际化合作范围进一步扩大的情况，航空制造类型企业如何构建供应商选择评价指标体系，并建立相应选择指标体系，同时考虑供应商选择过程中涉及的风险因素。

7.2.1 供应商的基本概念

供应商是指供给生产者及其竞争者所需资源，以生产特定产品或服务的公司或个人。在供应链中，每一个节点企业既是其上级节点企业的用户，又是其下级节点企业的供应商，因此供应商有广义和狭义之分。广义供应商是指供应链上除了最终用户以外的所有节点企业。狭义供应商是指为核心企业提供原材料、零部件、产品或服务的厂商，即在供应链中的次于核心企业（最终产品制造商）的厂商。本章讨论的供应商是指狭义供应商。

"纵向一体化"的管理模式是一种传统的企业管理思路。为了方便管理和控制，企业对为其提供原材料、半成品零部件的上游环节一律采取投资自建、投资控股或兼并的方式，这样的核心企业和非核心企业在产业内部便产生了一种所有权关系。但是，今天的商业环境是高科技迅速发展、市场竞争日益激烈、顾客需求不断变化的环境，传统的"纵向一体化"战略由于无法快速敏捷地响应市场，很难再保证企业在当前市场条件下获得期望的利润。实际上，每项业务活动都由企业自己完成，势必造成企业在其经营范围所涉及的各个市场上都面临激烈竞争，必然使企业陷入困境。

在这种状况下，资本为追逐利润自然会将资源延伸到企业以外的其他地方，在提升本企业核心业务能力的同时借助其他企业的资源达到快速响应市场需求的目的。"横向一体化"是现代经营管理的思维方式，其出发点是：任何一个企业都不可能在所有业务上成为最杰出者，只有优势互补，才能共同增强竞争实力。这种战略模式在体制上要求相关利益团体结成稳定的合作联盟，即以一个核心企业为中心的利益共同体；在运行方式上，形成了一个包括供应商、制造商、分销商、零售商和最终顾客在内的链条和网络，涵盖了物流、资金流和信息流。由于这一庞大网络上的相关节点都是一种供应与需求的关系，因此称为供应商管理结构。

7.2.2　采购与供应商管理的基本概念

采购与供应商管理是指企业的供应部门以经济效益为目的，对企业需用物资的供应商进行考察、了解、开发、选择、使用、考核、评估等不断优化的动态管理过程。其中，考察、了解是基础，开发、选择、考核、评估是手段，使用是目的。供应商管理的目的，就是要建立一个稳定可靠的供应商管理队伍，通过实施良好的供应商管理策略，与供应商建立良好的合作关系，为最终客户提供高质量、快捷的产品或服务。

供应商管理的主要内容是按照上述涉及的七个流程，按照职能领域和辅助领域进行细分。职能领域包括产品工程、产品技术保证、采购、生产控制、库存控制、仓储管理、分销管理等；辅助领域主要包括客户服务、制造、设计工程、会计核算、人力资源、市场营销等。将上述职能加以概括，可以从五个方面理解供应商管理的职能：信息管理、客户管理、库存管理、关系管理、风险管理。

7.2.3　采购与供应商风险管理的概念

大型商用飞机采购与供应商风险管理的概念为：在规定的技术、费用和进度的约束条件下，评估主要供应商和次级供应商存在的原因，以及无法实现大型商用飞机研制和生产目标可能性及由此导致的后果的严重性。大型商用飞机供应商监控过程中的风险包括技术风险、管理风险、人力资源风险、供应风险等。

项目供应商风险管理中涉及的供应商风险识别、供应商风险评估、供应商风险应对和供应商风险监控的定义如下。

1）供应商风险识别

对可能产生的风险项进行识别，并考虑产生的原因，将识别的风险进行分类，将识别的风险项记录在风险登记册中。

2）供应商风险评估

对已识别大型商用飞机供应商风险的发生所产生的影响进行评价，并分析风险之间的相互关系，对风险进行优先排序，确定风险对项目目标的整体影响。

3）供应商风险应对

针对项目供应商风险评估的结果，为增加项目目标实现的机会、降低项目供应商风险的负面效应制订方案，决定供应商风险应对策略的过程。

4）供应商风险监控

项目供应商风险监测、管理与控制，是指在整个项目生命周期中，跟踪已识别的供应商风险、监测残余供应商风险、管理识别新供应商风险和实施供应商风险应对计划，并对其进行有效性评估的过程。

7.2.4　采购与供应商风险管理方法

1.采购与供应商风险识别方法

供应商风险管理是大型商用飞机风险管理的重要组成部分，它所包含的风险因素很多，影响关系错综复杂，有直接的，也有间接的，有明显的，也有隐含的，或是难以预料的，而且各风险因素所引起的后果的严重程度也不相同。当进行项目决策时，完全不考虑这些风险因素或是忽略了其中的主要因素，都将会导致决策的失误。但如果对每个风险因素都加以考虑的话，则又会使问题极其复杂化，这也是不恰当的。这就要求我们对项目的风险因素进行正确而合理的识别（邱菀华，2002）。

项目供应商风险识别的方法很多。在实际操作中，可以选取其中的一种或几种方法的组合。在此不再赘述。

2. 采购与供应商风险评估方法

1）模糊综合评价法

模糊数学是研究和处理模糊现象的科学，它所揭示的是：客观事物之间差异的中介过渡性引起的划分上的一种不确定性。通过建立模糊相似关系将客观事物予以分类。模糊数学诞生于 1965 年，美国加利福尼亚大学查德教授发表了著名论著。模糊集合第一次引人注目地提出了模糊性问题，给出了模糊概念的定量示法。1970 年，别尔曼和查德又提出了模糊优化的概念。我国于 20 世纪 70 年代开始了这方面的研究工作。50 多年来，模糊数学及其在各方面的应用，如模糊评判、模糊优化、模糊决策、模糊控制、模糊识别和聚类分析等方面，发展十分迅速，其应用范围不断扩大。其应用于大型商用飞机供应商风险评估的基本方法和步骤如下。

步骤 1：建立因素集。

因素集是以影响评判对象的各种因素为元素所组成的普通集合，通常用大写字母 U 表示，即 $U = \{u_1, u_2, \cdots, u_n\}$，$U$ 中各元素 $u_1, u_2, \cdots, u_n$，代表各影响因素，这些因素都具有不同程度的模糊性。

步骤 2：建立权重集。

各因素的重要程度一般不相同，因此不可等同看待。为了反映各因素的重程度，对各因素应赋予相应的权数 $w = \{w_1, w_2, \cdots, w_n\}$。

步骤 3：建立备选方案集。

备选方案集是评判对象可能做出各种评判集合的总体。模糊综合评判的目的就是在综合考虑所有影响因素的基础上，得出最佳的评判结果。

步骤 4：单因素模糊评判。

单独对一个影响因素进行评判，以确定评判对象对备择集元素的隶属程度。

步骤 5：模糊综合评判。

综合考虑所有因素的影响，即将单因素模糊评判结果和其权重组合进行综合评判。对于供应链风险评估的实证研究在国内外几乎空白，随着科学技术的发展，供应链风险评估理论方法在不断得到改进和完善，项目组所建立的基于改进模糊TOPSIS（technique for order preference by similarity to an ideal solution，理想解法相似性排序技术）的大型商用飞机供应商管理的评估模型就属于模糊综合评价法一种。

2）层次分析法

层次分析法（analytic hierarchy process，AHP）是由美国著名运筹学家、匹兹堡大学的萨迪（Saaty）教授于 20 世纪 70 年代初首次提出并逐渐完善的一种实用多准则决策方法。之后这种方法被许多学者应用各个学科，其应用到工程项目风险管理方面来是 1990 年以后的事情。该方法 1982 年介绍到我国以来，以其定性与定量相结合地处理各种决策要素的特点，以及其系统、灵活、简便的优点，迅速地在我国社会经济各个领域内得到了广泛的重视和应用。AHP 的特点是可以处理较多的信息类，可以有效地处理多准则决策问题。它可以将复杂的问题分解成递阶层次结构，然后在比原问题简单得多的层次上逐步分析；可以将人的主观判断用数量形式表达和处理；可以同时处理可定量和不易定量因素；也可以提示人们对问题的主观判断是否存在不一致。其缺陷在于建立各个评价准则的两两比较矩阵较为困难，而且无法在不同项目之间进行比较，即不具有通用性。此外，其计算规则较为复杂，不易被工程技术掌握和应用，因而导致对其结果的信任程度降低。大型商用飞机供应商风险管理可采用层次分析法确定可识别风险的主观重要程度和风险指标体系中各风险的主观权重从而进行评价。

3. 采购与供应商风险应对方法

针对采购与供应商风险的应对，存在若干种可供采用的方法，应为每项供应商风险选择可能产生最优效果的方法或方法组合。首先，供应商可通过供应商风险评估结果，针对不同类的风险选择最适当的应对方法，然后应制订具体计划去实施该项策略，可以选择主要策略以及备用策略。其次，制定备用策略。在备选策略被证明无效时实施，通常要为时间或费用分配应急储备金。最后，可制订应急计划并识别应急计划实施的触发条件。

1）消极风险或威胁的应对方法

针对大型商用飞机供应商风险管理的目标，应对存在的消极影响的风险和威胁。这些方法分别是风险回避、风险转嫁与风险抑制。风险回避指改变项目计划，以排除风险或条件，或者保护项目目标，使其不受影响，或者对受到威胁的目标放松要求，如延长进度或减少范围等。

风险转嫁指将风险的后果连同应对的责任转移到第三方身上。风险转嫁实际只是把风险转推给另一方，而并非将其排除。转嫁的方式多种多样，包括但不限于利用保险、履约保证书、担保书和保证书。

风险抑制指设法把不良的风险事件的概率降低到一个可以接受的临界值，提前采取行动减少风险发生的概率或减少其造成的影响。例如，在设计大型客运飞机过程中设置冗余组件有可能减轻组件故障所造成的影响。

2）积极风险或威胁的应对方法

通常使用三种方法应对可能对项目目标存在积极影响的供应商风险。这些方法分别是开拓、分享和提高。如果组织希望确保机会得以实现，可以对具有积极影响的风险采取开拓的方法。该方法的目标在于通过确保机会肯定实现而消除与特定积极风险相关的不确定性。通过直接开拓的方式，为项目分配更多具备能力的资源，以便缩短完成时间或实现高质量，甚至超出最初预期的水平。

分享指将供应商风险分配给最能为项目获取和利用机会的第三方，包括建立供应商风险分享合作关系，或者专门组成特定管理目标的形成团队、特殊目的项目公司或合作合资企业。

通过识别和最大化这些积极供应商风险的驱动因素，致力于改变机会的规模。或通过促进或增强机会的成因，积极强化其促发条件，以提高机会发生的概率。

3）威胁和机会的应对方法

威胁和机会的应对方法是接受，采取该方法的原因在于很少可以消除项目的供应商风险。采取接受的方法表明，项目团队已经决定不打算为处置某项供应商风险改变项目计划，或者无法找到任何其他应对良策。该方法可分为主动或被动方式。被动地接受风险则不要求采取任何行动，将其交给项目团队待供应商风险发生时处理。

4）应急应对方法

有些应对措施仅在特定事件发生时才使用，对于有些供应商风险，如果认为可提供充足的预警，则项目团队可制订一项应对计划，应确定并跟踪风险触发因素，如大型商用飞机中可以对供应商风险进行跟踪，确定触发因素，提高供应商风险管理的效率。

4. 采购与供应商风险监控方法

项目供应商风险监控指标包括识别、分析和规划新产生的供应商风险，跟踪已经识别的风险，重新分析现有的风险，检测新参与的风险，审查风险应对方法的实施，并评估其效果的过程。在供应商风险监测过程中所采用的主要方法有以下几种。

1）审核检查法

在大型商用飞机供应商风险管理过程中，对大型商用飞机供应商项目有关文件资料、试验等进行审核、检查，并将结果进行反馈，以便解决出现的问题，也可以定期召开状态审查委员会，会议时间可长可短，这取决于已识别的供应商风险、供应商风险优先级以及供应商风险的应对难易程度。供应商风险管理开展得越频繁，就越容易识别。经常就大型商用飞机的供应商风险进行讨论，可促进有关供应商风险的监控更加容易和准确地进行（李世勇，2008）。

2）风险数据库

在大型商用飞机供应商风险管理过程中，责任部门需要搜集、整理和存储供应商风险管理使用的数据，并经常对这些数据进行补充、维护和分析，这些数据资料形成一个知识库，即供应商风险数据库。

3）风险监测报告

要建立实时报告制度，供应商风险管理人员应该根据项目组提供的信息，追踪处理过的风险，直至其成为可接受的风险。从监控过程中获得的信息又反馈回来，帮助监控风险人员进行再评估并评价风险处理活动。对于处理好的供应商风险，供应商风险管理人员应将其归入历史文档。

7.3 大型商用飞机项目供应商风险评估及其应对决策管理过程

大型商用飞机供应商风险管理的基本程序包括风险识别、风险评价、风险应对和风险监控等环节。

大型商用飞机供应商风险识别：确认哪些供应商风险有可能会影响项目进展，并记录每个风险所具有的特点。

大型商用飞机供应商风险评价：评估供应商风险和供应商风险之间的相互作用，以便评定项目可能的产出结果的范围。

大型商用飞机供应商风险应对：确定对机会进行选择的步骤及对危险做出应对的步骤。

大型商用飞机供应商风险监控：对项目进程中供应商风险所产生的变化做出

反应。

这些程序不仅相互作用，而且与其他一些区域内的程序也互相影响，每个程序都可能牵涉及基于项目本身需要的一个人甚至一组人的努力。在每个项目阶段里，这些程序都至少会出现一次。

7.3.1　大型商用飞机项目供应商风险识别

1. 大型商用飞机供应商风险识别原则

大型商用飞机国内供应商风险的识别标准是源头清楚，识别准确。供应商风险识别是风险管理的第一步，只有准确地把握风险的源头，运用科学的方法准确地识别所有可能的供应商风险事件和风险源，才能从源头上控制风险，防止由风险源头识别错误而导致整个风险管理过程全盘错误的发生。

2. 大型商用飞机国内供应商风险识别过程

大型商用飞机具有高科技含量、独创性、复杂性、不确定性，大型商用飞机系统环节多、耗费基金多、技术进步投资巨大、建设周期漫长等特点，所涉及的风险因素多，需要有效的方法对风险进行识别。项目组应用美国国家航空航天局（National Aeronautics and Space Administration，NASA）风险管理识别程序对大型商用飞机的国内供应商风险进行识别，通过访谈进行风险识别，初步确定风险主要包括技术风险、管理风险、人力风险和供应风险四大类（杨彩霞等，2003），然后再应用风险全信息建模过滤风险，找出大型商用飞机供应商各大类风险中主要存在的风险因素。这样可以有效地识别对大型商用飞机影响较大的风险。大型商用飞机国内供应商风险识别过程如图 7-1 所示。

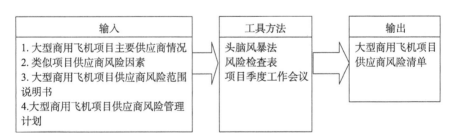

图 7-1　大型商用飞机国内供应商风险识别过程

3. 大型商用飞机国内供应商风险识别方法

分级全息建模由海姆斯（Haimes）提出。分级指的是系统风险的不同层面。全息来源于全息摄影一词，展现了系统风险的多视角图像。将 HHM（hierarchical holographic modeling，层次全息建模）应用于项目风险辨识上，是将待识别的系统根据实际需要分解为多个子系统，所有子系统进行风险识别以后，就可以得到项目的整体风险清单。使用 HHM 的目的在于捕捉和展现一个系统的风险的多维特征。通过项目组的调查研究，建一个较简化的 HHM 模型所示。

对于 HHM 辨识的大量风险，决策者很难确定哪些信息是重要的。而对于一个复杂的大型项目来说，要模拟和追踪上百个风险源，从时间和成本上又过于昂贵，决策者必须将有限的资源集中于最有可能和不确定的风险上。风险过滤、评价和管理（risk filtering, ranking and management, RFRM）结合定量和定性的方法过滤大量风险，只留下对决策者最重要的那部分（祝思佳和邱菀华, 2020）。

1）情景过滤

如上所述，风险过滤并非所有的风险都对各级别的决策制定和所有的时间有影响，根据航空领域专家的调查，考虑大型商用飞机管理者和决策者的具体情况，从大型商用飞机供应商管理者的角度出发，根据其职责与利益，与其无关的风险被过滤掉。

2）双准则过滤与评级

背景过滤剩余的风险借助定性的严重性分级矩阵进一步过滤。"可能性"定性地表示风险出现的概率，"后果"则指出风险出现的五种后果，"可能性"和"后果"联合表示风险的严重性。HHM 识别的风险被分配给矩阵单元格。

4. 大型商用飞机项目供应商风险分析

按照大型商用飞机供应商风险管理的过程，供应商选择、供应商培养、供应商管理控制和供应商退出几个阶段对大型商用飞机国内供应商风险进行风险的全信息建模，过滤出来的主要风险管理过程的主要风险如下。

1）供应商选择中的主要风险分析

（1）原材料供应风险。评估时考虑原材料市场供求状况，供应商的选择是否过于集中以致无法及时应变，是否受到客观因素影响企业缺乏生产所必需的能源、技术、人员的供应，企业还价能力是否受到限制，是否存在与原材料重要供应商的关系恶化，是否存在存货过多或过少的情况，是否存在原材料价格上涨及对产品成本和利润的影响，是否存在防范原材料上涨的应对措施及效果等。

（2）销售过程风险。销售渠道是否单一，还价能力是否受限制，重要销售客户是否丢失，企业经营是否产生可预见的新变化（如企业使用的某项专利即将到期、企业进入不擅长的新领域、经营过程是否承受较大的或有负债风险、有无价格下降对利润的影响及应对的措施等）。

（3）投资项目风险。投资项目风险主要包括企业在投项目，项目是否具有可行性、有无详细的投资计划、是否通过组合投资分散投资风险等方面。

（4）技术效果风险。新技术诞生之初并不完善，在现有技术知识条件下能否很快使其完善起来，开发者和进行技术创新的企业家都没有把握，因此新技术的发展前景是不确定的，企业面对相当大的风险。

（5）技术寿命风险。由于新技术产品变化迅速、寿命周期短，因此极易被更新的技术替代，但被替代的时间难以确定，当更新的技术提前出现时，原有技术将蒙受提前淘汰的损失。

（6）配套技术的风险。一项新技术的实施或转化，需要其他相关技术或工艺过程的支持，才能形成最终产品。过时的技术容易导致企业在市场竞争中失去竞争力，因为它们缺乏市场吸引力或者容易被同行模仿，从而被市场淘汰。与此相反，领先的技术创新可能受到现有工艺水平的限制，导致无法实现，或者产品无法达到设计要求的性能水平。

（7）知识产权风险。企业将科学成果转化为生产力的过程会涉及知识产权问题。知识产权可能引起两类风险：一类是侵权风险，即在科研成果的转化过程中有可能涉及非风险方面的知识产权问题，信息不对称可能会产生侵权风险；另一类是泄密风险，即企业在成果转化过程中与第三方的必要合作导致的技术泄露。

（8）市场接受能力的不确定性。新技术产品是全新的产品，顾客在产品推出后不易及时了解其性能而往往持观望态度或做出错误判断，从而难以对市场能够接受的程度及需求量做出准确估计。

（9）竞争能力不确定性。新技术产品常常面临着激烈的市场竞争，如果产品的成本过高将影响其竞争力。在竞争中产品能否占领市场、占领多大份额，在事先难以确定。

2）供应商培养中的主要风险分析

（1）资产质量风险。企业内部控制制度能否保障所有财务数据真实、及时反映企业经营状况以及企业融资能力，管理层是否足够重视现金流量的管理等。另外与同行业相比，企业盈利水平和趋势如何，企业资产、负债结构是否合理。

（2）债务风险。企业是否能够正确预测资金市场的供应变化趋势，恰当选择贷款时间，是否通过长、短期债券来降低利率变动风险，是否加强了结算监控选择适当的结算方式，企业采取了哪些措施提高资产使用效果，企业偿债能力和资产变现能力如何。

（3）人力资源流动性风险。人力资源流动性风险指大型商用飞机供应商的研制或技术人员队伍的变化而使大型商用飞机面临风险损失。大型商用飞机周期长，对技术要求高，势必导致工作技术人员的工作强度和工作压力较大，导致供应商主要技术人才的离开，而使得项目不能按技术实施的风险。由于科技成果转化、产品研制是一项技术技能要求很高的工作，这个过程中对隐性知识的依赖程度往往大于对显性知识的依赖程度。这样技术人员的流失就给大型商用飞机的技术、进度等方面带来较大的风险。另外，人力资源流动性风险还包括用人不当、核心团队成员的不配合、管理层之间的矛盾等风险。

（4）人力资源责任心和能力风险。人力资源责任心和能力风险指大型商用飞机供应商的人力资源的责任心不强和能力不够所造成的风险和损失。大型商用飞机对技术能力方面的要求很高，其要求供应商应该有一批技术能力过硬、责任心强的管理员工。员工的技术能力和责任心直接关系供应商产品的质量和交付时间。由于人力资源的责任心和能力在评价中影响结果的一致性，因此将这两个指标合并为一个指标进行评估。

3）供应商管理控制中的主要风险分析

（1）组织风险。组织风险是指由大型商用飞机供应商企业组织结构不合理带来的风险。企业以技术创新为主，往往忽视组织上的及时调整，这样就会造成企业规模膨胀与组织、结构落后的矛盾，成为企业风险的根源。

（2）决策风险。决策风险即由供应商企业管理层管理经验的不足或不同专业背景管理人员结构的不平衡等导致的企业决策失误而带来的风险。新技术具有投资大、产品更新换代快的特点，这就使得技术产品项目的决策尤为重要，决策一旦失误，就会给企业造成不可估量的损失。

（3）次级供应商管理风险。次级供应商管理风险是由于大型商用飞机主要供应商也都有所属的供应商，大型商用飞机主要供应商对其次级供应商的选择、风险监控等措施实施得是否恰当合理，直接关系大型商用飞机主要供应商的生产效率和供应质量。

（4）计划风险。计划风险是大型商用飞机供应商计划对研制经费、研制进度、技术方案、设施、设备保障方案、质量与适航、客服支持等方案安排不合理而造成的风险。

（5）协调控制风险。协调控制风险是大型商用飞机供应商各分系统、零部件在研制和生产中协调不力与控制不力所造成的损失及风险。

（6）应收账款风险。应收账款风险是指由于企业应收账款所引起的坏账损失、资金成本和管理成本的增加。应收账款的风险与应收账款的规模呈同比例增长，企业利用商业信用实现的销售额越大，承受的应收账款风险就越高。因此，对应收账款进行有效风险控制，增强风险意识，制定防范措施，是现代企业经营与财务管理的一项重要内容。

（7）外汇汇率风险。外汇汇率风险指一定时期的国际经济交易当中，以外币计价的资产（或债权）与负债（或债务），由于汇率的波动而引起其价值涨跌的可能性。企业是否合理地选择计价货币。汇率变动损失额和损失率有多大，是否通过远期外汇交易、货币互换交易来避免或降低汇率风险。

（8）原材料风险。大型商用飞机供应商原材料问题所造成的风险一方面包括供应商无法按期购买到设计要求的原材料进行生产，某些原材料厂商不受客户控制，如钢材行业，有的时候某种钢材断货却未预先通知客户，供不应求导致交货期延误，或者原材料进口周期比较长。另外，在原材料质量方面可能存在供应商对其原材料无关键特性的检测手段，以及原材料价格问题。另一方面，原材料的质量可能无法满足要求，或者未能达到环保标准。这指的是原材料可能无法满足供应商在设计、装配和生产中的质量要求，或者虽然达到要求，但包含违反环保要求的化学成分。

（9）物流风险。物流风险指供应商给顾客发运产品过程中发生的货物灭损、发货延迟、错发错运等。货物灭损发生的客观因素主要有不可抗力、火灾、运输工具风险等，主观因素主要有野蛮装卸、偷盗等。发货延迟的原因主要有交通工具安排不当、运输途中发生状况等。错发错运往往是手工制单字迹模糊、信息系统程序出错、操作人员马虎等造成的。在全球采购的情况下，顾客和供应商之间可能地理位置不同，工作时间不同，并且面临物流周期长的问题，物流问题比同地区供应商的物流问题有造成更大损失的风险。

（10）供应商入库风险。大型商用飞机供应商供应产品的入库周期太长、入厂检验要求不一、入厂检验手段匮乏等影响正常入库。

（11）供应商付款风险。供应商付款风险指供应商提供的产品无法入库或者文件缺失造成供应商付款延迟，存在不能满足合同要求的风险。

（12）供应商生产制造风险。现场装配耗损过高引起的维修、重新采购等一系列问题，造成进度延误和经济损失等。

4）供应商退出中的主要风险分析

（1）技术安全。技术安全指由于大型商用飞机国内供应商技术不过关、材料选择不合理或制造力量薄弱而造成提供的产品或设备安全性较差，从而对整个大型商用飞机的安全性造成影响的风险。我国飞机设计水平与国际水平相比差距约20年。国内供应商的技术力量比较薄弱技术的安全性较差，如飞机的总体设计能力，尤其是集成能力得靠经验上的累积，又如电传操作，这是核心技术，空中客车公司在这个方面已比较成熟，波音 777 也采用了电传操作技术，其中有些还是光传技术，这种技术由于涉密性等原因只能靠自己研发。而自己研发的过程中又面临着实验和设计的不稳定性，所以存在着较大的技术安全风险。而国内大型商用飞机供应商目前仅掌握金属飞机的研制能力，复合材料只能少量地用在飞机辅件上，在主结构上的应用还需要进一步预研，这也在一定程度存在着技术安全方面的风险。再有大型商用飞机国内供应商的制造力量薄弱也给大型商用飞机的技术安全带来了隐患。

（2）适航风险。供应商退出后，由于主要供应商的原因造成产品适航出现风险，不能达到预先的要求或出现故障。

5. 大型商用飞机国内供应商 RBS

对根据分阶段识别出的国内供应商风险进行归纳整理，并进行大型商用飞机国内供应商的资源分解结构（resource breakdown structure，RBS）分解，大型商用飞机国内供应商 RBS 风险分类层级结构框架如图 7-2 所示。

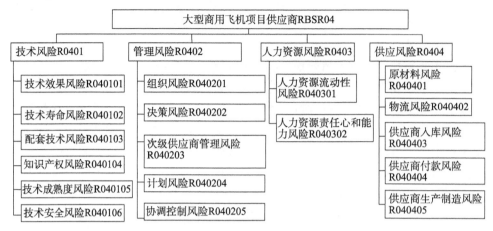

图 7-2　大型商用飞机国内供应商 RBS 风险分类层级结构框架

综合上述分析，供应商风险 RBS 见表 7-1。

表 7-1　供应商风险 RBS

风险类别	风险	风险条目 （风险识别问题项）	条目说明
R0401 技术风险	R040101 技术效果 风险	对于供应商来说，所提供技术是否存在当前已知的不确定性影响	供应商所提供的能够达到预期效果的技术，通常也伴随着引起某些其他非预期效果的不确定性，供应商应当对能够预见的可能问题提供明确的说明
		当技术所达到的效果不能够满足要求时，是否存在应急预案或者备用方案	相对于技术，需求是动态变化的，当需求变化或者技术自身效果达不到要求时，应急预案或者备用方案是保证项目顺利进行的重要保障
	R040102 技术寿命 风险	当前技术的预期使用年限是否能够满足要求	产品的应用是有一定年限的，技术的使用是否能够满足预期的使用期限，并具备适当的可扩展性，是影响系统性能和成本的重要因素
		当前使用的技术所涉及的后续维护和升级对周边产品是否有影响	随着技术的发展，设备的维护和升级在所难免，局部设备的调整往往也会影响其周边产品。因此，供应商应对当前技术的现状和发展做出说明
	R040103 配套技术 风险	对于当前产品的配套技术，是否处于行业领先或先进地位	产品配套技术的水平是决定产品自身质量的关键因素，需要有较高水准的配套技术来保证供应商产品的质量
		当前提供的技术和产品，是否具有能够满足所需要求的大规模量产的能力	量产能力是体现供应商技术能力、保证项目顺利推进的基础，因此，要确保技术产品的量产能力
	R040104 知识产权 风险	供应商提供的技术产品是否具有自主知识产权且没有侵犯第三方知识产权	知识产权是当今社会越来越关注的问题，侵权的发生不仅会造成经济的损失，同时也会阻碍项目的进行，需要对这个问题重点关注

风险类别	风险	风险条目 （风险识别问题项）	条目说明
R0401 技术风险	R040104 知识产权 风险	供应商在与第三方合作时是否制定了详细的操作规程以防止泄密风险	具体明确的操作规范、保密等级管理和奖惩制度制定能够在很大程度上防止泄密事件的发生，这对于项目数据和技术安全是至关重要的
	R040105 技术成熟 度风险	供应商提供的技术是否为当前国际范围内的主流技术	主流技术的应用不仅体现了技术产品的科技含量和可靠性，同时也是关系项目可靠性和可操作性的重要参考
		针对技术产品的后续研发投入和预期效果是什么	产品的后续研发能力是对当前产品质量和供应商技术能力的一个侧面反映
	R040106 技术安全 风险	供应商的技术产品是否经过安全测试，并满足项目安全要求	技术产品的可靠性需要安全测试来保障，因此对产品的测试是产品质量的一个重要参考
		如果技术产品在使用过程中出现问题，预期的问题范围和后果是什么	对于技术产品可能出现的问题和影响，需要有预先的了解和预期，从而能够做出针对性的质量要求
R0402 管理风险	R040201 组织风险	大型商用飞机供应商企业是否具有清晰合理的组织结构	合理的组织结构能够拥有较高的工作质量和工作效率，可以实现信息在企业中快速流通，明确各部分责任，从而降低企业风险
		企业中每个层次是否都有技术相关人员	在组织结构中，技术人员的参与是技术创新型企业的重要特点，以避免外行人指导内行人的情况
	R040202 决策风险	供应商企业做过哪些相关的项目	管理层管理经验的积累需要实际项目的操作，管理团队的合作也需要相关项目的磨合，这样才能保证管理团队做出决策的快速性和正确性
		管理层对所做决策是否具有相应的预案和负责制度	管理层由于种种原因可能做出失误的决策。针对可能出现的失误，管理层应当做出相应的预案，如果有必要，可能需要追究相关管理人员的责任
	R040203 次级供应 商管理 风险	次级供应商之间以及次级供应商和供应商之间是否具有交互关系	大型商用飞机各个次级供应商之间和供应商与次级供应商之间往往存在着交互关系，这些交互关系往往决定了大型商用飞机供应商对次级供应商管理的有效性
		供应商与次级供应商之间是否可能存在专利问题或者不信任问题	专利问题通常是可见的并且是可以处理的，虽然往往比较难处理，然而，供应商之间的信任问题则往往是隐性的，在系统研制初期，供应商往往不会主动揭示自己所存在的问题，直到系统研制后期，这些问题才会暴露出来。因此，在系统研制初期，系统责任方需要确认这些问题是否存在，并采取适当的措施确保问题能够解决
	R040204 计划风险	供应商对技术产品的供应是否做出了详细合理的整体方案	大型商用飞机的技术产品供应是一个涉及多方面内容的过程，只有制定了详细合理的整体方案和按计划执行，才能够保证大型商用飞机的顺利执行
		供应商对于超出原定计划的情况，能否做出快速合理的反应	由于各种原因，方案的执行在某些情况下可能不能完全按照预定计划进行。此时大型商用飞机供应商企业要对此做出快速合理的反应，从而降低大型商用飞机延期的可能性

续表

风险类别	风险	风险条目 （风险识别问题项）	条目说明
R0402 管理风险	R040205 协调控制 风险	与供应商供应产品相关的零部件企业有哪些	大型商用飞机所需零部件数量巨大，供应商提供的零部件也不止一个，需要提供的零部件越多，存在问题的可能性也就越大。因此对零部件提供多的供应商需要更多的控制和协调
		供应商之间是否存在零部件供应的先决条件	对于需要深度加工的零部件，可能需要不止一家的供应商进行周转。对于需要深度加工的零部件，一个环节的延迟必然会导致后续操作的后延，因此对此类供应商和产品需要更多的关注和协调
R0403 人力资源 风险	R040301 人力资源流 动性风险	大型商用飞机供应商所提供的技术产品项目团队的成员构成是否相对稳定	技术产品项目人员队伍的构成和稳定性对产品的研发具有较大的影响。频繁的人员流动，就需要人员的补充和培训，不可避免会造成进度的延误。因此相对稳定的团队能更好地保证产品的供应
		技术产品的核心技术是否依赖一个或几个核心成员	掌握核心技术的人员对产品的研发具有重要影响，这些核心人员的调动离职会在很大程度上影响产品的研发进程，进而影响大型商用飞机的进度。对于这种人力资源流动性风险应提早进行防范
	R040302 人力资源责 任心和能力 风险	大型商用飞机供应商提供的技术产品项目团队成员的受教育程度如何	团队成员的教育背景在一定程度上反映了成员的技术能力，较好的受教育程度能够更好地保证技术产品的质量和科技含量
		项目团队中是否有完善的监管制度和相应的奖惩机制	员工的责任心不尽相同，不能够完全依赖员工的自律，因此完善监管制度是必不可少的，与此对应的奖惩机制是保证监管制度顺利开展
R0404 供应风险	R040401 原材料 风险	大型商用飞机供应商是否有可靠的原材料供应渠道	原材料的充足供应是保证项目顺利进行的基础，为避免因原材料短缺而造成的损失，可靠的原材料供应渠道和适量的原材料储备都是必需的
		供应商自身是否有完善的原材料质量检测和管理制度	原材料的质量问题直接影响技术产品的质量，因此在生产初期的质量管理和检测对供应产品整体质量的可靠性是非常必要的
		相关的后备人才储备是否充足	人员的不足会使工作进度受到严重制约
	R040402 物流风险	大型商用飞机的供应商是否存在因不可抗力等因素造成的不能按时提供原材料和零部件等情况	供应商能够按时提供原材料、零部件和机体部件，是大型商用飞机顺利生产的必要条件，然而由于供应商和制造商间的距离可能比较远，由于天气、环境、意外情况等因素就可能造成不能及时供应的情况，制造要要提前预计该种情况，提出应对方案，避免损失
		大型商用飞机供应商物流在委托第三方的过程中是否存在违约风险而造成不能按时供货的情况	大型商用飞机的供应商可能委托第三方来完成物流的供应，但在供应过程中，第三方物流公司能否按照约定定时保质送到货是非常重要的，供应商应充分了解和跟踪委托第三方物流的信用状况

续表

风险类别	风险	风险条目 （风险识别问题项）	条目说明
R0404 供应风险	R040403 供应商入库 风险	大型商用飞机供应商供 应产品的入库周期是否 合理	大型商用飞机供应商供应产品入库周期的长短,决定 着供应商提供的产品是否能够及时地供应,尤其是在 有特殊情况如供应商供应时间延时的情况下,应适当 地缩短入库时间,以便供应商产品的及时使用
		大型商用飞机供应商供 应产品入厂检验要求是 否完善,入厂检验手段 是否合理	大型商用飞机供应商供应产品要入厂检验,检验过程 中有严格的要求和规定,检验过程中的要求完善和手 段合理直接关系着对供应商提供产品质量的把关,决 定着大型商用飞机零部件的质量安全
	R040404 供应商付款 风险	大型商用飞机供应商提 供产品是否存在无法入 库或者文件缺失的问 题,从而造成供应商付 款延迟,不能满足合同 要求	大型商用飞机的供应商可能存在提供产品质量不合 格等无法入库的问题,也可能由于供应商文件的部分 缺失存在无法入库的问题,这些都会造成大型商用飞 机供应商付款的延迟,造成不能按时付款,导致合同 的违约
	R040405 供应商生产 制造风险	大型商用飞机供应商是 否存在因现场装配耗损 过高引起的维修、重新 采购等一系列问题,造 成进度延误和经济损失	大型商用飞机供应商在生成制造过程中可能出现现 场装配损耗过高、原材料不符合规定而重新采购等一 系列问题,这些问题都可能造成供应商生产不能按进 度进行,从而不能向制造商按时交货,最终引发制造 商的进度和费用风险

7.3.2 大型商用飞机国内供应商风险评估

1. 基于评价指标体系的供应商风险评估方法

已有的关于供应商风险评估的研究采取了多种评价指标和方法。本章在构建大型商用飞机供应商风险评估指标体系的基础上采用综合评价方法。其思路如下。

第一步,通过调研和查看相关文献找出大型商用飞机供应商风险的构成要素,并采用恰当的方法过滤和识别风险,在广泛征求专家意见的基础上,建立大型商用飞机供应商风险评估指标体系。

第二步,通过对大型商用飞机供应商的风险管理进行整理,并在全局考虑建立科学实用性、体现供应链战略、具有可比性等评估原则的基础上对风险评估指标进行筛选,从而建立符合要求的评估指标体系。

第三步,运用专家调查法、相对熵集结模型、熵权法等方法进行指标的组合赋权,使指标权重既反映客观因素又反映主观因素,从而确定每个指标对大型商用飞机供应商风险评估的相对重要程度,从而为各个指标赋权。

第四步,采用恰当的标准化方法,对各指标量纲进行标准化处理,以便于综合测算和评估。标准化方法力求反映决策者的意愿,从而有效地避免决策结果的反转问题。

第五步,基于第二步至第四步的研究成果,构建大型商用飞机供应商风险评估综合评估模型，采用改进的模糊 TOPSIS 方法进行风险排序。

第六步，收集整理各指标得出的实际数据或符合评估原则的估计值，运用风险评估综合评估及分级模型计算出评价指数，并据此对大型商用飞机供应商风险进行评估，并以此为依据制订监控计划。

1）大型商用飞机供应商风险评价指标体系

从大型商用飞机工作分解结构及研制过程和航空项目风险案例出发，分析确定出影响大型商用飞机供应商的主要风险因素并对它们进行分析和分类，建立了大型商用飞机供应商风险指标体系，根据风险来源的不同，将大型商用飞机供应商风险主要分为技术风险、管理风险、人力资源风险和供应风险四个大类。该指标体系全面系统地对大型商用飞机的供应商风险进行了解。

2）指标权重的确定

大型商用飞机供应商风险各指标的权重对最后的风险评估结果尤为重要，所以找到合理的指标赋权方法是很有必要的。基于组合赋权法确定的权重同时考虑了主观和客观方面的信息，所以与以往的赋权方法相比，这种赋权方法更为合理。基于相对熵集结模型的主观赋权法

由专家 $S_1, S_2, \cdots, S_m$ 等组成 m 人专家决策群组 G，拟对 $B_1, B_2, \cdots, B_n$ 等 n 个评估对象进行评价。我们用 x_{ij}（$i = 1, 2, \cdots, m$；$j = 1, 2, \cdots, n$）代表第 i 个专家对第 j 个被评对象的评分值，x_{ij} 越大，表示 S_i 认为目标 B_j 越好。由各专家的评分结果形成专家判断信息矩阵 x 如下：

$$x = \left(x_{ij} \right)_{m \times n} = \begin{bmatrix} x_{11} & x_{12} & \cdots & x_{1n} \\ x_{21} & x_{22} & \cdots & x_{2n} \\ \vdots & \vdots & & \vdots \\ x_{m1} & x_{m2} & \cdots & x_{mn} \end{bmatrix} \tag{7-1}$$

其计算步骤如下。

第一步：熵可靠性分析。

专家及其群组在进行决策或评估时，决策水平的差异可以反映到其做决策或评估结论的可靠性上，它与最终的评定结果息息相关。因此，研究和优化决策群组与专家个体提供信息的可靠性是至关重要的。可靠性是指系统在规定的条件下、在规定的时间内完成规定功能的能力，应用于决策分析则代表专家的决策水平。

假设存在一理想专家 S^*，他的决策水平最高，评分最准、最公正，是可靠性达到最大值 1、不确定性达到最小值 0 的专家。记其评分向量为 $x = (x_1^*, x_2^*, \cdots, x_n^*)$，$x$ 的值可利用数值代数中的幂法求得。很显然，专家 S_i 决策水平越低，其结论与 S^* 相差越大。因此，这种决策结果的差异在一定程度上反映了专家 S_i 的决策水平。

通过分析专家 S_i 的决策结果与理想专家 S^* 决策结果的差异，将专家 S_i 的决策

结果向量转化为决策水平向量

$$E_i = (e_{i1}, e_{i2}, \cdots, e_{ij}), \quad j = 1, 2, \cdots, n; \quad i = 1, 2, \cdots m \qquad (7\text{-}2)$$

其中，$e_{ij} = 1 - |N_j^* - N_{ij}| - |d_j^* - d_{ij}|$，$N_{ij} = (N_{i1}, N_{i2}, \cdots, N_{ij})^{\mathrm{T}}$ 为按专家 S_i 的评分大小排列的被评价对象 $B_1, B_2, \cdots, B_n$ 的优劣名次，N_j^* 为理想化的评价对象的优劣名次，$d_{ij} = x_{ij} \big/ \sqrt{x_{i1}^2 + x_{i2}^2 + \cdots + x_{ij}^2}$ 为单位化的专家评分值，d_j^* 为理想化的专家评分值。

专家 S_i 的决策水平越低，其与理想专家 S^* 的决策结论的差异越大，E_i 的各元素越小。因为 S_i 与 S^* 对被评目标 B_j 所打的评分值相差越大，$|d_j^* - d_{ij}|$ 越大；S_i 与 S^* 对被评目标 B_j 所排优劣名次的差异越大，$|N_j^* - N_{ij}|$ 越大。因此，决策水平向量 E_i 可客观全面地反映专家 S_i 对目标 $B_1, B_2, \cdots, B_n$ 做决策或评估结论的水平。

根据现代信息论，专家 S_i 的决策水平的可靠性，可用其结论的不确定性——决策熵 H_i 来测度。H_i 等于 S_i 的决策水平向量各分量的广义熵之和。

$$H_i = \sum_{j=1}^{n} h_{ij}, \quad i = 1, 2, \cdots, m \qquad (7\text{-}3)$$

$$h_{ij} = \begin{cases} -e_{ij} \ln e_{ij}, & 1/e \leqslant e_{ij} \leqslant 1 \\ \dfrac{2}{e} - e_{ij} |\ln |e_{ij}||, & e_{ij} \leqslant 1/e \end{cases} \qquad (7\text{-}4)$$

可以看出熵函数 H_i 是非负减函数，决策熵 H_i 越小，表示专家 S_i 的可靠性越高，其决策水平越高。事实上，高水平专家决策时失误很少，其决策熵值 H_i 很小，决策结论的不准确性低，可靠性高，反之则反。理想专家的不确定水平最低（达到 0），可靠性最高（达到 1），决策结论最公正。因此，可以利用熵来衡量专家决策结论的可靠性水平（邱菀华，1997）。

一般而言，当 $H_G \in (0.9, 1)$ 可认为该评价指标体系的可靠性较高，当 $H_G \in (0.8, 0.9)$ 则可认为该评价指标体系的可靠性一般，当 $H_G \in (0, 0.8)$ 则可认为该评价指标体系的可靠性较差。

第二步：新群组 G^* 中各专家的权重。

依据第一步衡量各专家决策结果的可靠性，剔除群组 G 中可靠性较低的专家，这样便得到优化后的群组 G^*（含 m^* 个专家，$m^* < m$），再根据可靠性得出群组 G^* 中专家 S_i 的权重水平。

$$\omega_{i^*} = \frac{r_{i^*}}{\displaystyle\sum_{i^*=1}^{m^*} r_{i^*}} \qquad (7\text{-}5)$$

其中，r_{i^*} 为专家 S_i^* 的可靠性水平。

基于熵可靠性的方法，剔除了决策水平过低的专家，优化后群组的决策结果

的可靠性由原来的 $r_G = \sum_{i=1}^{m} \omega_i r_i$ 变为 $r_{G^*} = \sum_{i=1}^{m^*} \omega_i \cdot r_i \cdot$ 。

将新群判断信息矩阵 $X = (x_{ij})_{m \times n}$ 转化为规范化矩阵 $B = (b_{ij})_{m \times n}$ ，转化方法如下：

$$b_{ij} = x_{ij} \Big/ \sum_{j=1}^{n} x_{ij}, \quad j = 1, 2, \cdots, n; \quad i = 1, 2, \cdots, m \tag{7-6}$$

根据式（7-7）求得群偏好向量 $x_{gj}^* = (x_{g1}^*, x_{g2}^*, \cdots, x_{g3}^*)$

$$x_{gj}^* = \prod_{i=1}^{m} (b_{ij})^{\omega_i} \Big/ \sum_{j=1}^{n} \prod_{i=1}^{m} (b_{ij})^{\omega_i} \tag{7-7}$$

其中，ω_i 为第二步确定的专家 S_i 的决策权重；x_{gj}^* 的大小为各指标的主观权重。

基于熵权模型的客观赋权法，在有 m 个评价指标，n 个评价对象的评估问题中，第 i 个评价指标的熵定义为

$$H_i = -k \sum_{j=1}^{n} f_{ij} \ln f_{ij}, \quad i = 1, 2, \cdots, m \tag{7-8}$$

其中，$f_{ij} = \dfrac{r_{ij}}{\sum\limits_{j=1}^{n} r_{ij}}$，$k = \dfrac{1}{\ln n}$，$r_{ij}$ 为 x_{ij} 标准化后的评分值，f_{ij} 为第 j 个指标下第 i

个项目的指标值的比重（先验概率），k 是常数。

在有 m 个评价指标，n 个评价对象的评估问题中，第 i 个指标的熵权定义为

$$w_i = \frac{1 - H_i}{m - \sum_{i=1}^{m} H_i} \tag{7-9}$$

第三步：组合权重确定方法。

（1）应用相对熵集结模型确定指标的主观权重 w_1。

（2）用熵权法确定客观权重 w_2。客观权重 w_2 反映了确定决策条件下，各指标传输给决策者的信息量的大小。

（3）确定属性权重。一个指标的相对重要程度由上两个权重平行决定，两者中任一个等于 0，即使另一个为 1，也不能说指标非常重要，只有两者取最大值时，w_i 才最大。故将第 i 个指标的指标权重 w_i 定义为

$$w_i = w_{i1} w_{i2} \Big/ \sum_{i=1}^{n} w_{i1} w_{i2}, \quad i = 1, 2, \cdots, m \tag{7-10}$$

基于组合赋权法确定的权重同时考虑了主观和客观方面的信息，所以与以往的赋权方法相比，这种赋权方法更为合理。

3）指标的标准化方法

由于指标的含义不同，各指标值的计算单位、量纲也各不相同。为了能使指标数据进行综合，必须对指标数据进行标准化处理。由于传统的规范化方法，原

本的相互独立的风险之间产生了相互的关联关系，即通过向量规范化方法，使得各方案之间的规范化决策指标之间产生了相互的关联关系。修正这种规范化方法，就是要保证各方案之间的独立性（Kacprzyk，1986）。规范化的目的就是使得各属性指标之间有可比性，统一衡量标准。可以按照一一对应的关系或效用函数的关系，获得各点的规范化指标值：$x_{ij} = f(y_{ij})$。

这里以线性变换为例，给出规范化公式。

$$x_{ij} = f(y_{ij}) = \frac{y_{ij} - y_j^-}{y_j^+ - y_j^-} \quad （效益型指标） \tag{7-11}$$

$$x_{ij} = f(y_{ij}) = \frac{y_j^+ - y_{ij}}{y_j^+ - y_j^-} \quad （成本型指标） \tag{7-12}$$

其中，y_j^+、y_j^- 由决策者主观确定，一般有

$$y_j^+ \geqslant \max y_{ij}$$

$$y_j^- \leqslant \max y_{ij}$$

与传统方法比较，按照式（7-11）和式（7-12）进行指标规范化处理后所有的指标值都变化成了效益型指标，且规范化指标值在（0,1）上，且无论增加还是减少方案，规范化处理的指标都不会发生任何变化，也就是保持了各备选方案之间的独立性和排序的一致性。

4）基于改进的模糊 TOPSIS 方法的大型商用飞机供应商风险评估

项目组利用基于相对熵的改进的模糊 TOPSIS 方法进行方案排序，有以下几个特点。首先标准化与确定理想方案和负理想方案的方法有效避免了传统 TOPSIS 方法的增加的方案造成的逆序问题。其次，用信息距离取代实际距离解决了 TOPSIS 方法难以排序的问题。再次把传统的 TOPSIS 方法扩展到模糊决策中，更符合人们的思维习惯。

项目组借用信息论中的相对熵概念，给出了一种新的排序方法。由信息理论知，两个系统 A 和 B，它们的状态 A_i 和 B_i（$i = 1, 2, \cdots, N$）之间的差别程度可用 Kullback-Leibler（库尔贝克–莱布勒）距离来度量。

$$C_i = A_i \log \frac{A_i}{B_i} + (1 - A_i) \log \frac{1 - A_i}{1 - B_i}$$

两个系统 A 和 B 的差别程度为

$$C = \sum_{i=1}^{N} \left\{ A_i \log \frac{A_i}{B_i} + (1 - A_i) \log \frac{1 - A_i}{1 - B_i} \right\} \tag{7-13}$$

其中，C 越小，则系统 A、系统 B 的状态差别越小。C 称为系统 A 和系统 B 的相对熵，由于相对熵并不对称也不满足三角不等式，它实际上并非两个系统间的真正距离。然而将相对熵视为两个系统间的距离往往很有用。以往距离公式都是衡

量的两区间数的真正意义上的几何距离，从而无法解决两个方案中垂线上点的排序问题。而引入相对熵距离，则可以有效地解决上述问题，提高决策的辨别力。

基于相对熵改进的模糊 TOPSIS 方法计算步骤如下。

步骤 1：按照式（7-1）所介绍的标准化方法构造模糊标准化决策矩阵 $\{Z_{ij}\}_{m \times n}$。其中，z_{ij} 表示第 i 个备选方案的第 j 个属性的标准化指标值。

步骤 2：构造加权标准化决策矩阵 $\{x_{ij}\}_{m \times n}$。

$$x_{ij} = w_j z_{ij}$$

其中，w_j 为用式（7-10）的方法所确定的组合权重。

步骤 3：确定决策者的理想方案 x_j^* 和负理想方案 x_j^-。

步骤 4：分别计算各方案与理想方案和负理想方案的相对熵。

备选方案 d_i 到正理想解的距离为

$$S_i^* = \sqrt{\sum_{y=1}^{n} \left(x_{ij} - x_j^* \right)^2}, \quad i = 1, 2, \cdots, m \qquad (7\text{-}14)$$

备选方案 d_i 到负理想解的距离为

$$S_i^- = \sqrt{\sum_{j=1}^{n} \left(x_{ij} - x_j^- \right)^2}, \quad i = 1, 2, \cdots, m \qquad (7\text{-}15)$$

备选方案的排序指标值（即综合评价指数）C_i^* 为

$$C_i^* = S_i^- / \left(S_i^* + S_i^- \right), \quad i \in [1, m)$$

步骤 5：计算备选方案的排序指标值（即综合评价指数）C_i^*

$$C_i^* = S_i^- / \left(S_i^* + S_i^- \right), \quad i \in N \qquad (7\text{-}16)$$

$$K_i^* = S_i^- / S_i^*, \quad i \in N$$

步骤 6：根据供应商的风险程度对供应商进行排序，按照 C_i^*（或 K_i^*），由大到小排列相应的供应商，前面的供应商存在的风险高于后面的。

2. 基于风险矩阵的供应商风险评估方法

风险矩阵是在项目管理过程中识别项目风险重要性的一种结构性方法，它能够对项目风险的潜在影响进行评估，是一种操作简便且将定性分析和定量分析相结合的方法。该方法由美国空军电子系统中心（Electronic Systems Center，ESC）的采办工程小组于 1995 年 4 月提出的。风险评估方法在国外得到广泛的应用，主要有欧洲空间标准化合作组织（European Cooperation for Space Standardization，ECSS）、美国国家航空航天局 NASA、霍尼韦尔公司等，这些公司在其项目风险评价中都应用了风险评估矩阵。

风险评估矩阵综合考虑了风险影响和风险概率两个方面的因素，可对风险因素对项目的影响进行最直接的评估。该方法不直接由专家意见得出判断矩阵，而是通过事先确定风险影响和风险概率的等级划分，由专家通过较为直观的经验，判断出风险影响和风险概率所处的量化等级，然后应用 Borda（波达）序值法对各风险因素的重要性进行排序，从而对项目的风险进行评估。这种方法的决策过程规范可行，较好地综合了群体的意见，因此受到越来越广泛的重视。ECSS 在 2004 年发布了新版的 ECSS-M-00-03B《风险管理》标准中的风险评估矩阵（表 7-2）。

表 7-2　美国空军风险评估矩阵

风险后果	风险发生可能性				
	几乎不可能发生	很少发生	偶尔发生	有可能发生	经常发生
A.人员伤亡	高风险	高风险	高风险	严重风险	严重风险
B.任务失败	中等风险	中等风险	高风险	高风险	严重风险
C.某些性能不可靠对任务成功有影响	低风险	中等风险	中等风险	高风险	严重风险
D.某些性能不可靠对任务成功无影响	低风险	低风险	中等风险	中等风险	高风险
E.没有影响	低风险	低风险	低风险	低风险	中等风险

1）风险矩阵方法

原始风险矩阵栏由风险栏、风险影响栏、风险发生概率栏、风险等级栏和风险管理栏组成。风险矩阵方法将风险对评估项目的影响分为五个等级，并提供了风险发生概率的解释说明（表 7-3）。

表 7-3　ECSS 风险评估矩阵

风险严重度	1	2	3	4	5
A	L	M	H	VH	VH
B	L	L	M	H	VH
C	VL	L	L	M	H
D	VL	VL	L	L	L
E	VL	VL	VL	VL	L

注：VL 表示极低，L 表示低，M 表示中等，H 表示高，VH 表示很高

风险影响等级和风险发生概率的说明如表 7-4 和表 7-5 所示。

表 7-4　风险影响等级的说明

风险影响等级	风险影响量化值	说明
关键	4（含）~5	一旦风险发生，将导致整个项目失败
严重	3（含）~4	一旦风险发生，将导致项目的目标指标严重下降
中度	2（含）~3	一旦风险发生，项目受到中度影响，但项目目标能部分达到
微小	1（含）~2	一旦风险发生，项目受到轻度影响，但项目目标仍能达到
可忽略	0~1	一旦风险发生，对项目计划没有影响，项目目标能完全达到

表 7-5　风险发生概率的说明

风险发生概率	概率等级	说明
90%（含）~100%	很高	很有可能发生，可检测性高
70%（含）~90%	较高	发生可能性较大，可检测性很高
30%（含）~70%	中等	有可能发生，可检测性中等
10%（含）~30%	较低	不可能发生，可检测性较低
0~10%	很低	非常不可能发生，可检测性低，几乎不能检测

通过将风险影响栏和风险发生概率栏的值输入风险矩阵来确定风险等级，风险等级对照表如表 7-6 所示。

表 7-6　风险等级对照表

风险发生概率	可忽略	微小	中度	严重	关键
0~10%	低	低	低	低	中
10%（含）~30%	低	低	低	中	中
30%（含）~70%	低	低	中	中	高
70%（含）~90%	低	低	中	高	高
90%（含）~100%	低	中	中	高	高

2）Borda 序值法

同一风险等级的多个风险模块，其重要程度可能并不相同，必须对多个风险模块进行重要性排序，以确定各级风险中最重要的风险模块，解决这一问题的方法是 Borda 序值法。

Borda 序值法是根据多个评价准则将风险按照重要性进行排序，具体原理如下。

设 N 为风险总个数，i 为某一个特定风险，k 为某一准则。原始风险矩阵只有两个准则：$k=1$ 表示风险影响准则 I，$k=2$ 表示风险概率准则 P。如果 R_{ik} 表示风险 i 在准则 k 下的风险等级（在风险矩阵方法中，将比风险 i 的风险影响程度大或风险发生概率大的因素的个数作为在准则 k 下的风险等级），则风险 i 的 Borda 数可由下式给出：$b_i = \sum_{k=1}^{2}(N - R_{ik})$。

风险等级由 Borda 序值给出，某一风险因素的 Borda 序值表示其他关键风险因素的个数。例如，某个风险的 Borda 序值为 0，说明该风险为最关键的风险。按照 Borda 序值由小到大排列，就可以排出各风险因素的风险等级。

以上介绍了两种大型商用飞机供应商风险的评估方法，由于第一种操作较为复杂，得先建立大型商用飞机供应商评价指标体系，然后依据指标体系应用模糊

综合评价方法进行计算。所以在大型商用飞机供应商风险管理的具体实践中建议
选用基于风险矩阵的供应商风险评估方法。该方法操作简便，且简单易行，也是
国际风险评估所普遍采用的一种方法。

3）大型商用飞机项目供应商风险分析

由于我国缺乏民航项目供应商管理的数据库和案例库，在进行大型商用飞机
供应商风险分析时，风险因素可能发生的概率和可能造成的供应商风险由专家结
合有限的历史数据给出。大型商用飞机供应商风险分析框架如图 7-3 所示。

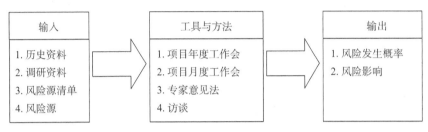

图 7-3　大型商用飞机供应商风险分析框架

4）概率分析

概率分析主要是依据航空研发项目历史资料进行分析，根据历史上影响项目
供应商的风险因素的发生频率来预测在大型商用飞机中供应商风险因素的发生概
率。若无历史资料可依据，则根据专家判断来确定。大型商用飞机供应商风险发
生概率判断标准表如表 7-7 所示。

表 7-7　大型商用飞机供应商风险发生概率判断标准表

概率等级	发生的可能性	表示
很高	80%（含）~100%，很有可能发生，可检测性高	S
较高	60%（含）~80%，发生可能性较大，可检测性很高	H
中等	40%（含）~60%，在项目中预期发生，可检测性中等	M
较低	20%（含）~40%，不可能发生，可检测性较低	L
很低	0~20%，非常不可能发生，可检测性低，几乎不能检测	N

5）风险影响分析

风险影响分析与概率分析一样，主要基于航空研发项目的历史资料进行分析。
通过考察历史上对项目供应商产生影响的风险因素，来预测在大型商用飞机项目
中供应商风险因素的影响。若无历史资料可依据，则根据专家判断来确定。

大型商用飞机供应商风险影响判断标准表如表 7-8 所示。

表 7-8　大型商用飞机供应商风险影响判断标准表

影响程度	可能带来的影响或后果	表示
严重影响	项目周期滞后 2 个月以上，费用增加严重（最好量化为百分数）	S
较大影响	项目周期滞后 1~2 个月，费用增加较多	H
中等影响	一旦风险事件发生，周期一般性延长，导致项目滞后 15~30 天，费用增加中等	M
较小影响	一旦风险事件发生，周期延长不大，导致项目滞后 15 天以内，费用增加较少	L
可忽略影响	一旦风险事件发生，对项目进度和费用基本没有影响	N

6）大型商用飞机项目风险评价

风险评估矩阵在中国商飞大型商用飞机供应商风险评估中可以分为以下两个步骤。

（1）根据项目供应商风险的影响程度，风险评估矩阵将风险对项目的影响程度分为五个等级并对各个等级进行了解释性说明。

（2）在解释发生概率的基础上，对风险影响等级进行定义。建立一个风险影响等级和风险概率的二维坐标系，以得到各个风险的级别，并提供了三个直观的风险等级。

在大型商用飞机供应商风险管理模式上是采用二级管理模式，中国商飞大型商用飞机行政指挥系统为大型商用飞机供应商风险管理的第一级，由总经理负责重大风险决策。供应商风险的日常管理归口于项目管理部，中国商飞各大中心行政指挥系统为第二级，负责中级风险决策，其日常管理由各大中心大型商用飞机管理部负责。

由此在进行项目供应商风险评价分级时，将风险等级分为三个等级正好对应供应商风险管理的三级管理模式，这样，由总经理负责高等级风险的决策，由中国商飞各大中心行政指挥系统负责中等风险的决策，由各大中心项目执行层负责低等级风险决策。

基于评价指标体系的供应商风险评估方法和基于风险矩阵的供应商风险评估方法都是供应商风险评价的有效方法。相比较而言，前者更适用于对具体供应商的风险等级进行评价，给出某几家供应商的风险评级，而后者适用于整个供应商管理过程风险的管理和控制，识别出主要的供应商风险。前者计算较为复杂，但是结果准确可靠，后者简单明确，方法成熟、比较容易操作，在实际过程中可以根据不同的需求，选择合适的方法（Luce，1956）。

第 8 章

大型商用飞机项目客户服务管理

8.1 大型商用飞机项目客户服务管理概述

8.1.1 大型商用飞机项目

大飞机通常指起飞总重超过 100 吨的运输类飞机。在我国商用大飞机指座位超过 150 座的商用客机；而国际上商用大飞机则指超过 300 座的商用客机。从商用大飞机的全球发展来看，国际上通常把 120 座以上的商用大飞机业务称为大型商用飞机业务。融合以上内容，对于我国来说，大型商用飞机项目通常指的是超过 150 座位的商用客机项目。

目前大型商用飞机市场被波音公司和空中客车公司所垄断。从波音公司和空中客车公司多年的营销经验来看，大型商用飞机不仅需要研发和制造的核心技术支持，也需要比较成熟的客户服务来强化其竞争力，如提供较高性能的维修监测预警软件来降低事故发生率等。对于大型商用飞机项目来说，研发和制造成功只预示着大型商用飞机的核心技术的成功；而通常一种机型要在销量达到 70 架之后才能开始盈利。这预示着，对于大型商用飞机项目来说，销售成功才是真正的成功。大型商用飞机项目大多是订单式采购，利用客户服务维护客户持续采购就显得尤为重要。

8.1.2 客户服务

客户服务管理包括对客户提供的产品与服务进行管理，也包括对客户服务人员的管理。客户服务是企业所做出的致力于使客户满意并继续购买产品或服务的一切活动的统称。客户是企业的一种重要资源，只有牢牢抓住客户的需求点去满足客户，才能增加客户与企业继续合作的可能性。因此，对于企业来说，能够为客户提供高效优质的客户服务，往往决定了客户是否进行重复购买，成为企业的忠诚客户。通常来说，客户服务主要包括以下几个方面。

（1）提供技术支持。对于企业来说，企业为客户提供的任何产品和服务，都需要借助一定的载体来实现。通过提供技术支持，为客户提供更为方便、便捷的优质服务，可以帮助企业提高对客户需求的反应速度，提升客户的满意度。例如，大型商用飞机项目为客户提供在线故障监测预警软件系统，可以提醒客户对商用飞机故障引起注意，避免由故障问题引发安全事故，降低客户对大型商用飞机的满意度。

（2）提供投资咨询。对于大型商用飞机制造商来说，通过技术研发推出新的机型，需要借助一定的平台将研发出的新机型信息传递出去，引起客户的充分注意，以便获取尽可能多的订单，而这个平台就是客户服务平台。客户能够通过客户服务平台，及时了解制造商的研发信息，了解企业在新机型方面的相关优惠政策，借助优惠政策，提前下订单，从中获取相应的投资收益。

（3）受理客户订单。对于企业来说，根据客户的订单信息情况来安排生产计划，可以降低库存，减少库存成本，避免企业产品积压。对于大型商用飞机项目而言，由于大飞机造价较高，每一架飞机的价格都不菲，企业所耗费的成本也不低。借助客户服务平台受理客户订单，可以有效减少企业的资金占用，帮助企业降低财务成本。

（4）受理客户投诉。借助客户服务平台，了解客户对产品与服务的不满意之处，对问题进行及时改进，能够提升客户对企业的满意度，帮助企业获取较为稳定的客户资源。

当然，以上项目只是客户服务最基础的内容体系。从客户服务的概念来看，客户服务涵盖一切可以提升客户满意度的内容。客户服务是企业营销的一部分，也是客户关系管理在企业营销的实践方式。通过客户服务，企业从与客户关系管理中收集和挖掘客户需求信息，并及时对这些信息给予反馈。通过客户服务，企业可以根据收集的客户需求信息和客户个性特征，为客户提供个性化的产品与服务，提高客户对产品或服务的满意度，并通过个性化和差异化的产品或服务，构建企业的核心竞争力。

8.1.3　客户服务管理

客户服务管理是组织为了建立、维护和发展客户关系所进行的一系列服务的总和。对客户服务进行管理，无论是对所提供的产品或服务进行管理，还是对提供服务的人员进行管理，其目的都是通过管理提升客户满意度，尽可能将客户价值开发利用到最佳。客户服务通常是指客户服务部门通过一定的方式为客户提供产品或服务，从而满足客户对产品或服务的需求，提升客户对产品或服务的满意度。

客户服务管理涉及产品与服务的全过程。因此，客户服务管理虽然由专门的客户服务部门承担，但其又不单纯由专业的客户服务部门来完成。任何一种新产品在推出的时候，需要技术研发部门介入客户服务管理，对产品的性能、对比其他产品的优势、产品应用的关键技术、新产品的应用方法等进行解说，帮助客户了解新产品，激发客户对新产品的购买欲望。这意味着客户服务管理涉及企业发展的各个方面。客户服务管理的核心在于其以客户需求为中心组织企业的经营活动，为客户提供满意的产品或服务，以实现自身的经营目标。客户服务管理的本质是为客户创造最大价值。而为了为客户创造最大价值，客户服务管理部门需要根据市场需求，对自身的潜在客户进行定位，了解客户的需求特征，根据这些需求特征进行分析，为客户开发、设计能满足其需求的产品或服务，通过各个经营环节的配合，最终实现企业与客户的双赢。

8.1.4　大型商用飞机项目的客户服务管理

大型商用飞机的特点，决定了其客户服务管理的特殊性。

1. 大型商用飞机的特性

（1）技术风险与市场风险带来的交易不确定性。一架大型商用飞机由诸多子系统构成，各个子系统之间相互作用带来的风险很难通过设计进行预测。技术数据难以预测风险，就预示着大型商用飞机项目的每一个环节出现差错都可能给项目带来致命的打击。大型商用飞机项目计划研发数据与实际成品数据之间存在差异，导致大型商用飞机制造商不够按照承诺的数据提交大型商用飞机供货订单；大型商用飞机技术研发时间长，而其应用的发动机等核心零部件的供应商响应时间可能不同步，飞机发动机等核心零部件的技术更新如果提前于大型商用飞机制造本身，则可能存在竞争对手应用的核心零部件领先于自身，导致大型商用飞机的成品落后于其他制造商。

大型商用飞机的燃料在全生命周期成本中占到将近 60%，此外还有财务成本和维护成本等。全球燃料市场的价格波动较大，加之财务成本受利率波动的影响，造成燃料价格波动和利率变化都能够对大型商用飞机的全生命周期成本产生影响，可能导致航空公司采购成本较高，进而导致航空公司修改采购计划，减少采购大型商用飞机的数量。此外，一些与大型商用飞机项目有关的国际性空难或突发事件都可能导致客户取消订单，影响大型商用飞机的销量。

（2）研发成本高。从国际大型商用飞机的研发实践来看，一架大型商用飞机的研发成本约为 10 亿美元。据波音公司和空中客车公司两家制造商统计，大型商用飞机要想达到盈亏平衡，销量需要超过 70 架。以波音 707 机型为例，波音公司通过成本分析，发现该机型超过 12 年才能实现盈利。因此，大部分国家缺乏具有实力的公司来支付高额的研发成本来研发大型商用飞机项目。

（3）规模效应显著。在大型商用飞机生产规模不断扩大的前提下，生产大型商用飞机的数量越多，分摊的单位成本越少。大型商用飞机的产量增加，摊薄了飞机的研发成本，带来的规模效应显著。而围绕着飞机的发动机技术、关键零部件、生产团队等都可以形成固定的合作伙伴，借助这些关键技术的合作，在一定范围内形成经济效应。在研发过程中，围绕飞机机型问题进行的升级改造，研发所积累的经验可以通过学习而不断得到提升，此外，关键核心技术也可以共享等，都降低了研发时间和研发成本，使得机型规模扩大，产生了相应的学习效应；飞机关键零部件的加工团队不断地学习，掌握的产品技术越来越熟练，关键零部件的生产效率得到有效提高，降低了关键零部件的生产成本。

大型商用飞机前期研发成本较高，且全球对大型商用飞机的需求相对较为固定，全球大型商用飞机市场几乎被美国波音公司和欧洲空中客车垄断。飞机发动机技术和雷达技术等也都集中在全球有限的数家公司手中。垄断经营使得大型商用飞机能够实现规模效应，单位的飞机平均成本较低。而垄断经营可能导致大型商用飞机创新乏力，不利于推出安全性能更为可靠的新型商用飞机机型。中国大型商用飞机项目要想实现盈利，就要借助一定的规模来实现。而国内外的大型商用飞机需求是固定的，可能恰好能够维持波音和空中客车两家公司的生存。中国要想进入大型商用飞机市场，就要保证两个前提，其一是生产的大型商用飞机性能足够好，能够超越波音和空中客车两家公司；其二是全球对大型商用飞机的需求获得较大幅度的提升。

（4）技术要求难度高。大型商用飞机的机型研发项目的可行性研究通常要耗费六年以上的时间进行重复验证。飞机机型的研发与改造，不仅涉及核心技术，还涉及数字技术、飞机工艺技术、通信技术等多个领域的技术，往往需要上百家企业和研究所联合进行开发，不同企业和研究所在技术开发方面不仅要同步，还要根据飞机机型的设计对产品进行改进，以便使得产品能够适应新机型的需要，这就增加了技术统一、相互协作和配合的难度。

（5）带动多个领域实现技术进步。大型商用飞机项目所具备的核心技术和关键零部件技术，是多个领域的核心技术。如果核心技术得到开发，对其他领域而言也是一种技术进步。例如，大型商用飞机项目所采用的发动机技术，不仅应用到飞机上，而且在特种汽车等方面都能够得到有效利用，单纯凭借发动机核心技术，就能够推动汽车与其他与发动机有关的产品领域都能够得到较快发展。

（6）具有耐用消费品特征。大型商用飞机需要较长时间才能实现盈亏平衡，这意味着大型商用飞机属于高端耐用消费品。由于其属于高端消费品，加之全球客户比较固定。飞机制造商可能会根据大型商用飞机的生命周期进行飞机机型的改进，实现飞机机型的升级换代，这会限制飞机制造商的技术更新速度。而飞机在长时间的飞行之后，可能会出现相应的技术缺陷和安全风险，迫使飞机制造商为了降低飞机风险而进行飞机机型的升级，这在一定程度上推动了新机型对老机型的淘汰和升级换代。

2. 大型商用飞机项目客户服务管理

基于大型商用飞机的特性，大型商用飞机项目客户服务管理也就与其他企业客户服务管理存在着明显的不同。

（1）企业战略与客户服务管理。由于大型商用飞机项目具有明显的规模经济效应，且大型商用飞机项目研发成本较高，需要长期经营才能实现盈亏平衡。对于大型商用飞机项目来说，其客户服务管理要密切与企业战略相配合，利用企业发展战略对客户服务管理做出规划。而随着企业管理理念的发展，企业战略逐渐向客户层面转变，以客户为中心逐渐成为企业服务客户的核心理念，企业管理理念的发展如表 8-1 所示。

表 8-1　企业管理理念的发展

管理理念	背景	关注重点	关键经营模式
以产值为中心	产品供不应求	产值与产量	扩大生产规模
以销量为中心	产品供过于求	销量和市场占有率	促销、多渠道推广
以利润为中心	市场同质化，利润降低	利润	降低产品成本
以客户为中心	客户不满意，销量和利润下降	客户满意与忠诚度	客户价值开发

在以产值为中心的企业管理理念盛行时期，产品供不应求，市场以卖方为主，卖方生产的产品不用考虑销售，重点关注产量和产值，企业为了更好地发展通常会扩大生产规模；在以销量为中心的企业管理理念盛行时期，市场产品供过于求，市场以买方为主，买方尚未意识到主动权在自己手中，被动地以销量来衡量自身需求，销量大的产品容易占据较高的市场份额，企业采取多种促销方式及多渠道进行推广，以便用销量吸引客户；当企业管理理念发展到以利润为中心的时候，由于市场竞争激烈，产品同质化严重，产品市场中各个行业价格战不休，产品利润也随之降低。为了尽可能地提高利润，企业不惜砍成本，最大限度地降低产品成本，以期使得企业利润数据不致太难看。由于市场竞争更加激烈，客户定制产品逐渐露出端倪，激发了客户的主动性，客户对产品不满意导致企业开始关注客户需求，以客户为中心的管理理念成为主导。企业尝试采用各种个性化的定制产品来吸引客户，提高客户对产品的满意度，培养忠诚度较高的客户，企业为了维持良好的经营状况，关注对客户价值的不断开发，在产品与服务设计阶段就开始关注客户需求，将客户需求贯穿到客户服务管理的每一个环节。

对于大型商用飞机项目来说，企业利用大型商用飞机项目的战略规划，将民用、防务和商用飞机项目的客户服务部门进行整合，形成统一全球客户服务部门，为客户提供专业服务、维修、供应链、运营维护、系统升级和培训等业务。例如，美国波音公司 2017 年将民用航空服务部门、防务空间与安全集团进行整合管理，建立了统一的客户服务管理部门——波音全球服务集团。

为了保证统一的客户服务管理部门能够实现高效运转，企业尝试将原有的客户资源和服务优势整合分析，将原来为防务客户服务才能获得的优势向所有客户开放，使得民用飞机和商用飞机客户都能够享受原先只有防务飞机客户才能享受的防务，相对实现了服务均等化。在服务均等化的前提下，客户服务部门主动以服务均等化为切入点为客户提供主动服务更容易为客户所接受，从而提高了客户服务部门对客户响应的灵敏性，使得客户可以享受到快捷便利的客户服务。借助整合的客户服务部门，制造商不再将客户局限于自身的大型商务飞机项目客户，而且将合作的橄榄枝抛向大型商务飞机客户的合作方，拓展了自身的客户来源。同时，借助整合的客户服务部门，大型商务飞机项目客户服务部门更容易吸引到优质的合作者，可以借助优质合作者为客户提供更多更专业的服务。此外，通过战略整合的客户服务部门，可以集中力量对民用、商用和防务飞机生产中影响生产周期和成本等的因素进行分析，找到影响生产周期和成本等的不利因素，排除不利因素对生产周期和成本等的影响，从而降低生产周期和成本等对销量的不确定性影响。

（2）大数据技术服务平台。对于大型商用飞机项目来说，大数据技术应用于客户服务管理上，可以借助大数据技术构建客户信息共享平台，使得飞机制造商、供应商、租赁商和航空公司等都处于统一的、共享的平台，形成一个交互的客户服务管理系统，置于其中的任何一方都成为客户服务管理的一分子，从而能够提高对客户响应的及时性。例如，航空公司维修需要某种零部件，核查自身有没有该零部件的库存，航空公司就可以从整个供应链中搜索该零部件信息，就近获取该零部件。同时，由于飞机制造商也会将多家专业的维修中心作为共享平台的成员单位，任何一家航空公司客户或租赁商都可以申请最近的维修公司提供服务，使得飞机制造商不用在全球重要合作伙伴所在城市开设客户服务中心，有效地降低了飞机制造商的客户服务成本。

统一的客户信息共享平台满足以下功能。①所有任务可视化。借助平台搭建的硬件和软件环境，共享服务信息平台的各项任务都实现了可视化，借助可视化的实现，每个参与共享服务信息平台的成员都可以直观地查看任务。②注重任务的数量和质量，将关键任务置顶，限制非关键任务的数量，以便提高服务任务的质量和效率。③优化管理流程。当一项关键任务完成时，优先级的关键任务被置顶到管理流程中。④准确估算开发周期。根据历史数据和任务数量对项目中的每个任务完成时间进行估算，根据每个任务的估时提供准确的开发周期时效，尽可能地采取措施，解决遇到的问题，用科学方法缩短开发周期。⑤主动开发客户。企业充分考量自身的服务能力，公布任务数量和负荷，新任务的发布同样遵守该原则。

大型商用飞机制造商借助与客户数据的对接，借助数据挖掘技术，对客户数据进行分析，能够探索出诸多航空公司客户中最优的飞机停场时间方案，并将该经验在客户服务信息共享平台共享，借助共享机制，将最优化的飞机停场时间方案公布给各个客户，使得每家航空公司与租赁公司都能够采用最优停场时间方案，有效缩短飞机停场时间，这意味着增加了大型商用飞机的运营天数，也增加了大型商用飞机的运行寿命。

基于大数据技术对信息共享平台海量数据，分析大型商用飞机的运营中断数据、零部件更换规律、航运报告、机组人员数据、飞行状况预警等数据，从中挖掘到较为规律的信息，为客户提供更为精准的服务。例如，根据从各个信息共享平台的每个成员提供的飞机维修数据，从中优选出最佳的维修操作方案，制定统一的飞机维修标准，通过维修操作标准，强化遵守操作标准和流程进行飞机维修，降低事故的发生率。同时，根据飞机维修中航材使用情况的可预测与否进行分组，对于一般航材使用可预测到的情况，可以通过预测所需航材进行维修准备；而对于要针对飞机零部件的实际故障情况确定使用何种航材的情况，可以基于以前的维修经验，对维修所需的航材进行准确的预估，给予合适的维修任务、航材配备和维修文档等相关维修的方案备选库，为客户提供最优的飞机维修方案。借助专家团队开发大型商用飞机健康监测软件，构建强大的硬件系统与软件系统，对数据采集、故障预测、故障解决方案等进行系统处理。通过事故预警监测，在故障出现端倪之前做出预警提示，帮助大型商用飞机项目提高对事故的预警能力，使得客户服务部门主动根据监测预警进行检修，改变以前问题出现之后的被动性维修局面。同时，还能借助专家组的故障处理能力，针对故障发生的趋势进行分析，构建专业的预警排除方案，从维修技术改进、零部件备货等方面建立故障解决方案备选库（张国宗等，2013）。

借助构建的大数据信息共享平台，飞机制造商也可以通过大数据分析，为航空公司提供一些比较便捷的客户服务项目。例如，飞机制造商可以帮助航空公司根据航线运行情况，对航空公司的人员调度情况进行规划，利用更优化的机组方案，提高机组的人员利用率。

（3）客户服务创新。对于大型商用飞机项目来说，为客户提供传统的客户服务已经滞后于大型商用飞机项目客户服务的需要。大型商用飞机项目为提高客户对服务的满意度，应该构建能够做出快速响应客户的服务文化。借助该客户服务理念，客户部门对于出现的错误，需要给出及时反应，联系客户协商问题处理方案。

针对大型商用飞机项目的客户服务，建立客户服务创新中心。通过客户服务创新，设计专业的产品或服务方案。大型商用飞机项目的研发成本较高，且风险较大，这给飞机订单管理带来了较大的不确定性。为降低项目的风险，利用客户服务中心数据分析研发数据，借助大型商用飞机项目研发的经验数据，对飞机的周期时间和适用性等进行仿真模拟，降低飞机原型的开发周期与成本。

大型商用飞机项目需要在维修领域开发新技术，借助新技术提高飞机的维修效率。随着人工智能技术的发展，智能机器人将应用于飞机维修和自动化运输中，能够更为精准地为客户提供更高效的飞机维修服务，也能够通过机器学习将运输操作标准化，利用智能机器人来驾驶飞机，降低由于人为因素带来的飞行安全风险。

根据维修需要设立数字工卡制度，使飞机维修记录能够通过数字工卡直接连接到个人，便于追查维修责任，以便飞机故障预测预警系统发出指令能够具体到某个具体的维修人员，从而提高维修系统的响应速度。

8.2　大型商用飞机项目客户服务管理的基础理论

8.2.1　客户关系管理理论

客户关系管理理论是市场经济发展的产物。随着市场竞争激烈程度加剧，企业产品设计和生产的产品同质化问题引起了客户的强烈不满，客户购买不到合适产品所带来的不满逐渐被部分企业重视，个人定制业务得到了发展。企业也逐渐将产品和服务设计的重点放在客户需求上，通过客户关系管理了解客户需求成为企业产品或服务设计研发的一种重要途径。

美国加特纳公司（Garter Group）作为客户关系管理理论的代表，提出从客户服务管理的视角来看，客户关系管理指企业通过与客户之间的互动，针对客户需求为客户提供能够实现客户价值最大化的服务；并且凭借该服务企业也能够获得最佳收益。客户关系管理是一种企业经营战略，它围绕着以客户为中心的管理理念，对企业资源进行战略性整合，以更优化的企业管理流程，更快更便捷地满足客户需求。

波音公司认为客户关系管理即企业借助客户服务平台，将制造商、租赁商、航空公司和零部件供应商等都置于一个统一的基于大数据技术构建的信息共享平台，借助信息数据共享，整合一切可以利用的服务资源，为客户提供更高效的服务。波音公司认为客户关系包括客户管理、标准化管理和平台数据共享管理。

综上所述，客户关系管理是企业基于战略管理理念的客户资源整合管理，企业借助大数据技术构建的信息共享平台与供应链上的客户数据对接，利用供应链资源挖掘客户和为客户提供尽可能周到便捷的服务，以满足客户需求。

8.2.2　客户满意度理论和客户忠诚度理论

1. 客户满意度理论

客户满意度指客户产品或服务购买前、购买中和购买后都能体验到需求被满足的心理状态，这种体验可能成为客户是否会重复购买产品或服务的依据。卡多佐作为客户满意度理论的代表人物，首先在市场营销中加以应用和推广，使之成为一种被广泛应用的企业经营理念。

客户满意度是相对于客户不满意而言的。通常人们对产品或服务会设定一个预期期望值，最终获得的匹配值与预期期望值之间的差别程度，决定了客户的满意度水平。

在客户需求被满足的过程中，客户的需求通过产品质量感知、产品形象感知、服务质量感知和产品或服务价值感知体现出来，如表 8-2 所示。

表 8-2　客户需求与客户感知匹配表

客户需求一级指标	客户需求二级指标	客户感知
功能需求	主导功能需求	产品质量感知
	辅助功能需求	
	兼容功能需求	
形象需求	质量形象需求	产品形象感知
	品牌形象需求	
	载体形象需求	
拓展需求	服务需求	服务质量感知
	心理需求	
	文化需求	
价格需求	质量价格比	产品或服务价值感知
	价格质量比	

客户需求被满足并不是通过客户需求各项指标的被满足程度来衡量的，而是通过客户的产品质量感知、服务质量感知、产品或服务价值感知的形式体现出来，对客户满意度产生影响，为客户满意度的测度提供支持。

大型商用飞机项目主要的客户为航空公司和租赁公司，长期持续经营的航空公司对大型商务飞机的需求是可持续的。为了和客户建立长期的合作关系，就要通过优质服务让客户感知价值，从而提高客户的满意度。

2. 客户忠诚度理论

客户忠诚度指客户基于对特定产品或服务的质量、价值和形象等因素影响，对产品或服务形成购买偏好，产生重复购买该产品或服务的行为特征。企业更愿意用一对一的服务或者针对个人定制的服务来服务客户，从而准确把握客户的需求发展趋势，促使客户重复购买。企业借助客户服务与客户的每一次互动，尽可能地使服务能够超出客户预期，期望能够让客户愉悦。唯有如此，客户才会一次次地访问企业网站和店面，期望能够从产品或服务中收获更大的惊喜。经过企业的长期培育，客户形成对企业产品或服务关注的习惯，客户对企业产品或服务的忠诚度也得到增强。

一般来说，客户是否为企业的忠诚客户，可以以此来考察。①通过订单分析，可以看出客户是否经常重复购买企业的产品或服务，大数据技术通常能够借助客户购买企业产品或服务的频次，来确定客户是否为企业的忠诚客户。②出于信任，忠诚度高的客户更愿意购买企业的新产品或服务。③客户期望企业获得长远发展，更愿意将企业的产品或服务推荐给身边的同事、亲友和朋友等。④忠诚度高的客户会通过排斥企业竞争对手来表明自身的忠诚度。

对于大型商用飞机项目来说，由于研发时间长，所投入的研发费用较高，研发出来的产品在推出的时候，可能就会有其他比较先进的产品面世，客户如果对企业不忠诚，可能就会取消企业订单转而购买比较先进产品。而对于忠诚度较高的客户，则不会由于企业产品在创新上稍微出现劣势就否定企业、取消订单，而是遵守承诺和保证信誉，依然选择企业产品或服务。而对于大型商用飞机项目客户服务管理来说，客户服务部门为了提高飞机维修效率和降低故障率，企业研发的飞机故障预警软件可能也会面临大型商用飞机研发出现的问题，而不忠诚的客户比较容易放弃企业的软件，而忠诚度较高的客户则会不放弃企业软件，比较专业的客户甚至会提意见帮助企业对软件进行升级改造。因此，对于大型商用飞机项目的客户服务来说，培育客户的忠诚度，可能会降低企业损失，提高大型商用飞机的订单量。

8.2.3 客户价值理论

科特勒最早提出了客户让渡价值理论。他认为在市场营销中，客户价值包括客户购买企业产品或服务直接为企业创造的收益价值和企业提供产品或服务而给予客户的让渡价值。这说明，客户之所以选择一家企业购买产品或服务，有两个重要的因素，即该企业能够提供与其他企业不一样价值的产品或服务，该企业能够充分挖掘客户的价值，提升他们的收益。

帕累托从大量社会调查与实践中得出一个结论，即社会上处于顶端的 20%的人拥有 80%的社会财富，这种法则即所谓的二八定律。二八定律验证了客户价值理论的重要性，为企业筛选有价值的客户提供了理论支撑。衡量企业价值犹如股票市场的股票估值，看似发展稳健的公司可能瞬间破产。这意味着客户价值是受未来某些因素影响的变量。这就要求企业在衡量客户价值的同时，也要关注客户的发展潜力，也就是客户是否有持续购买力。

对于要长时间才能交付订单的企业来说，客户价值受未来某些因素的影响，可能会提高，也可能会降低甚至被清零。对于大型商用飞机项目来说，最期望的是客户价值提高，避免客户价值降低和被清零。要实现这一愿望，企业可以根据真实的客户数据去评估客户的未来价值，确保所筛选的客户都是高价值客户。但如果关键客户中未来某个特定的时间客户价值可能会被清零，那么，对于企业来说，为避免出现客户价值被清零的局面，企业必然要主动采取一些措施来不断提高客户的价值。按照二八定律，中国可谓空中客车公司的高价值客户。但 2020 年由于空中客车公司单方面涨价，中国取消了空中客车公司 1500 亿美元的大型商用飞机订单。这意味着客户价值是会变化的，企业让客户变得没有价值，客户也会让企业即将到手的价值无法变现。说明企业选择有价值的客户，不仅需要考虑关键客户现在的真实价值，也要基于未来的变化衡量客户的潜在价值。

8.3　大型商用飞机项目合同风险管理与决策

8.3.1　合同风险管理理论

风险通常指由于不确定性因素而带来的非正常损失。合同风险指由于合同一方或双方责任而带来的非正常损失和由于不可抗力等因素带来的非正常损失。对于大型商用飞机项目来说，大型商用飞机项目的合同风险指的是大型商用飞机项目合同执行中由于不确定性因素而发生的损失风险。

大型商用飞机项目合同体现的是大型商用飞机项目合同订立双方的意愿，合同对大型商用飞机的技术参数、性能、安全系数、耗油情况、发动机品牌、交付日期、价格、数量、售后服务等都有具体的规范。合同一经订立，无论履行还是变更或终止都可能存在损失风险。为了降低损失对企业的影响，企业必然会重视合同风险管理。

大型商用飞机项目合同风险管理指大型商用飞机项目针对合同规范，对可能发生的各种风险进行管理，主要是针对合同内容对可能潜在的风险进行识别、对项目进行过程中可能出现的各种风险进行管理，主要是对项目风险的识别、评价、监测与控制。根据大型商用飞机项目合同的签订、履行、变更、售后等流程，将合同风险管理分为合同订立风险管理、合同履行风险管理、合同变更风险管理、合同售后风险管理等。

合同订立风险管理，主要在合同签订前对客户的支付能力、诚信记录和履约情况等进行调查分析，根据项目的需要，择优选择客户。在项目部选择好客户准备量产时，要针对量产进行可行性分析和论证，确定量产计划切实可行，然后与客户签订合同。在接到客户提供的大型商用飞机报价时，要针对大型商用飞机的造价成本、长期维修维护成本、客户服务成本等进行成本收益分析，保障量产计划是安全可行的。在订立合同时，要对合同中较为关键的问题进行细节上的协商，以便确定关键问题的细节能够清楚明白地在合同中有所体现，确定合同内容的规范性，避免合同漏洞。

合同履行风险管理，项目部与客户签订合同之后，要在量产中严格遵循客户对大型商用飞机的技术参数等的具体要求，严格按照合同中客户要求的细节去进行量产，以便防止客户在履行合同时，以大型商用飞机不符合其要求而变更合同或取消合同。在履行合同约定时，如果出现突发事件或不可抗因素需要对合同内容做出调整的，必须由双方确认合同调整的内容，确保大型商用飞机能够顺利通过验收。

合同变更与取消风险管理。在履行合同约定过程中，可能由于客户的原因要求进行合同变更的，大型商用飞机项目部可以根据大型商用飞机量产计划的进度，考虑对合同内容进行变更。如果客户要求变更的内容，按照计划进度变更需要付出更高代价的，项目部可以与客户协商一个合理的补偿价格，对需要变更的内容进行变更。由于客户的原因需要取消合同的，项目部可以根据合同内容索要相应的违约金。但合同约定中如果有发生不可抗力而导致客户取消订单的，项目部订单被取消需要承担较大的损失，这是项目部需要重点关注的问题，需要在风险管理中对该情况进行全面分析，考虑如何避免订单被取消，订单被取消后，需要采取何种措施避免此种情况的发生。

合同售后风险管理，在合同履行之后，尾款的清算、售后等方面的风险需要重点关注。大型商用飞机的售后质量保证、大型商用飞机各项技术参数等资料的管理等都潜藏着风险。如果客户对大型商用飞机的质量有疑问，双方可以进行协商与调解。如果双方无法调解，可以寻求法律途径去解决质量争议。

8.3.2　大型商用飞机项目合同风险的决策分析

大型商用飞机项目合同风险决策就是针对目前项目风险管理现状，围绕着项目合同风险，经过权衡，在规避项目合同风险、改变项目目标和基准以及取消项目合同等策略中做出合理选择。成功的关键还是取决于人。目前传统的决策方法主要有期望效用值决策法、决策树法、层次分析法，专家调查法等。人工智能的发展，使得机器学习成为现实，通过各种数学方法使得机器成为管理者进行决策的主要辅助工具。

（1）期望效用值决策法。效用值决策指在使用某项决策工程而产生的心理满足程度。效用能够反映出决策者的胆略，所体现的是决策者应对风险事件而表现出来的态度。对效用的度量通常采用效用值，取值范围为 0～1。效用值衡量的是经济行为目的，而不单纯是经济活动带来的货币量的增加。这就意味着，以期望效用值来衡量风险的损失，关注的是这种决策是否达到了期望损失最小的目的，即期望效用值决策法就是在进行风险决策时，运用期望效用损失值来考核决策者，考察决策者是否实现了风险效用损失最小的目标。

（2）决策树法。决策树法是指每一个决策点都有很多备选方案，从中筛选出达到盈亏平衡点的最优方案，决策树模型如图 8-1 所示。

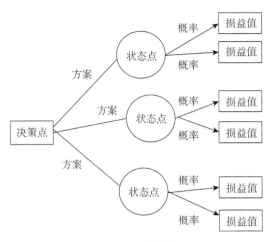

图 8-1　决策树模型

　　决策树法的应用：画决策树。每个决策点对应数个决策方案，方案是依据风险决策所要应对的所有问题而设置的；方案的选择依据是状态点所对应的方案概率，根据概率计算损益期望值；从诸多备选方案中选择最低损失值，确定最优方案。

　　（3）层次分析法。层次分析法通常是将影响合同风险的所有因素进行分层，确定目标层、准则层和方案层，然后采用专家调查法、问卷调查法等方法辅助进行打分，计算权重和对最终评分进行排序，选择最优方案。层次分析法的运用：对所有的风险因素进行分层，根据分层次的因素列表；确定项目风险评估的标准，一般采用五级的评价标准，即优、良、中、次、差，每个级别设定相应的取值区间；专家根据评价标准给每个风险因素打分，根据分数构建判断矩阵，进行一致性检验，计算各因素的权重和各因素具体得分，根据单项得分水平计算风险总的得分水平，对风险状况进行分析。

　　（4）专家调查法。专家系统是融合人工智能和专家头脑风暴法的功能而建立起来的计算机辅助决策系统。专家系统通过数据挖掘技术对历史数据进行分析，模拟专家，针对风险问题做出诊断，并基于历史数据分析，给予类似专家级别的解决方案。决策支持系统是针对风险决策机制建立的计算机辅助决策系统，该系统借助决策者在同等风险条件下做出的决策集合，通过对集合数据进行整合，对风险项目进行具体分析，然后从决策方案中选择出与风险相匹配的风险决策方案。基于人工智能的专家系统与决策系统应用于大型商用飞机合同风险决策中，能够快速敏捷地对风险问题做出反应，有效地提高项目的决策水平和效率（Owen and Shapley，1989）。

第 9 章

大型商用飞机项目风险决策与控制

20 世纪七八十年代，我国国产飞机取得了卓越成果，运 10 完成首飞、中美合作生产麦道飞机，一度接近美国等发达国家水平，之后进入了短暂的休整期，以引进国外先进飞机为主。对于大型商用飞机而言，大型商用飞机肩负着历史使命，既是国家的意志和人民的期望，又是国家竞争力的体现。随着中国商用飞机有限公司的成立，我国大型商用飞机项目正式启动。

为了满足我国持续增长的民用航空市场需求，研制和发展大型商用飞机是行之有效的措施，而且大型商用飞机项目本就是一项颇具代表性的示范性工程，有利于推进我国航空工业体制的创新发展，同时这也是一项凝结了中华民族伟大意志和伟大智慧的工程。大型商用飞机项目作为产业链顶端的产业以及国家的战略性产业，不仅仅标志着一个国家的综合科技实力，同时也是国家与国家之间的战略必争之地。作为一项伟大的国家工程项目，大型商用飞机项目富有战略意义，同时具有产出周期长、产出规模大以及技术高精的特征。基于此，以大型商用飞机项目为研究话题，深入探讨大型商用飞机项目的风险管理、风险决策以及风险控制，具有重要的实际意义与理论意义。

9.1　大型商用飞机项目风险管理概述

9.1.1　风险管理的定义

风险有狭义和广义之分，广义上的风险指的是项目运行过程中风险存在的不确定性，狭义上的风险指的是风险中损失的不确定性。前者是以收益的不确定性来衡量，如果项目由于风险的出现而没有获利或者受到损失，则属于广义范畴，如金融风险，如果风险表现为损失的不确定性，则只能导致损失而无法获利，则为狭义风险。风险具有客观性、普遍性、必然性、可识别性、可控性、损失性、不确定性和社会性等特点，收益与风险之间存在正比例关系，积极进取的投资者往往偏好高风险高收益的项目，保守型的投资者则往往偏好低风险低收益的项目。目前阶段学术界针对风险的分类，没有一致的意见，安达信风险分类表是当前较为普遍、得到最多认同的风险分类表，如表 9-1 所示。

表 9-1　安达信风险分类表

序号	风险类别（风险）	风险表现
1	市场	利率、汇率、股价等市场波动因素，影响企业营运和投资而造成相关部门的损益，最终出现的风险
2	信用	交易对方，因一些非善意倒闭、无力偿还等情况而出现的相应风险
3	流动性	负债管理能力弱、紧急流动应变能力差等影响企业资金调度能力，最终产生了相应的风险
4	作业	企业因为不当的流程设计矛盾、疏漏的作业执行、没落实内部控制等不当的作用机制和操作风险，最终产生了相应的风险
5	法律	企业因为外文契约、承做业务之适法性等契约的完备性和有效性，而产生的相应的风险
6	会计	企业会计中账务处理、税务咨询以及相关的完备性，影响企业的盈亏而产生的一系列风险
7	资讯	企业因为系统障碍、销毁资料、安全防护、预防电脑病毒等相关的安控、运作不当而产生的一系列风险
8	策略	企业因为不当的核心产品和错误选择的市场利益，并且处于竞争不利地位而产生的风险

那么什么是风险管理？风险管理主要是指，企业在应对风险环境项目或者在有效管理风险的过程中，使得风险处于最低值的企业管理。换言之，风险管理就是指，有效地评估并且识别风险，同时进行统筹规划，选择恰当方式，有目的性地进行风险处理，最终在最低成本的前提下，保障最大安全的一种企业管理策略。我们可以通过行之有效的风险管理，最大限度地规避损失，做出正确的决策，同时有效地保障企业附加价值的实现。在实际运作过程中，因为风险存在诸多的不确定性，因此决策者要权衡利弊，选择得当的优化过程，进而做出最为恰当的风险处理决定，并且注意在风险管理的过程中，一定要妥善处理好机会成本、资源运用等一些利弊权衡问题。但是值得注意的是，在风险管理活动中过多地运用资源，可能会在某种程度上降低企业经营活动的回报率，因为在资源一定的情况下，二者是此消彼长的关系，因此我们认可的最佳风险管理是指可以在利用最少资源的前提下，最大化化解并处理出现的一切危机。

9.1.2　风险管理的目标

风险管理的定义由上可知，那么风险管理的目标是什么，需要进一步分析。风险管理目标的概念最早由风险管理专家克莱蒙提出，其基本目标是以最小的成本或者代价获取最大的安全保障，企业决策层为达到一定的目的从而对风险管理进行管控。风险管理涉及生产经营的方方面面，不仅仅是一个安全生产的问题，还涉及企业活动的各个环节，如加工、销售、运输等。大型商用飞机项目在运营过程中，应由主管单位出台相应的配套设施方案，在预先评估风险的基础上规避、降低、分担风险。

制定风险目标后，大型商用飞机项目管理者才能有意识地制定程序去识别风险。制定风险目标时需要注意以下几点：第一，确保所选定的预期目标与风险相匹配；第二，风险要考虑全面，一切潜在的和大型商用飞机相关的生产、运营等都需要考量，根据不同的风险制定不同的目标，以重要性为前提，最后综合不同的风险制定静态单目标或动态多目标；第三，客观评价已制定的目标的科学性和合理性，经过验证后确定风险管理的目标。

9.1.3 风险管理的职能

风险管理部门设置至今，已有近百年的历史，大型商用飞机项目也设立了相应的风险管理职能部门，该部门对企业高级管理人员负责，主要履行以下职责：对于重大研发或生产项目而言，需要撰写全面风险管理工作报告，有效地识别、评估风险，测算风险期望值，科学合理地计算风险费用，拟订并统筹相应的管理方案；对于重大决策、风险、事件，从风险的管理规划着手，建立一套判断标准或判断机制，该判断标准能够整合各部门，调动各部门资源，实现人、财、物相结合，使各个部门发挥最大效力；建立风险管控紧急处理机制，风险管理部门设立风险应对措施，对不同的风险采用不同的处理机制，第一时间成立风险管理紧急应对工作小组，工作小组对风险管理计划全面统筹，下达相应的指挥活动，组织机构的有关成员执行并落实风险管理计划；风险管理涉及企业的各个机构，各业务单位都被涵盖其中，需要定期检查风险管理情况，从管制内容上看，风险管理主要包含以下几方面的内容，是否全方位地识别风险、判断是否正确估测风险、风险处理是否及时得当、是否选择最为理想的风险处理技术组合、是否留取最为得当的自保和基金方式、是否选择得当的控制风险技术并且有效规避风险发生等。

9.1.4 风险管理的基本程序与基本框架

1. 风险管理基本程序

大型商用飞机项目管理的基本程序主要包括识别、估测、评估、控制等一系列环节。

（1）识别风险。项目的过程是一个不断决策与选择的过程，往往伴随着较多的风险，要先对风险进行识别，有效地识别并判断可能出现的风险，在识别的过程中要甄别并推测不确定因素，并客观地判断由于某些不确定因素而带来的风险，对风险进行分类。由此，用合适的方法对风险识别至关重要，目前常用的方法有头脑风暴法、德尔菲法、情景分析法、核对表法、流程图法和财务报表法等。头脑风暴法包括直接头脑风暴法和质疑头脑风暴法，直接头脑风暴法指的是由专家群体决策，尽可能地激发创造性，产生尽可能多的设想方法，质疑头脑风暴法思路则相反，对前者提出的设想、方案逐一质疑，分析其显示可行性的方法。该方法容易开展，有助于全面沟通，缺点在于实施成本较高，对参与者素质要求高。

（2）估测风险。需要对第一步识别的风险进行有效评估，基于概率论和数理统计的方法，计算风险可能带来的损失。例如，基于风险的测试（risk based testing，RBT），基于风险的测试是根据影响的大小和失败的可能性，对被测应用程序的特性、模块和功能进行优先排序，它基于复杂性、业务关键性、使用频率、可见区域、缺陷易发区域等来评估风险，该风险可能为积极的，也可能为消极的。

（3）评估风险。假设风险成本客观存在，直接成本和间接成本都应当被考虑。评估风险采用定性、定量相结合的方法，采用各种风险技术对风险进行评价。

（4）控制风险。风险管理者采取各种措施和方法，减少风险事件发生的各种可能性，减少风险事件发生后造成的损失。控制手段主要包括风险回避、损失控制、风险转移和风险保留。风险回避是指放弃了投资行为和潜在的收益，可能的前提是投资偏好或者风险和收益不等同；损失控制是指在项目实施前、实施中和实施后三个阶段中，对风险积极地控制，项目实施前保障的是降低损失的概率，实施中和实施后是为了减少实际发生的损失；风险转移是指将项目中存在的风险转移到其他项目参与者，如大型商用飞机的供货商、银行等，另外，保险转移也是一种常见的风险转移方法，这两种方法相结合，能够帮助项目风险管理者消灭或减少风险事件的发生；风险保留即风险承担，指的是当损失发生时，经济主体将以当时可利用的任何资金进行支付，风险保留包括无计划自留和有计划自我保险。项目管理者采用理性和非理性的措施去承担风险。非理性是指因为心存侥幸，或者错误估计风险，而使得损失发生之时暴露了风险；理性自留风险是指，通过客观的分析认为风险损失在可控范围内，进而承担全部或者部分风险。通常情况下，一些发生概率不高、损失程度低的风险，可采用无计划自留风险的方式进行处理。

2. 风险管理的基本框架

项目风险管理的基本框架主要包括内部环境、目标设定、事项识别、风险评估、风险应对、控制活动、信息与沟通、监控等。

（1）内部环境。内部环境是项目风险管理的其他要素的基础，为其他要素提供支持。内部环境中最关键的因素为人，受董事会、管理层等影响，企业风险控制经由人的行为完成，只有人才能完成风险管理，达到既定目标。因此，风险管理的内部环境应当以人为本，从聘用到后续培训等，都应当有相当严格的规范和章程。

（2）目标设定。风险管理部门应当设定风险的目标，在既定风险管理的基础上，管理层根据设定的风险以及应对措施，了解目标涉及主体和主体的使命，按照既定程序，对目标进行设定。

（3）事项识别。目标设定后，需要对风险的主体和事项进行识别，管理层依据反馈的机会，进行目标制定。

（4）风险评估。将设定的目标、风险及影响因素进一步细化，评估各种风险存在可能导致的后果。

（5）风险应对。管理层对可能存在的风险有着相应的风险预案，对遇到的风险有一种或多种应对措施，并在项目运行过程中加以演练，做到应对风险常态化。

（6）控制活动。为了确保风险管理方案有效实施，应责成责任主体执行相对应的政策和程序，确保其落实到位。

（7）信息与沟通。风险管理贯穿项目的始终，涉及多个部门或者单位，以信息技术为基础，通过合理、有效的方式进行沟通，实现自下而上、自下而上的沟通。

（8）监控。监控即监督，风险管理部门时刻根据项目的进度，第一时间进行修正，及时调整防止项目风险失控，这一过程称为监控。

9.2　大型商用飞机项目风险决策

9.2.1　风险决策的概念与特点

当确定风险后，风险管理部门根据风险类型和内容制订两种以上的风险规避方案，由于风险决策中存在不确定性因素，那么风险管理的方案中计算的损益值不能得出具体的数字，再加上管理层不可避免地出现人为偏好，多种风险方案必须要进行统一比较。风险决策主要分为两大类：第一类是指自然状态的统计特性，即概率性决策，第二类是指统计特性比较模糊，即不确定型决策。

由此可见，大型商用飞机风险决策主要具备以下特点：第一，项目的决策目标可以量化为经济货币；第二，存在多个备选方案，各备选方案侧重点不一，包括但不限于安全型、收益型、稳妥型方案；第三，风险的未来环境可能出现多种自然状态。

9.2.2　风险决策的条件

长期以来，大型商用飞机主要被国外垄断，波音公司和空中客车公司基本垄断了全球所有的大型商用飞机市场，形成双寡头垄断的市场格局，为了掌握核心技术，不在航空制造业方面受制于人，我国大型商用飞机项目应运而生，但在发展过程中可谓一波多折，内忧外患，市场竞争压力较大，项目风险决策者只有适应形势，获取市场订单，才能做出科学决策，科学的决策既要有合适的决策方法，又要有合理的解决方案。因此，风险决策必须遵循一定的条件和原则。

风险决策主要分为主观条件和客观条件。主观条件下风险决策都是由人来控制的，决策人由于经验、知识素养、判断能力等的不同会产生不同的偏好，偏好对最终做出的决策会产生十分重要的影响。根据对风险偏好的不同，决策者大致分为三种类型：第一种是谨小慎微型，这种决策者不求无功，但求无过，不求大利，厌恶风险，较为保守；第二种是开拓进取型，这种决策者追求高风险高收益，对风险不甚敏感；第三种是中庸型，这种决策者对风险和收益的追求处于以上两种决策者两者之间。决策者的类型并非一成不变的，大型商用飞机的研制需要有大魄力、大智慧，对决策者的要求更高，任何一个决策都牵一发而动全身。因此，决策者的主观条件极其重要。

风险决策的客观条件。从客观方面讲，风险型决策应具有以下四个条件：第一，存在着决策者所期望达到的明确目标；第二，存在着可供决策者主观选择的两个以上的决策方案；第三，存在着不以决策者主观意志为转移的两种以上的自然状态；第四，存在着决策者可以主观确定或根据有关资料计算出来的各种自然状态出现的概率。

9.2.3　风险决策的原则

在决策者制订风险方案、进行决策时，如果能获得充分的信息，则根据风险信息能较为客观地对各项决策进行评价。但现实生活中信息获取往往不充分，决策者无法得到详细的信息，导致得到风险发生的概率、收益期望等不准确，而如果决策者根据经验判断各种风险的主观概率，那么可能有失偏颇。为谨慎起见，决策者在进行决策时，应当遵循以下几个原则：最大可能值原则、伯努利原则、E-V准则。

9.2.4　复熵决策

条件概率 $P(\theta_i|s_j)$ 和 $P(y_k|x_i)$ 表示市场提供信息的可靠性，即信息准确度的传统定义。它等于在实际情况出现了第 i 种状态的条件下，市场提供信息预测为出现状态 j（或 k）的概率。当 $i=j$（或 k）时，它表示情报完全准确的可能性。表 9-2 和表 9-3 给出了信息 I_1 和 I_2 的准确度。由此不难看出，I_2 是一个质量低劣的信息。它们的条件熵值为

$$H(I_1 \mid x) = -\sum_{k=1}^{3}\sum_{l=1}^{3} P_{I_1}(y_k \mid x_i)\ln P_{I_1}(y_k \mid x_i)$$

$$= 2.84 \text{奈特}$$

$$H(I_2 \mid x) = 2.73 \text{奈特}$$

表 9-2　信息 I_1 的准确度

y_k	$P_{I_1}(y_k \mid x_i)$	x_i 实际情况		
		x_1 好	x_2 中	x_3 差
预测结果	y_1	0.6	0.3	0.1
	y_2	0.2	0.4	0.2
	y_3	0.2	0.3	0.7
合计		1.0	1.0	1.0

表 9-3　信息 I_2 的准确度

y_k	$P_{I_2}(y_k \mid x_i)$	x_i 实际情况		
		x_1 好	x_2 中	x_3 差
预测结果	y_1	0.1	0.3	0.7
	y_2	0.3	0.2	0.2
	y_3	0.6	0.5	0.1
合计		1.0	1.0	1.0

它只反映信息量的大小或多少，却不能直观地体现人们对信息质量衡量的另一个重要指标——信息的准确度，也就是预报的准确性（或可靠性）。也就是说，信息 I_1 和 I_2 反映其特征的权威性物理量——传统熵却不能体现出这种原则性差异。怎样量化和区分信息的准确性？这就要求我们将传统熵的定义域拓展，以寻求全面衡量信息价值（质量）的新测度（Howard，1966）。

1. 复熵定义

决策系统由状态空间、决策空间和益损函数组成。E^n 上的状态空间 $x = (x_1, x_2, \cdots, x_n)$（$n \geqslant 2$，是状态空间的维数）是不以人的意志为转移的不可控因素。将其元素的概率列于表 9-4 中。该状态空间的不确定性定义为熵函数。

$$H(x) = -\sum_{k=1}^{n} P(x_k)\ln P(x_k) \qquad (9\text{-}1)$$

其中，$0 \leqslant P(x_k) \leqslant 1$，$P(x_1) + P(x_2) + \cdots + P(x_n) = 1$。复熵中的熵与热力学中的熵定义一致，单位是奈特（Nat）。

表 9-4　状态空间及其概率

状态空间 x 的元素	x_1	x_2	⋯	x_k	⋯	x_n
各元素发生的概率	$P(x_1)$	$P(x_2)$	⋯	$P(x_k)$	⋯	$P(x_n)$

一般地，当 $|P(x_k)| \leq 1$ 时，定义集合 $P(x_k)(k,l=1,2,\cdots,n)$ 的不确定性度量函数，即复数域内的熵函数（复熵函数以后统称为熵函数）为

$$
\begin{aligned}
H(x) &= \sum_{k=1}^{n} \left| P(x_k) \ln P(x_k) \right| \\
&= \sum_{k=1}^{n} \left| P(x_k) \left[\ln |P(x_k)| + i \arg P(x_k) \right] \right|
\end{aligned}
\tag{9-2}
$$

它是定义在空间 x 上的复函数，i 为虚数。

显然，式（9-1）是式（9-2）在实数域里的特殊形式；当 $-1 \leq P(x_k) < 0$ 时，$\arg P(x_k) = \pi$，故

$$
\left| \ln P(x_k) \right| = \sqrt{\ln^2 \left[-P(x_k) \right] + \pi^2}
$$

2. 熵函数的性质

（1）由定义直接可以看出，熵函数 $H(x)$ 为非负函数，即恒有 $H(x) \geq 0$。

（2）当且仅当 $P(x_k)$ 只取 0，1 值时，$H(x) = 0$。

（3）当且仅当 $P(x_k)$ 只取 -1，0 值时，$H(x) = M\pi$，M 为 $P(x_k)$ 中等于 -1 的个数，M 是常量。

（4）熵函数 $H(x)$ 是 $P(x_k)$ 的连续函数。当 $P(x_1) = p(x_2) = \cdots = P(x_n) = 1/n$ 时，熵函数具有局部极大值：

$$
\max H(x) = \ln n
$$

故此时 $H(x)$ 是 n 的单调递增函数。

（5）当 $P(x_1) = P(x_2) = \cdots = P(x_n) = -1/n$ 时，有

$$
H(x) = \sqrt{\ln^2 n + \pi^2}
$$

所以，此时 $H(x)$ 也是 n 的单调递增函数。

对于连续状态空间有

$$
H(x) = \int_{-\infty}^{+\infty} |P(x) \ln P(x)| \, \mathrm{d}x
$$

且可得一系列类似的性质。

我们对某组经济数据信息进行评价时，不仅要考虑它的来源的经济性，还要考虑它的准确度和有效预报它的困难度等。随着复熵的引进，我们将发现，它不仅完善了熵的概念，更重要的是，复熵把熵从单方面的信息量大小的度量，扩充为对信息全面评价的一个物理量。这正如正数只能单方面表示多少大小，引进负

数后，才将多与少，大与小划分成从量变到质变的两个不同质的区域——盈利（正数）和亏损（负数），使人类更深刻地认识到：数是一个表示大小与多少的物理量（邱菀华和谷晓燕，2011）。

3. 信息准确度与价值的新测度——传递熵

定义 9-1 在状态空间 $x \subset E_n$ 上的信息 A，对于 $x_l, y_k \in x$，信息 A 的条件熵定义为其相应状态的条件概率的下列形式：

$$H(A \mid x) = \frac{1}{n} \sum_{k=1}^{n} \sum_{l=1}^{n} \left| P(y_k \mid x_l) \ln P(y_k \mid x_l) \right|$$

它反映了信息 A 的各状态不确定度的均值。

定义 9-2 已知状态空间 x 上的信息 A 的条件概率为 $P(y_k, x_l)$（$k, l = 1, 2, \cdots, n$），定义 A 的传递矩阵为

$$E(A) = (e_1, e_2, \cdots, e_n)$$

其中

$$e_1 = \frac{1}{n-1} \sum_{k=1}^{n} \left[P(y_l \mid x_l) - P(y_k \mid x_l) \right], \quad l = 1, 2, \cdots, n$$

很明显，传递矩阵的元素 $e_l (l = 1, 2, \cdots, n)$ 表示状态 l 发生时信息 A 预报的平均准确度或可靠度，其值域为 $\left[\frac{-1}{n-1}, 1 \right]$。值大者准确度高。

定义 9-3 命

$$h_k = \begin{cases} -e_k \ln e_k, & 1/e \leqslant e_k \leqslant 1 \\ \dfrac{2}{e} - e_k \left| \ln e_k \right|, & \dfrac{-1}{n-1} \leqslant e_k \leqslant \dfrac{1}{e} \end{cases}$$

则

$$H(A) = \sum_{k=1}^{n} h_k$$

称为信息 A 的传递熵。它是一个 $\left[\dfrac{-1}{n-1}, 1 \right]^n$ 上的非负连续函数。它表明信息 A 传递状态（或预报）的不确定度。为与传统熵名词一致，传递熵也叫信息 A 的平均信息量。

不难证明下式成立：

$$h_k \geqslant 0, \quad \lim_{e_k \to \frac{1}{e} - 0} h_k = 1/e$$

$$\lim_{e_k \to \frac{1}{e} + 0} h_k = 1/e, \quad \lim_{e_k \to 0 + 0} h_k = 2/e$$

$$\lim_{e_k \to 0 - 0} h_k = 2/e, \quad \lim_{e_k \to 1 - 0} h_k = 0$$

$$\lim_{e_k \to 1 + 0} h_k = \frac{2}{e} + \pi, \quad \lim_{e_k \to \frac{-1}{n-1}(\pm 0)} h_k = \frac{2}{e} + \frac{1}{n-1} \sqrt{\ln^2 \frac{1}{n-1} + \pi^2}$$

下面需要证明，传递熵 $H(A)$ 就是我们要寻找的，能够全面衡量信息 A 的价值的新测度。为此，先定义信息的优劣。

定义 9-4 设信息 A 在 n 维状态空间 x 上的条件概率

$$P\left(y_k \mid x_l\right) = \begin{cases} 1, & k=1 \\ 0, & k \neq 1 \end{cases} \quad (k,l=1,2,\cdots,n)$$

则称信息 A 是最优信息。

由定义 9-4 可知，最优信息 A 的可靠度表中数据矩阵是一个单位矩阵。当对角线上元素为 1（表示准确预报的概率），其余元素（预报不准或预报有偏差的概率）全是零时，这就意味着，最优信息对未来预报准确无误。

定义 9-5 在状态空间 x 上定义的两个不同的信息 A 和 B，其准确度条件概率分别为 $P_A\left(y_k \mid x_l\right)$ 和 $P_B\left(y_k \mid x_l\right)$（ $y_k, x_l \in x$，$k,l=1,2,\cdots,n$），传递矩阵分别为

$$E(A) = \left(e_1^A, e_2^A, \cdots, e_n^A\right)$$

$$E(B) = \left(e_1^B, e_2^B, \cdots, e_n^B\right)$$

如果对所有 $k=1,2,\cdots,n$，都有

$$e_k^A \geq e_k^B$$

且至少有一个大于符号成立，则信息 A 优于信息 B，记为 $A > B$，或 $B < A$。若 $H(A) < H(B)$，则认为信息 A 的准确度高于信息 B。定义 9-5 规定，较优信息的准确度高。

定义 9-6 在 n 维欧氏空间 E^n 上的半峰凹函数是指，在凹函数的极点处将其平分成两份，其中一份构成的函数。对单变量而言，单调不降（若为半峰严格凹函数时，则为单调递增）的那半部分称为半峰升函数，相应地，另一半部分称为半峰降函数。

图 9-1 给出了定义 9-6 在 E^2 空间上的几何解释。图 9-1（a）是 E^2 上的严格凹函

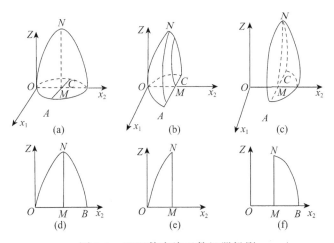

图 9-1 凹函数半峰函数机器投影

数 $z = f(x_1, x_2)$ 的图像。图 9-1（b）和图 9-1（c）分别给出了 $z = f(x_1, x_2)$ 的半峰升函数和半峰降函数的图像。图 9-1（d）、图 9-1（e）、图 9-1（f）依次表示用 $x_1 = 0$ 的平面切它们所得轨迹的图像。图 9-1（d）由凹函数切得，故不单调。图 9-1（e）和图 9-1（f）分别由半峰升函数和半峰降函数切得，故依次得对单变量 x_2 的单调递增曲线 ON 和单调递减曲线 NB。

定理 9-1 最优信息的传递熵为零。

证明：设 A 为最优信息，由定义 9-4 得其条件概率满足

$$P(y_k \mid x_l) = \begin{cases} 1, & k = 1 \\ 0, & k \neq 1 \end{cases} \quad (k, l = 1, 2, \cdots, n)$$

所以 A 的传递矩阵 $E(A)$ 的元素

$$e_k = \frac{1}{n-1} \sum_{i=1}^{n} \left[P(y_k \mid x_k) - P(y_l \mid x_l) \right]$$

$$= \frac{1}{n-1} \sum_{j=1}^{n} \left[1 - P(y_l \mid x_k) \right] = 1, \quad k, l = 1, 2, \cdots, n$$

$$E(A) = [1, 1, \cdots, 1]$$

$$H(A) = -\sum_{k=1}^{n} 1 \ln 1 = 0$$

定理 9-1 表明，对于最优信息，其可靠度达到最大值 1，不确定性为 0，即传递熵达到最小值 0。它实际是 Bayes 风险决策中的全信息。

定理 9-2 传递熵是半峰降函数。

证明：设信息 A 的传递熵和传递矩阵分别为 $H(A)$ 和 $E(A) = (e_1, e_2, \cdots, e_n)$ 下面分段来证明。

（1）当 $1/e \leqslant e_k \leqslant 1$ 时 $(k = 1, 2, \cdots, n)$，根据拉格朗日数乘法，对

$$\frac{\partial H}{\partial e_k} = -\ln e_k - 1 = 0$$

$$e_k = 1/e$$

$H(A)$ 在点 $(1/e, 1/e, \cdots, 1/e)$ 处取极大值 n/e。

海塞矩阵为

$$H_e(H) = \begin{pmatrix} -1/e_1 & 0 & \cdots & 0 \\ 0 & -1/e_2 & \cdots & 0 \\ \vdots & \vdots & & \vdots \\ 0 & 0 & \cdots & -1/e_n \end{pmatrix}$$

易得到海塞矩阵是负定的，故 $H(A)$ 是 E^n 上的严凹函数。由定义 9-1 可知，$H(A)$ 在 E^n 上是个半峰降函数[类似于图 9-1（c）、图 9-1（f）]。

（2）当 $0 < e_k < 1/e$ 时

$$H(A) = \sum_{k=1}^{n}\left[\frac{2}{e} - e_k |\ln e_k|\right] = \frac{2n}{e} + \sum_{k=1}^{n} e_k \ln e_k$$

当 $k=1,2,\cdots,n$ 时，显然在点 $(1/e,1/e,\cdots,1/e)$ 处取极小值 n/e，且由海塞矩阵的正定性，得到 $H(A)$ 是 E^n 上的严凸函数，故 $H(A)$ 在 E^n 内是半峰降函数。

（3）当 $\dfrac{-1}{n-1} \leqslant e \leqslant 0$ 时

$$H(A) = \frac{2n}{e} - \sum_{k=1}^{n} e_k \sqrt{\ln^2(-e_k) + \pi^2}$$

其 Jacobi（雅可比）矩阵

$$\Delta H = \left(\frac{\ln^2(-e_k) + \ln(-e_k) + \pi^2}{-\sqrt{\ln^2(-e_k) + \pi^2}}\right)_{1 \times n}$$

的每个元素都满足条件

$$\frac{\ln^2(-e_k) + \ln(-e_k) + \pi^2}{-\sqrt{\ln^2(-e_k) + \pi^2}} < 0$$

故 $H(A)$ 对单个变量在 $\left[\dfrac{-1}{n-1}, 0\right]$ 区域上是递减函数，即半峰降函数。当 $e_k = -1/(n-1)$ 时，达极大值 $2n/e + n\sqrt{\ln^2\dfrac{1}{n-1} + \pi^2}/(n-1)$。

当 $H(A)$ 在上述三种情况兼而有之时，显然也为降函数。事实上，它是一个 $n+1$ 维超平面。图 9-2 给出了 $n=2$ 时，用 $e_1=0$ 的平面截三维超平面（即曲面）——传递熵函数 $Z = H(A)$ 的图像后所得曲线（即图中实曲线）示意图。显然它是递减的，且在 $\left[0, \dfrac{1}{e}\right]$ 区间上是函数 $-\sum_{n=1}^{k} e_k \ln e_k (e_k \in [0, 1/e])$，即图 9-2 中的虚曲线 OB 关于直线 $Z=n/e$ 的对称图形——实曲线 AB。

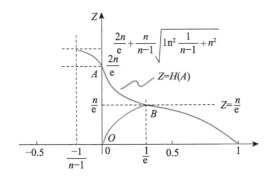

图 9-2　平面 $Z = \dfrac{n}{e}$ 与曲面 $z = H(A)$ 的切口曲线示意图

至此，我们已证明了在 $\left[\dfrac{-1}{n-1},1\right]^{n}$ 上的连续函数 $H(A)$ 是半峰降函数。这就保证了我们定义的传递熵函数对于精确度高（即 e_k 大）的信息的不确定度（ $H(A)$ ）小。因此，定义是有效的。它是我们算法的理论依据。

设决策的实际自然状态空间为 $\theta=\{\theta_1,\theta_2,\cdots,\theta_n\}$ ；先验概率分布为 $P(\theta)=\{P(\theta_1),P(\theta_2),\cdots,P(\theta_n)\}$ ；信息的预测结果空间为 $s=\{s_1,s_2,\cdots,s_n\}$ ， s 与 θ 是一一对应的；条件概率分布为

$$P(s\mid\theta)=\left\{P(s_j\mid\theta_i)(i,j=1,2,\cdots,n)\right\}$$

定理 9-3 后验概率 $P(\theta_i\mid s_j)$ 是信息条件概率 $P(s_j\mid\theta_i)$ 的单调增函数，其中， $i,j=1,2,\cdots,n$ 。

证明：根据概率知识可知， $p(\theta_i\mid s_j)=p(\theta_i)p(s_j\mid\theta_i)\Big/\sum\limits_{i=1}^{n}p(\theta_is_j)$ ，由于 $P(s_j\mid\theta_i)$ $(i=1,2,\cdots,n)$ 之间无关，所以上式可以写成 $y=ax/(ax+b)$ 。其中， $y=p(\theta_i\mid s_j)$ ， $x=p(s_j\mid\theta_i)$ ， $a=p(\theta_i)>0$ ， $b=\sum\limits_{k=1,k\neq i}^{n}p(\theta_k)p(s_j\mid\theta_k)$ 。因为 $y'_x=ab\big/(ax+b)^2>0$ ，所以 y 是 x 的单调增函数。

由定理 9-3 可知，信息越准确，即 $P(s_j\mid\theta_i)$ 越大，则后验概率 $P(\theta_i\mid s_j)$ 也越大，即预测更准确；反之则相反。这种情况应在决策过程中得以体现，否则会产生错误的判断。

设有两方案：其一在任何状态下收益为零，另一在 θ_i 出现时收益为 CP_i ， $\mathrm{EP}_j=\sum\limits_{i=1}^{n}P(\theta_i\mid s_j)\mathrm{CP}_i$ 为预测为状态 s_j 时的期望收益。

EMV_y 和 EMV_N 分别为购买和不购买信息时的期望收益，对此有如下结论。

定理 9-4 记 $\mathrm{EP}_j<0$ 的足标 j 集合为 J ，则

$$\Delta=\mathrm{EMV}_y-\mathrm{EMV}_N=\begin{cases}0 & ,\ J\neq 0\\ -\sum\limits_{j\in J}^{n}\sum\limits_{i=1}^{n}\left[P(s_j\mid\theta_i)P(\theta_i)\mathrm{CP}_i\right]>0, & J\neq 0\end{cases}$$

其中， 0 为空集。

证明：

（1）当 $J=0$ ，即所有 $\mathrm{EP}_j\geqslant 0$ ，则

$$\Delta=\sum_{j=1}^{n}P(s_j)\mathrm{EP}_j-\sum_{i=1}^{n}P(\theta_i)\mathrm{CP}_i=\sum_{i=1}^{n}\sum_{i=1}^{n}P(\theta_is_j)\mathrm{CP}_i-\sum_{i=1}^{n}P(\theta_i)\mathrm{CP}_i=0$$

（2）若存在 $\mathrm{EP}_j<0$ ， $j\in J\neq 0$ ，则

$$\Delta = \sum_{j \in J}^{n} P(s_j) \mathrm{EP}_j - \sum_{i=1}^{n} P(\theta_i) \mathrm{CP}_i = -\sum_{j \in J} P(s_j) \mathrm{EP}_j > 0$$

又因为 $\mathrm{EP}_j = \sum_{i=1}^{n} P(\theta_i \mid s_j) \mathrm{CP}_i$，所以

$$\Delta = -\sum_{j \in J} \sum_{i=1}^{n} P(\theta_i s_j) \mathrm{CP}_i = -\sum_{j \in J} \sum_{i=1}^{n} P(s_j \mid \theta_i) P(\theta_i) \mathrm{CP}_i$$

由定理 9-4 可知，当所有 $\mathrm{EP}_j \geqslant 0$ 时，Bayes 决策的后验预分析失效，有无信息结论都一样。因为 $\Delta = 0$，无须增加后验信息。当 $\mathrm{EP}_j < 0$ 时，差值 Δ 与信息的条件概率 $P(s_j \mid \theta_i)(j \in J)$ 有关，而与其他条件概率无关。如果两种信息的 $P(s_j \mid \theta_i)$（$j \in J \neq 0$ 时）相等，则 Δ 也必须一样，从而产生即使信息本身的准确度 $P(s_j \mid \theta_i)$ 不全相等，而 Bayes 决策结果却相同的不合理性。这是因为没有考虑信息准确度而产生的。

定义 9-7　信息 I 在 n 维状态空间 θ 上的条件概率为 $P(s_j \mid \theta_i)$（$i, j = 1, 2, \cdots, n$）。若 $P(s_j \mid \theta_i) = 1/n$，则称信息 I 为最差信息。最差信息传递矩阵为零矩阵。

定理 9-5　传递矩阵中元素 e_k 只与 $P(s_k \mid \theta_k)$ 有关，且是其递增线性函数。

证明：因为 $\sum_{j=1}^{n} P(s_j \mid \theta_i) = 1(1, 2, \cdots, n)$，所以

$$e_k = \frac{1}{n-1}\left[\sum_{j=1}^{n} P(s_k \mid \theta_k) - \sum_{j=1}^{n} P(s_j \mid \theta_k) \right] = \frac{1}{n-1}\left[nP(s_k \mid \theta_k) - 1 \right]$$

即 e_k 是 $P(s_k \mid \theta_k)$ 线性递增函数。

由定理 9-5 可知，信息越准确，传递矩阵元素值也越大，反之则相反。

不失一般性，我们认为，作为信息准确度的传统测度——条件概率在 $P(s_j \mid \theta_k) > P(s_k \mid \theta_k)$（$j \neq k; i, j, k = 1, 2 \cdots, n$）时，该信息在预测状态 θ_k 上是失效的，并设其准确度为零，从而 $e_k = 0$，$h_k = 2/\mathrm{e}$，故而 e_k 的定义域实为 $[0,1]$。

4. 基于复熵的 Bayes 决策

我们已经看到，熵不再仅仅表示信息量的多少，还能反映它质的优劣。因此，拓展了的熵，才真正成为信息度量的一个物理量（Nakagawa 等，2014）。然而，要彻底解决开始提出的问题，还必须建立 $H(I)$ 与经济指标的数量关系。

下一步将把准确度与费用联系起来。我们很自然地想到，既然 $H(A)$ 已充分体现了信息准确度，那么就可以把它作为准确度大小的系数，通过与最大机会经济损失相乘，得出该准确度下信息的机会经济损失。下面我们按定理 9-3 和定理 9-4 所设符号，以收益型决策问题为例进行讨论。

当 $J \neq 0$ 时，获得最优信息时的最大期望收益

$$\text{EMV}_{\max} = \sum_{i \notin J} P(\theta_i)\text{CP}_i \text{ (显然 EMV}_{\max} \leqslant \text{EPC)}$$

先验期望收益，理解为信息最劣时期望收益

$$\text{EMV}_{\min} = \sum_{i=1}^{n} P(\theta_i)\text{CP}_i = \text{EMV}_N$$

两者之差就是信息不准确造成的最大机会经济损失，记为

$$\text{CA}_{\max} = \text{EMV}_{\max} - \text{EMV}_{\min} = -\sum_{j \in J} P(\theta_i)\text{CP}_i$$

定义 9-8 称 CA_A 为信息 A 的机会经济损失

$$\text{CA}_A = \frac{e}{2n} H(A)\text{CA}_{\max}$$

它表示由于信息 A 的不准确带来的风险应折合的经济损失（成本的增加或收益的减少）。式中 $H(A)$ 为信息 A 的传递熵，系数 $e/2n$ 是为了使 CA_A 落在 $0 \sim \text{CA}_{\max}$ 而设的。

定理 9-6 最优信息的 $\text{CA}_A = 0$，最差信息的 $\text{CA}_A = \text{CA}_{\max}$。

定理 9-7 信息越准确，它的机会经济损失值 CA_A 越小。

定义 9-9 信息 A 的价值

$$V_A = \text{CS} + \text{CA}_A$$

其中，CS 为市场上信息 A 的售价（或经抽样、调研等手段获取信息 A 所耗费的成本）；V 为用成本和准确度对信息的价值作全方位衡量的一个物理量。

定理 9-8 一个完整的 IBayes 算法步骤如下。

（1）若 $J = 0$，用先验 Bayes 决策，无须后验信息，算法结束；否则转（2）。

（2）计算 EMV_N，转（3）。

（3）用拟获取的后验信息 A 修正先验信息，并计算 EMV_y，转（4）。

（4）用定义 9-2 计算 $E(A)$（当 $P(s_j|\theta_k) > P(s_k|\theta_k)$ 的 $e_k = 0$，$h_k = 2/e$）、$H(A)$ 和 CA_A，转（5）。

（5）比较 EMV_N 与 $\text{EMV}_y - V_A$ 的大小，若前者小，则信息 A 值得获取，根据它提供的信息（用后验分析法）进行决策，并求出：

$$\text{EVS}_1 = \text{EMV}_y - \text{EMV}_N$$
$$\text{ENG}_S = \text{EVS}_1 - V_A$$

算法结束；否则用先验 Bayes 决策，后验信息 A 不宜获取，算法结束。

如果方案的个数 j 更多，只要重新定义 $\text{EMV}_{\max}$ 和 $\text{EMV}_{\min}$ 为

$$\text{EMV}_{\max} = \max_{a_j \in A} \sum_{i \notin J} P(\theta_i)\text{CP}_i \text{ 或 EMV}_{\max} = \text{EPC}$$

其中，a_j 为某方案的行动选择。

$$\text{EMV}_{\min} = \min_{a_j \in A} \text{EMV}_N^j = \min_{a_j \in A} \sum_{i=1}^{n} P(\theta_i) \text{CP}_{ij}$$

其他不变，便可按 IBayes 法计算。

9.3　大型商用飞机项目风险评估

在现代制造业产业链中，大型商用飞机无疑处在产业链顶端，大型商用飞机项目作为战略性产业，其生产与研发代表一个国家的综合科技实力和竞争力。大型飞机项目技术含量高、投资规模大、研制周期长，因此，开展大型飞机项目风险管理的研究具有十分重要的实际意义。风险管理是一个管理过程，其中包括对风险的确定、量度、评估和发展应对风险的策略，目的是把可以避免的风险减至最小，成本及损失极小化。项目风险管理分为项目全面风险管理、项目持续风险管理，以及项目一体化风险管理，是系统性、多维性、动态性、定性与定量分析工具的集成。

9.3.1　战略风险

项目的进度与管控成本、战略意识和战略风险的控制程度有直接关系。2001年 "9·11" 事件之后，中国商飞在国际航空市场低谷时期，着手开始 ARJ21 飞机立项的国家重点工程，进而对航空制造业产能产生了巨大的影响。因此，针对中国的 ARJ21 飞机项目，各大国际航空制造商以及系统和原料的供应商，纷纷伸出橄榄枝给予商务和技术等相应的支持。但是国际航空市场随着 "9·11" 事件负面影响的消失殆尽而迎来了发展的新时代。ARJ21 项目所选定的系统和原材料供应商，因为美国波音 787 项目等项目投入的研制阶段而出现了一定的阻力，不仅仅研发质量差强人意，而且之后的商务洽谈也不尽如人意。面对这一类的风险，结合全球招标选择供应商的大前提，为了满足项目战略发展的需求，项目需要从技术、成本、进度以及质量等方面因素，做出客观的决策。

不同于其他项目，大型商用飞机需要国家强有力的支持，尽管中国在 20 世纪 70年代就开始研发大型飞机运 10，大型客机技术一度位居世界前列，但由于历史原因，以及受到国家财政影响，自制研发项目以及中美合作项目不得不终止，直到数十年后大型商用飞机研制项目才重新启动，而目前世界上公认的比较先进的空中客车公司与波音公司都有着浓浓的国家背景。波音公司建立初期以军用飞机为主，成立初期到现在仍与政府有着千丝万缕的关系，20 世纪 60 年代以后才由军用飞机转为商用飞机，与美国麦道公司完成合并后的波音公司已成为世界上航空航天领域规模最大的公司。受多种因素影响，我国与外国飞机制造商合作也不顺利，种种事实告诉我们，主要技术依靠国外公司并不靠谱，国家大型工程运营过程中存在着较大的战略性风险。

9.3.2　适航风险

大型商用飞机由航空公司运营，飞行安全是首要责任和任务。适航风险是运输安全管理的核心内容，也是大型商用飞机研发制造过程中最需要关注的问题。

欧美等国家在大型商用飞机研制时都需要经过主管当局的适航认定。例如，美国成立的 FAA、欧洲成立的 EASA，英国成立民用航空管理局（Civil Aviation Authority，CAA）以及中国民用航空局（Civil Aviation Administration of China，CAAC）是全球权威飞行机构。目前我国研发的客机发动机已有部分通过了这几家航空公司的认证，与西方发达国家相比，我国大型商用飞机的设计、制造都存在着较大差距，同时在售后服务、空勤地勤、用户需求方面都未达到先进水平，大型商用飞机的售后服务主要体现在飞机出勤率、故障率上，并需要求发生故障后第一时间解决相应问题。

此外，旅客座位的间距、环境温度、娱乐设施以及通信设施等是飞机舒适性和经济性的重要指标，舒适性和经济性有一致性和矛盾性，如果一味地增加舒适度，经济利益会受损，如果只考虑经济利益，舒适性差，长期客流量也会降低，进而影响经济性，综合考虑舒适性和经济性才能在竞争中占优。

9.3.3　项目全面风险管理

全面风险管理（enterprise-wide risk management，ERM）源于金融项目管理，是指对大型商用飞机项目各个业务单位、层次、种类风险进行系统全面管理，按照统一标准进行评估，动态衡量及管理各种风险。大型商用飞机项目的可行性研究、立项、实施等步骤都需要进行预测，进行严格风险管控，但是项目在实际执行过程中，人员、环境等因素可能会发生很多变数，这些变数将导致项目计划不能很好地执行，产生工期延长、成本增加等后果，小的来讲可能造成经济利益受损，大的来讲会造成整个项目的失败。全面风险管理防患于未然，在各个阶段、各个方面都做到风险控制，主要包括四个方面的含义：第一是从工程的构思到工程验收结束，都要有必需的风险预测、过程控制及风险评价；第二是项目过程中所有的风险都必须进行管控；第三是全方位立体式管理；第四是全面的组织措施。

全面风险管理主要包括：一是大型商用飞机项目全过程风险管理，从项目立项到结束的全项目周期中对风险进行识别、评估、应对及管控；二是对大型商用飞机项目执行过程中的各种风险的全面管控；三是项目涉及的各个部门、组织、单元的风险均进行全面管理。大型商用飞机项目风险管理的结构图如图9-3 所示。

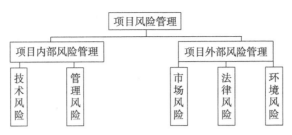

图 9-3　大型商用飞机项目风险管理的结构图

9.3.4　项目持续风险管理

持续风险管理（continuous risk management，CRM）是一种对项目风险进行动态管理的理论，按照风险管理的整个过程，将风险管理的主要活动分为六大过程模块，即风险识别、风险分析、风险规划、风险跟踪、风险控制和风险文档记录。持续风险管理包含的基本流程及其模块如图 9-4 所示。

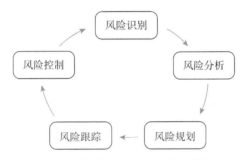

图 9-4　持续风险管理基本流程图

持续风险管理各模块的功能描述如表 9-5 所示。

表 9-5　持续风险管理各模块的功能描述

风险管理模块	功能描述
风险识别	在潜在风险转变成现实问题之前辨识出风险的特征、类别和可能发生的位置
风险分析	将风险数据信息转换为决策信息，对风险进行分类，评估测算风险发生概率、风险影响并按照风险的重要程度对风险进行排序
风险规划	将风险信息转变为降低或管理风险的行动步骤（当前行动和未来计划），制订针对单个风险和某一组风险的降低规划，并付诸实施
风险跟踪	对风险的参数和风险降低规划行动进行监控，根据周期性的风险报告，及时识别新出现的风险，采集风险管理的最新状态数据进行编辑、整理，形成新的风险降低规划
风险控制	分析风险监控数据，修正风险偏差，并决定风险管理规划是否继续执行
风险文档记录	风险文档记录是持续风险管理的关键步骤模块，记录整理风险管理过程中的风险管理信息，尤其是项目内外出现的新情况，产生的新风险，将这些新的项目信息和新的风险通过正式的风险记录报告或非正式的信息传递方式告知持续风险管理的其他五大模块

9.3.5 项目一体化定量风险管理

一体化定量风险管理（integrated quantitative risk management，IQRM）理论，在定量化风险管理理论的基础上试图建立基于风险的决策支持理论，一体化定量风险管理框架如图 9-5 所示。

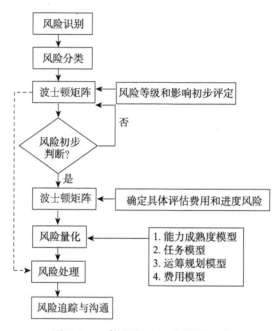

图 9-5　一体化定量风险管理框架

图 9-5 一体化定量风险管理框架用到了能力成熟度模型、运筹规划模型等定量风险分析工具，也用到了波士顿矩阵、任务模型等定性分析模型。其实上述一体化定量风险管理框架就是持续风险管理的一种应用。持续风险管理模型中各风险管理模块采取多种风险分析与管理的工具和方法，既有头脑风暴法、专家打分法等定性分析法，又有基线规划法、成本效益分析法等定量方法，持续风险管理的风险分析工具如表 9-6 所示。

表 9-6　持续风险管理的风险分析工具

风险识别	风险分析	风险规划	风险跟踪	风险控制
基线识别分析法	风险分类	风险管理步骤清单	条形图	因果分析法
头脑风暴法	条形图	基线规划法	风险降低状态报告	风险终止
风险记录定期报告	基线识别分析法	规划决策流程图	风险信息单	成本效益分析法
项目基本问题分析	双准则风险评估法	规划工作表	风险跟踪电子数据表格	风险清单更新

风险识别	风险分析	风险规划	风险跟踪	风险控制
风险表	风险比较与排序	风险问题解决规划：风险分类头脑风暴法	风险终止图	风险降低状态报告
风险信息单	专家投票法	因果分析法	时序相关图	专家投票法
风险分类调查问卷	帕累托风险排序法	成本效益分析法甘特图	风险时间曲线	计划评审技术图
风险分类调查问卷采访	潜在风险排序法	目标–问题–测量法		风险问题解决规划
员工自发的风险报告	风险表	风险关系图		风险信息单
	风险信息	专家投票法		风险跟踪电子数据表格
	风险五层次法	计划评审技术图		风险终止图
	三准则风险评估法	工作分解结构		
		风险信息单		

　　照搬常规、传统管理方法无法解决大型客机在"主制造商–供应商"模式下一个总部、四大中心跨国组织风险管理机制及其绩效评价原则与实施步骤等问题。大型客机项目必须开发各子项目风险 RBS 及其流程和识别、评估技术，提出组织、进度等五领域各目标全寿命期风险管理的系列关键问题，研究风险管理的多种适宜方案，建立其风险管理组织模式、管理方法、工作步骤、程序，具体到管理文件、手册，及其评价和应对与管理风险的激励、奖励政策、文件等。

　　群集成管理实施体系及其一体化信息集成风险管理平台，是充分发挥项目全寿命期风险管理协同效应优化实施的关键。我们基于挣值法风险监控原则揭示风险管理的部门特征，使用五种风险评估技术挖掘我国风险管理深层次规律，创建了与英 APM-BOKV 4.0 兼容的全量表格操作的风险管控体系。它具备通用的企业特色风险管理模式，又兼容风险管理信息及市场库、事件库及链的网络管理系统，使项目风险管理科学化、数字化得以实现。

9.4　大型商用飞机项目风险应对

　　大型客机项目组织架构、模式类似于战略同盟，为了解决在风险分担及其管理上存在的国际性难题，我们建立了三维风险评价模型在多个部门里做组织设计等特色性深化研究。例如，对于四种二级风险因素采用德尔菲法进行风险识别，规定了大型客机项目组织风险的概率等级、影响等级和风险的可检测性的判断标准，选用三维风险评价法确定风险等级。根据评价结果制订相应的应对方案和监控措施，最终形成基于识别、评价、应对、监控四个方面的一套大型客机项目组织及其风险管理标准和体系。

为解决支撑项目总子系统设计、研制过程中复杂的内外部环境协同技术的风险管理难题，可以使用信息熵综合评价法。它是基于相对熵集结模型的主观赋权法，用熵进行可靠性分析，将统一的专家主观定性判断转化为定量数据进行风险测算。这一关键技术的突破，使定性、定量相结合的科学定量分析模型得以全面实现。

为保证和便于检测大型客机决策的有效性，可以借用信息论中的相对熵概念给出的一种新模糊排序方法。它用信息距离取代实际距离解决了 TOPSIS 方法排序难题，不仅有效避免了传统 TOPSIS 方法增加方案造成的反转问题，还可提升决策群组和专家个体提供信息的可靠性，而且扩展的模糊决策形式更符合人们的思维习惯。信息熵综合评价法构建了基于风险矩阵的风险评价方法，解决了大型客机项目在全球范围内各国供应商风险指标及其权重的优选难题。这又是一项对风险评估结果可信度尤为重要的关键技术。基于组合赋权法确定的权重同时考虑了主观和客观方面的信息，所以与传统赋权方法相比该法更为合理。它的创新性思路还在于：先过滤风险再对其进行评估和分级，从而提高了决策的效率和有效性，由于发动机，机载设备，材料和众多关键部件、技术等重大技术风险主要源自外部供应商，所以大型客机的外部风险比重和危害程度非常大。因此项目的整体风险管理创新模式，必须是与霍尼韦尔公司、空中客车公司和波音公司接轨的国际一流水准。以上述多项创新为载体，大型客机项目建立了独一无二的、与英 APM-BOKV 4.0 匹配的全量表操作一体化群集成风险管理体系、数字化系统和产业化平台。它是从产品定义、设计集成、研制、国内外市场化机制供应商管理、客户服务、适航取证到分担风险、提取回报的全寿命期一体化群集成风险评估系统主结构框架。

大型客机项目通过创建一套分段匹配函数，验证了评估模型，解决了平台方位控制回路准确跟踪的难题，成功实现了仿真系统的集中管理，以及落点目标的精度要求；在生产制造中将机身机翼对接，总装配、喷漆、试飞交付时间等作为重要节点，设计风险管控网络嵌入一体化群集成风险管理平台系统，实现工程全寿命期风险管理效应协同。宏观上风险应对措施主要包括以下几个方面。

9.4.1 国家政策支持

大型商用飞机项目涉及航空，具有投资规模大、见效慢、风险大等特点，是中国梦的重要组成部分。大型飞机研发已被纳入中长期科学和技术发展规划，长期的发展离不开国家资金、人力投入，更离不开政策的战略扶持。以政府作为重要推手，以企业为中心，更能形成政产学研一体化战略同盟。为了能更好地发展大型商用飞机，国家领导人专门就项目做了重要批示，要继续弘扬航空报国精神，进一步提升我国装备制造能力。将大型商用飞机项目提升到国家战略层面，方便了项目的顺利进行。

9.4.2　管理体制机制的改革和创新

项目风险管理要想顺利进行、遏制风险的蔓延，仅仅依靠风险识别、度量项目风险以及紧急处理机制远远不够，还要靠长期的管理体制机制来维持。制度才能从根本上约束风险管理，对制度的创新，推动项目风险管理常态化，必须正视存在的问题，完善体制机制。

1. 推动风险管理常态化

建立健全风险管理制度体系，成立大型商用飞机全面风险管理办公室，明确风险管理工作目标、工作内容以及注意事项，并让专人负责风险监管，形成自上而下的风险管控制度。对于不同风险类别，研究制订相应的应急方案，通过事前预防、事发应对、事中处置和善后恢复等方式，并确保每一阶段都有主体责任人，保障公众生命、健康和财产安全。

2. 风险管理业务学习培训常态化

风险管理尤其是关键风险管理的学习是执行项目风险条例执行的重要的一环，学习并讨论项目风险是不可或缺的，不仅风险项目管理小组员工一起学习，互相分享，项目全体成员对风险管理规则和条例也应该了如指掌，决策层也积极地去创造学习氛围，更有利于激发创意，并实现互相合作。培训既是一个学习的平台，又是一个交流提升的过程，经过培训，成员的知识得到进一步提升，为风险管控保驾护航。

3. 整合资源，提升创新能力

大型商用飞机项目资源需求较大，所以需要集中力量调动一切可以利用的内部和外部资源，才能更好地完成项目。风险管理发展至今，理论经过多次改进，由竖井式的传统风险管理转变为整合式的风险管理，风险识别、风险量化以及风险管理理念成为项目风险创新的提升点，创新视角从由外向内转向由内向外，重点从损失控制转向价值创造，理念由追求稳定性转向追求持续性。

9.4.3　加强全球合作

与国外相比，我国大型商用飞机发展落后数十年，从原材料、工艺技术、供应商管理等方面都需要引进国际先进技术和管理方法。我国坚持在自主创新的基础上，重视和利用新的全球科技资源，引进、消化国际先进技术并转为己用。部分零部件需要完全引进国外先进技术，这样更有利于促进我国航空制造业的发展进步。这对于大型飞机项目的发展而言，有非常重大的意义。

9.4.4　供应链管理策略

大型商用飞机大约需要几万或者几十万个零部件，其中，大约 70% 的核心部件需要从国外进口，自主研发率较低，在未来相当长的一段时间内我国仍将采购国际市场上的现成零件。在国际经济局势前景不明朗的情景下，供应链管理风险很大。供应链风险主要从以下几个方面解决。

1. 合作模式

在初期，如果大型商用飞机全部采取自主研发模式，那么技术研发困难较大，研发成功的可能性较小，项目进度会严重滞后。如何既能保障项目的顺利进行，又能使得技术不落伍，还能在项目中获取利润，这就需要选择共赢的合作模式，风险均担、利益均分的模式比较合适。

我国以大型商用飞机企业为中心，打造一条完整的产业链。产业链上包括跟项目零部件相关的所有企业。这种合作模式已经在空中客车公司和波音公司制造商方面取得了成功，合作方式包括将部分零部件外包、转包，并将外包制造商纳入到项目的产业链中，根据贡献大小获取利润。

例如，早在 20 世纪初期，国内的 ARJ21 项目是我国首次采用全球供应商模式运作的民用飞机项目。这一项目吸纳了多家国际著名航空制造商，并以不同形式参与到设计工作之中，对飞机系统进行了联合定义，同时，对所负责的部件进行了较为系统的设计。这种风险共担和利益共享的供应商管理模式的特点有以下几个。

（1）有效降低了研发成本和项目风险。发动机和主要机载设备采取国际招标的方式，在飞机研制的过程中，这些供应商不会立即收费，等到飞机销售以后再回收费用。所以对于采购项目而言，风险会分散到各个供应商身上。世界民用飞机的核心部件系统目前已经拥有了较为成熟的发展技术，所以有足够的空间来挑选相应的技术和供应商，以避免高昂的研发成本。

（2）除资金风险共同承担以外，合作伙伴还会承担相应的技术风险。这要求各合作伙伴需要共同定义和世界标准所兼容的飞机制造技术标准以及制定相应的解决方案，这些合作伙伴还必须帮助制造商来降低内部风险。

2. 风险共担的研发模式的必要性

（1）对于飞机制造业而言，其发展压力是很大的。以前那些国际航空公司在发展的过程中，不但要求设计出质量好、容易维修的飞机产品，同时也必须拥有更为多样化的需求，交付时间催得很紧，因此，实际上飞机制造商开发所使用的时间是比较少的。只靠一家飞机制造商完成整个项目，是难以实现的，但是采取合作模式，能够有利于更好地压缩新机型开发周期，从而促进工作效率的提升。

（2）投入高昂的研发成本会导致飞机制造商的研发风险增加，飞机产品的制造周期比较长，而且造价很高，在研制阶段，关于现金流的要求也是很高的。另外，如果整个项目失败的话，可能会造成公司出现生存危机。所以对于公司而言，合作的发展模式能够有利于分散其发展风险，因此关于风险共担这个方面的需求是比较高的。

9.4.5 人力资源

各个部门要积极贯彻大型客机战略，确保各项政策能够落实。其中，人才队伍建设是重中之重，任何产业的发展都离不开人才的支持。设计人员通过不断发挥自己的智慧、创造力，不断地完善和创新，最终能够建造出自己的大型飞机。因此，我们务必要重视人力资源发展，培养出源源不断的人才，促使我国大型客机能够早日建成。

一个行业在发展起步阶段要想能够持续、稳定发展，那么其离不开政策和人才的支持。飞机制造属于高科技产业，而我国当前在高科技产业仍然处于发展阶段，相比较于欧美国家仍然有较大差距。因此，我国要集中资源，将人才整合到一起，并积极地采取针对性的措施来吸引人才的加入。例如，中国商飞提出要利用上海所具备的各方面的优势来推动我国客机研发国际化发展，推出一系列的优惠政策和措施来吸引人才的加入。中国商飞不仅要加强内部人才培养，同时还要重视外来人才的引进，为他们创造良好的工作环境，制定完善的社会保障体系，促使他们能够全身心地投入到工作当中，促使我国大型客机研发技术不断进步和发展。

9.4.6 以市场导向，应对市场风险

研发人员务必要具有良好的思想意识，尤其是对于航空项目研发人员来说，自身的职业道德和行为意识是非常重要的，他们在工作中一定要恪守纪律，对自己提出严格的要求，全身心地投入到工作当中。项目经理的工作对整个项目的研发具有重要影响，因而他们在各方面工作中一定要注意自己的行为和意识，与各个部门建立良好的关系，密切关注市场变化，加强自身学习，紧跟时代发展步伐，从而能够不断提升自己的思想意识境界。

从波音 777 项目来看，其能够获得成功的关键在于能够制定出正确的战略，

对产品研发进行合理的规划。同时其中还存在两个重要的因素，第一是项目人员之间都展开了充分的沟通交流，第二是将所有与项目研发有关的人员集中在一起，了解他们的需求。早在 777 项目成立之初，项目负责人就将各方面的人员集中在一起，如设计人员、市场销售人员、律师团队、客服等，他们在一起形成紧密合作的关系，对各方面的问题展开详细的讨论，如消费者的需求、如何方便维修等。他们有专门的团队对市场展开详细的调查，并对所得结果进行严密的讨论和分析，最后对数据进行整合排序，将所得信息按照权重依次进行划分，使得设计产品能够满足消费的需求。

9.4.7　树立保密意识，应对知识产权风险

在项目研发的过程中如果需要开展合作，那么合作必须要在签订合同的基础上展开，同时还要重视合同的完善性，尤其是在涉外合同上，一定要谨慎，避免给对方钻空子的机会。一旦出现漏洞并被巧妙地利用，那么将会对整个项目工作的开展产生巨大的影响。

9.5　大型商用飞机项目风险监控

9.5.1　风险监控的概念

在大型商用飞机项目运营过程中，风险监控是必不可少的，决策者需要对项目整个运营过程进行实时监控，对存在的或者可能存在的风险的发展和变化进行全程监控，风险往往随着内外部环境的变化而变化，随着项目进度的推进，原有风险会逐步增大、衰退或者消失。这些风险可以根据风险预案决策人会对项目进行调整，在原有备案基础上重新对风险进行识别、评估和应对，而有些风险由于外部风险的变化而产生，比如，大型商用飞机的市场供需状况，航空行业是景气还是萧条，对于这种类型的风险，要设计新的风险解决方案，从而保证风险管理达到预期效果。

9.5.2　项目风险监控的目标

大型商用飞机项目在实施过程中，针对风险应对计划实施进行有效观察和评估，并在风险发生时进行有效应对，对风险进行控制，是项目风险监控的主要目标，这是一个动态的、连续的过程。

风险监控主要包括以下几个目标：识别项目风险、避免项目风险发生、降低及消除项目风险。

首先，要及时识别项目风险。大型商用飞机风险监控的首要目标是能够及早

地预测或者及时地展开项目风险识别和度量，项目的每一阶段所面临的风险都不尽相同。例如，在研发阶段，风险主要包括财务风险和技术风险；在销售阶段，风险主要包括违约风险、财务风险等；在售后阶段，主要包括根据风险对应状况对风险进行提前预警，这是风险监控的首要任务。

其次，避免项目风险发生。根据第一个目标中找到的风险，提前布局，将风险消灭在萌芽中，如违约风险，在合同中加入违约条款，收取一定的保证金，查看客户信用等；技术风险，在使用非自身技术专利时，要购买专利及之后的使用权，企业技术要及时申请专利，同时与时俱进，确保技术的先进性。

最后，降低及消除项目风险。项目风险往往不可避免，即使有了相当不错的应对预案，但在执行过程中，人员的操作出现偏差或者内外部环境发生改变，也会导致项目风险的产生。在此种情况下，积极地消除或者降低项目风险才能保障项目的顺利进行。

9.5.3　项目风险监控的依据

大型商用飞机项目监控并没有现成的可拿来单独使用的范本，只能靠自己摸索，项目风险监控主要依靠项目风险管理计划以及项目风险实时变化来完成。

项目风险管理计划：项目风险管理计划为项目风险管理制定了一个行动纲领。其确定了针对项目风险识别、评估、解决，确定风险管理需要履行的义务和责任，并确保各项风险都有专人负责，以及奖惩措施。项目风险管理计划内容主要包括方法、时间、预算、评分与说明、承受度、报告格式以及跟踪等。

项目风险实时变化：有些项目风险最终发生了，有些项目风险在实际操作过程中没有发生，有些项目风险是在项目实施过程中突然发生的，项目风险的实际情况瞬息万变，项目风险监控的依据也在于此。

第 **10** 章

大型商用飞机项目其他系统工程管理与决策

10.1 大型商用飞机项目经济可承受性
/成本效能/生命周期成本分析

10.1.1 大型商用飞机项目经济可承受性分析

随着我国国防技术水平的提高，大型商用飞机的结构、性能等方面日趋精良。大量现代化高精密航空电子设备的引入，大型商用飞机的生产、维修等成本不断增加。成本已成为制约我国航空事业发展的一个重要因素。当前，除了项目本身的先进性、复杂性和综合性以外，经济可承受性已成为我国大型商用飞机研制过程中的一个重要指标。国内外的研究结果显示，大型商用飞机装备的研制目前大都采用新的科学技术，致使成本和进度存在高度不确定性，但这并不表示成本增长处于失控状态。成本增长的原因主要在于：一是大型商用飞机研制前景过于乐观；二是对大型商用飞机研制费用的评估不够正确；三是对大型商用飞机研制技术问题的理解不够深入；四是大型商用飞机的性能要求不断变动；五是控制成本的激励措施缺失；六是大型商用飞机项目研制进度缓慢。从我国大型商用飞机项目研制阶段的划分来看，成本的增加主要是由于项目研制前期成本评估的不准确以及项目研制过程中的成本管理理念、方法的低效。

最近，随着信息技术的发展，一些发达国家率先提出了多学科优化设计（multidisciplinary design optimization，MDO）方法。该方法的主要思想是在复杂系统设计的整个过程中集成各个学科的知识，充分考虑各个学科之间的互相影响和耦合作用，应用有效的设计、优化和分布式计算机网络系统，来组织和管理整个系统的设计过程，通过充分利用各个学科之间的相互作用所产生的协同效应，以获得系统整体最优解。MDO方法的优点在于它可以借助每个学科的模块化并行设计来缩短整个设计周期，考虑学科之间的耦合作用来发掘机载装备的设计潜力，利用大型商用飞机装备系统的综合分析进行方案的选择和评估，通过大型商用飞机装备系统的高度集成来实现大型商用飞机的自动化设计，综合各学科的优势来提高系统的可靠性，依托多学科综合设计降低研制费用，这些优点正适合大型商用飞机设计流程。当前，航空工业界通过使用 MDO 方法对飞机装备系统进行优化设计以降低研发成本、减少研发时间。

近几年，美国、英国等世界发达国家大力推进经济可承受性工作的实施，并将经济可承受性作为重要的采办战略。为了实现大型商用飞机的经济可承受性，波音公司、空中客车公司等知名航空类企业非常关注大型商用飞机的经济性设计问题。其内容主要是经济可承受性（成本/能力）指标的规定，大型商用飞机全生命周期成本的分析以及将经济可承受性作为约束条件嵌入设计过程，并从基础能力建设、技术、管理等方面采取改善大型商用飞机经济性各项措施，取得了良好的效果。

国内目前在大型商用飞机低成本设计及全生命周期经济性评估方面也展开了一些相关研究。航空工业发展研究中心主要研究了飞机全生命周期费用评估技术，建立了用于在飞机和发动机整机上进行估算的研制成本、生产成本和维修成本模型（海涛，2008）。此外，该研究中心还建立了飞机和发动机技术经济数据库，开发了相应的软件系统。在按费用设计领域，航空工业发展研究中心初步研究了大型商用飞机的经济性设计与评估方法。

早期，我国大型商用飞机成本管理较为粗糙，一直坚持"性能第一"而忽视"成本费用"，造成了经济效益不高、资源严重浪费等现象。近几年来，大型商用飞机研制逐渐由数量规模型转变成质量效益型，商用飞机的经济性问题也逐渐得到各单位的重视。仔细研究国外在经济可承受性方面的经验和方法后，我们得到了以下的启示。一是以往在大型商用飞机成本管理决策中，关注最多的是某一个局部过程的费用。从经济可承受性的研究可知，这种阶段性的最优并不是最佳的选择。大型商用飞机应在全生命周期内都具有良好的经济可承受性，其全生命周期成本与性能等技术指标之间能够达到良好的平衡。二是经济可承受性将经济性与性能、可靠性、维护性等技术指标处于同等重要的位置，并要求在全生命期内通过各种方法降低成本。三是随着大型商用飞机研制技术不断提高，所涉及的前沿技术越来越多，需要将前沿技术横纵向交叉融合。因此，要实现大型商用飞机项目高水平的成本管理，必须通过高等院校、企业在职培训等多种方式提高管理人员的知识水平，建立一支理论起点高、技术水平一流的高科技人才团队。

总之，随着现代科技不断向前推进，经济可承受性是将来我国大型商用飞机发展的一个关键因素。只有从理念和方法上不断完善和提高，未来的大型商用飞机才能够满足航空市场的需求。

10.1.2　大型商用飞机项目成本效能与生命周期成本分析

20 世纪 60 年代，美国军方为装备采购的目的提出了全生命周期成本概念，它要求所采购的装备系统在使用性能满足军方要求的基础上，从用户的观点出发，使得装备系统从研发、制造、运行和支持，到退役处置的全生命周期内的总成本达到最低（刘英军，2011；杨渤珺，2014）。对于军方采购装备系统来说，军方既是航空装备系统研发的投资者，也是装备系统的使用者，军方要求装备系统的全生命成本严格控制在经费总预算之内。对于大型商用飞机的制造商来说，虽然飞机制造商是新的大型商用飞机制造的投资者和决策者，但由于新的大型商用飞机项目必须从客户获得投资的回报，因此，客户不仅是大型商用飞机的使用者，也是大型商用飞机研发的决策者，大型商用飞机全生命成本最低也是客户追求的关键目标。

一般而言，大型商用飞机全生命周期一般可分为六个阶段（杨渤珺，2014），结合实际情况，又可分为四个阶段。

（1）立项论证和可行性论证阶段。立足于国家航空工业发展规划和航空市场需求，形成大型商用飞机项目研制设想，完成项目立项论证工作。结合立项论证的目标和要求，对大型商用飞机项目的技术和经济可承受性进行综合研究，选定最佳目标和研制方案，并最终通过相关部门的评审。

（2）预发展阶段。针对可行性论证确定的大型商用飞机设计依据和设计要求，完成初步设计；同时对研制任务进行分解，完成关键技术攻关。

（3）工程发展阶段。综合考虑项目技术、制造、客户服务和适航审定等因素，进行大型商用飞机详细设计、研制和试验，并最终通过相关部门的审定。

（4）批生产与产业化阶段。根据市场订单，制定生产纲要，向适航当局申请型号生产许可证，适航当局核实制造商的生产能力和批准工厂的质量控制体系，以保证出厂的大型商用飞机符合设计要求。制造商为大型商用飞机提供售前和售后服务以及客户支持、商务和技术支持阶段，贯穿于大型商用飞机研制、销售和运营全过程。

对大型商用飞机全生命周期成本进行分析，我们主要发现了以下结果（刘英军，2011）。

（1）设计优化。大型商用飞机的设计要求和遴选的各种材料（包括机身、机翼等）将直接影响全生命周期成本。因此，全生命周期成本分析是一种设计优化和决策的工具。

（2）竞争分析。将所研发的机型与同类机型的全生命周期成本进行比较，全面揭示所研发的机型在经济可承受性方面的优劣势。

（3）销售策略研究。对设计、制造和运营成本进行全面分析，合理评估飞机售价、盈亏平衡点和市场销售量，有利于实现大型商用飞机制造商和航空公司"双赢"的销售策略。

（4）客户支持。通过对大型商用飞机的全生命周期成本进行分析，协助客户进行全方位的大型商用飞机性能评估。

传统成本管理往往聚焦于产品的生产成本，而低估了产品的使用成本和维修成本，从而导致大型商用飞机后期成本高于期望。随着航空工业的全球化，世界各航空公司竞争激烈，市场对大型商用飞机的要求越来越高，一方面希望大型商用飞机制造商能制造出更高性能的飞机，另一方面则希望能以更低的运营成本使用飞机。对于买方垄断的商用飞机市场来说，只有持续设计和生产出高性能和低使用成本的大型商用飞机，才可能实现可持续发展。全生命周期成本将成本管控的范围延拓到大型商用飞机的设计阶段，不仅考虑了市场的购买成本，还重点考虑了市场的使用成本，大大改进了传统成本管理的缺陷。

通过对全生命周期成本费用的分析，我们发现主要有以下三种方法（杨渤珺，2014）：一是了解成本的具体构成，针对成本占比较大的部分进行有重点的经济可承受性设计；二是通过分析和筛选影响全生命周期成本的因素，找出关键因素，针对关键性能参数开展经济可承受性设计，达到有效降低成本的目标；三是通过对系统参数进行优化设计，使大型商用飞机既具有较低的生产成本，又具有合理的使用费用，最大限度延长飞机的经济生命期限。影响大型商用飞机全生命周期成本的因素很多，其中，可靠性、保障性和维修性是主要的三个因素。大型商用飞机可靠性参数是上述三个因素中最重要的因素，它是平衡大型商用飞机的生产成本和使用维修成本的关键。一般来讲，当可靠性参数设计得较高时，生产成本会增高，使用维修成本会降低；而当可靠性参数设计得较低时，生产成本会偏低，使用维修成本会急剧增加。

当前，中国航空工业正逐步面向市场化和商业化，航空成本管控水平有待提高。相较于我国，国外发达国家在大型商用飞机全生命周期成本管理方面的发展已非常成熟，累积的经验较多。我国目前在此方面还存在不少困难和问题。国内对全生命周期成本认识的片面性和受限于自身的技术能力，使得全生命周期成本的理念和优势还不能充分地体现在我国大型商用飞机的成本管理中。今后，我国在大型商用飞机全生命周期成本应用过程中，需要重视如下两个方面：第一，进一步提高对大型商用飞机全生命周期成本的认识，不断学习大型商用飞机全生命周期成本管理的关键点，掌握其要领；第二，中国商用飞机生产和研制的历史较短，所累积的经验和数据存在不足，然而，大型商用飞机全生命周期成本分析的各种方法均需要一定的历史数据和信息量才能保证分析结果的准确性。因此，必须在今后的实践中不断累积数据信息，才能切实用好全生命周期成本管理工具，提高商用飞机成本管控水平。

10.2   大型商用飞机项目环境工程/影响分析

10.2.1   大型商用飞机项目环境工程

自 20 世纪 80 年代以来,环境对大型商用飞机的影响成了世界各国关注的焦点。美国把环境工程列为国防部重点发展的关键项目。在我国,随着大型商用飞机的研制和生产,大型商用飞机的设计理念从以性能为中心逐渐转向提高其综合效能;大型商用飞机项目工程管理理念从片面追求数量、进度和费用转向质量、能效和可靠性的综合衡量;质量管理理念从事故后的故障处理转变为对大型商用飞机的早期投入,在研制生产的全过程中以实现大型商用飞机高质量为主,兼并考虑影响产品性能、能效和可靠性等方面的环境因素与其余飞机装备工程一起,要求并行实施于大型商用飞机研制生产全过程中。

环境工程,我们一般指的是环境装备工程,是将各学科理论方法和技术实践用于减缓复杂环境对航空装备效能影响,或者提高航空装备适应复杂环境能力的一门学科,主要包括飞机环境分析、环境适应性设计、复杂环境评估和环境工程管理等(张乐山,1994)。

由于我国环境工程工作现状的限制,大型商用飞机环境工程仅仅停留在环境试验和标准制定。例如,对大型商用飞机机载设备的控制,目前主要通过环境试验来验收和审核其环境适应性,环境适应性的提高往往是被动的。

大型商用飞机环境分析需要依托研制计划书等相关信息,通过分析确定航运、储存、供应这三种状态的环境剖面,以此形成大型商用飞机环境技术条件。然而,国内目前还没有一套环境剖面和环境技术条件的方法标准,也没关于环境剖面和环境技术条件方面的相关文件的规定。大型商用飞机研发部门应积极开展相关的研究,逐步建立和完善大型商用飞机的环境分析指导文件,指导未来大型商用飞机环境分析的理论与方法。

制定大型商用飞机环境适应性设计的指导方针,从环境适应性设计准则(包括设计时的复杂环境种类及其耐环境强度)和关键环境因素的环境设计方法(包括原材料和相关电子元器件的选择要求、改良环境影响的措施、机舱内部结构布局的要求、专属环境防护方法等内容)两方面进行详细制定和说明,并在大型商用飞机环境适应性设计过程中予以贯彻和落实。

将目前关于大型商用飞机降噪、减震的研究成果和经验,编译成专著或规范性文件保留下来,指导未来新型大型商用飞机设计和研制使用,积极和国外先进的企业合作,不断追踪并学习国外先进的降噪、减震的新技术,把最新的技术及时运用于我国大型商用飞机的设计和研发中,提高我国在此方面的水平。

　　大型商用飞机研制阶段，从过去关注的环境试验视角逐渐转变为关注大型商用飞机的设计过程，加大对机载设备研制企业的环境适应性设计方法的宣传力度，同时，加强对参与大型商用飞机设计和研制的研究单位的环境适应性设计措施的检查，及时跟踪大型商用飞机的环境试验，使其在研制过程中快速实施环境适应性设计，提高大型商用飞机的环境适应性能，避免其研制后期因为环境试验不成功无法进行大型商用飞机的质量验收。

　　大型商用飞机的环境数据和信息是评估其环境适应性的根本。由于自然环境试验的时间周期较长，且实验室环境有一定的局限性，无法满足大型商用飞机研制、生产和使用的要求。随着计算机技术的发展，通过计算机仿真技术对大型商用飞机所处的各种复杂环境的多环境应力响应问题进行模拟，有效弥补了环境试验的不足，也顺利避免了试验产生高耗时和高额的试验费用。然而，计算机试验仿真技术需要基于机体结构的环境剖面数据和环境实际效能模式开展建模研究，并形成最终的仿真评估，这也是下一步我国大型商用飞机环境工程研究的重心。

10.2.2　大型商用飞机项目环境工程影响分析

　　随着科学技术水平的提高，人们逐渐追求高质量的生活品质，特别是其小区周围的环境。目前全国主要城市为加快航空运输发展，不断扩建机场周围的区域，使居民住宅区和办公区离机场仅有几公里。而飞机产生的噪声污染，严重影响了居民的日常生活。大型商用飞机噪声具有局部性、高频次、持续时间短、声压级高、影响范围广、噪声源非稳态运动以及时空累加性和间断性等特点，主要表现在飞行航线两侧敏感区域。

　　大型商用飞机机场是飞机起飞、降落和进行地面活动的场所，包括各种大型设备、维修装置和大型建筑。大型商用飞机机场一般由五个功能区组成：飞行区、航站区、生活区、维修区以及其他服务区。机场运行的过程中，它会伴随产生很多环境问题，如飞机噪声、废气、废水排放、固体废物和有害材料等（吴凡，2013）。

　　（1）商用飞机机场最主要的环境污染是噪声污染，噪声主要包括商用飞机起飞和降落过程、飞机滑行、机场设置运转、机场内车辆行驶以及商用飞机的维修活动产生的噪声，还有出入机场时各种车辆产生的噪声。商用飞机噪声主要包含空气动力噪声，排气口排气、螺旋桨旋转、气流高速通过机身和机翼产生的高强气流噪声。

　　（2）废气也是污染物之一，其主要来源于商用飞机起飞和降落、地面活动、地面服务车产生的汽车尾气、燃料使用与存放产生的蒸汽、消防训练活动产生的燃料燃烧以及固体废物燃烧等。

　　（3）废水。其主要来源是生活污水和雨水，但雨水可能含有汽油，柴油，燃料油，机场及飞机跑道、滑行道所用的防冰液体等，这些污染物主要来自机场服务车的运营、机场维护、燃料存放与使用。

（4）固体废物。其主要来源于生活垃圾及飞机与服务车之间使用的润滑油和溶剂。

（5）有害材料。其主要来源于飞机加油、燃料存放与使用、消防训练使用的灭火器。

机场污染最严重的是航空噪声污染，产生这种现象的主要原因是航空噪声治理的相关法律不健全、机场人员管理松懈、部门之间的职责不清和机场航空噪声控制缺乏规范性的文件等。对机场航空噪声的控制关系周边地区的协调发展，因此必须引起足够的重视。为解决日益增长的航空噪声污染问题，我国需建立一个完整的航空噪声污染防治体系，出台相应的航空噪声污染防治标准制度、机场合理规划制度、机场噪声监测制度、法律责任制度等基本制度，制定相关规章和规范文件，使这些基本制度之间形成一个有机整体，有效解决航空噪声污染问题。

处理航空噪声污染问题应考虑在机场规划建设初期，特别是对机场选址问题，更应结合当地的整体环境，因地制宜，综合考虑，才能有效保障航空发展与周边环境的可持续发展。

10.3　大型商用飞机项目可靠性、可用性和可维护性管理与分析

对于大型商用飞机来说，优秀的性能指标只是其成功的一个方面，飞机的可靠性、可用性和可维护性，同样是评价其使用效能的重要标准（Striker，2006；谢加强和况薇，2015）。

10.3.1　大型商用飞机可靠性分析

1. 大型商用飞机可靠性概念

可靠性是指产品在规定条件与规定时间内，完成规定功能的能力。对于飞机的可靠性，我们一般用平均故障间隔，或者是平均每小时故障率来评价其好坏。通常情况下，飞机上的任何一个部件失灵，即使不影响飞机的正常使用，我们都认为是一次故障的发生。大型商用飞机的可靠性至关重要，如果其可靠性较低，不仅需要加大人力、财力、物力去进行飞机的维修和保养，还会随之引起一系列的问题，如飞机延误等，更糟糕的情况会引起生命安全问题。目前，由于飞机技术故障造成的航班延迟事件发生的比例占全部延迟事件中的 20%。因此，商用飞机的可靠性将与航空公司的经营成本和利润直接挂钩。

2. 大型商用飞机项目可靠性系统工程分析

可靠性系统工程包括可靠性及其工作项目要求的确定、可靠性管理、可靠性设计分析、可靠性试验及评价、使用可靠性评估与改进等五个方面内容。商用飞机可靠性工作的基本思路是以满足安全性和适航要求为最终目标，以局方发布的适航规章和标准为准则和基础，合理剪裁选用军用标准，合理选用相关工业或行业标准（施劲松和李卫民，2015；田斐斐和马涛，2014）。

在可靠性管理方面，首先，各项目通常都会配备可靠性工程师，但可靠性工程人员数量在整个团队中一般仅有 1~2 名，对此因此需要加强工作团队力量。其次，按照 GJB450A 标准要求，可靠性工作必须制订工作计划，明确各个阶段必须开展的工作。最后，由于商用飞机显示系统合作供应商众多，选择供应商时应在合同中明确供应商必须开展的可靠性活动。

在可靠性设计方面，首先，需要进行可靠性建模，其目的在于可靠性分配和开展可靠性预计。为保证可靠性分析的质量和效果，应结合系统规定的、可能的运行剖面和运行环境，重点开展任务可靠性建模，同时必须在系统和外场可更换部件层级开展建模。需要时可在任意指定的产品层级开展可靠性建模分析；建模应考虑软件功能模块的可靠性（特别是综合模块化航空电子系统必须考虑软件模块可靠性）。例如，为保证可靠性和安全性，C919 显示系统使用备份冗余技术，必须按系统可靠性和适航要求进行任务可靠性建模。其次，可靠性预计是常见的可靠性分析方法，其目的在于：一是监督元器件使用；二是评估当前系统可靠性水平；三是为安全性分析评估提供基本数据。在进行可靠性预计时应结合任务可靠性模型进行不同条件下的系统可靠性预计。若系统设计中采用了备份或监控机制，如采用了双处理器和双数据总线，在预计时须按并联或非工作储备的方法计算系统可用度。此外在进行预计时还应结合任务可靠性模型考虑软件的失效问题。再次，进行可靠性故障分析。可靠性工程中故障分析主要有故障模式影响分析（failure mode and effects analysis, FMEA）和故障树分析（fault tree analysis, FTA）。为发挥应用效能，应采取以下方法。①两方分析和三方分析。FMEA 分析结果直接影响维修性、测试性、保障性和安全性工作，影响系统架构及功能分配等系统设计活动，影响全局。为保证分析结果的准确性，建议采取设计人员自我分析（二方分析）与可靠性人员分析（三方分析）相结合的模式。分析需要的输入包括：系统设计文件、相似产品的故障信息、适用的适航规章和标准等。分析要全面透彻。②多个事件 FTA 分析。FTA 是选取不希望发生的事件进行分析。针对如显示系统的复杂系统，不希望发生的事件数量一般大于 1。工程团队应通过功能危害性分析，结合适航要求及 FMEA 等方法共同选取不希望事件。顶事件选取应考虑类似产品在使用中发生的各类故障模式，还应参考国内外民用飞机发生的案例。③系统各个层次分析。FTA 和 FMEA 应在系统级、外场可更换部件级、内场可更换级进行。若需要，应在某些关键的元器件上开展分析。各层次的分析输出应综合归类、综合处理、避免造成分析混乱和结果迷失。应优化分析表格，同时借鉴系统需求管理模式对各分析进行综合管理，确保分析结果的完整性、准确性和可追溯性。④软件故障影响分析。C919 显示系统中的软件配置项有 25 个，软件和硬件同等重要，但传统分析法未考虑软件的影响。为保证分析结果的真实性，在FTA、FMEA 分析过程必须考虑软件的影响，可把软件考虑为一个单独的功能模块进行分析。⑤FTA 和 FMEA 迭代进行、反复分析。分析应覆盖设计和制造阶段、正常条件和非正常条件（激励），通过分析力争把每个影响安全的故障隐患都识别出来，应在设计、使用上采取针对性的改进措施，消除和化解风险，通过验证提高实施的效果，应把分析过程按配置管理要求进行管理。

在可靠性试验方面，为保证产品的可靠性，降低后期发生的改进成本，应争取在设计早期及时发现产品在设计、制造过程中引入的各类缺陷，应尽早进行可靠性试验，按 RTCADO-160 要求开展环境试验。在项目开发中可运用可靠性试验包括高加速寿命试验、高加速应力筛选、环境应力筛选和可靠性增长摸底试验。

在可靠性评估方面，对商用飞机可靠性进行定量评估，有利于设计方案的比较和选择，也可以为工程决策提供重要的依据。在进行可靠性评估时，需要结合评估方法，如马尔可夫模型，从平均故障间隔时间、出勤可靠度、飞行任务可靠度、机组报告故障千时率、机群飞行不正常严重指数、延误率、重大故障千时率、故障停场率等方面进行评估（陈晓敏，2000）。

10.3.2　大型商用飞机可用性分析

商用飞机可用性是机队管理中的重要性能指标，与运营成本不可分割。一般来说，可用性的增高意味着成本的降低。因此，在飞机全寿命周期里，应尽可能确保和提高飞机的可用性。

可用性的定义为产品在任一随机时刻需要和开始执行任务时，处于有效工作状态的定性或定量属性（陈晓敏，2000）。可用性的概率度量也可以称为可用度。可见，可用性是衡量设备或系统在特定任务中处于可运行和指定状态的一个指标。系统和设备的可用性是维修性和可靠性的综合指标。可用性通常分为固有可用度、可达可用度和使用可用度三种，其表达方式如图 10-1 所示。

民用飞机的一年使用时间通常高于 2000 飞行小时（每天 6 飞行小时或实现每天 4 次到 6 次的运输任务）。对于航空公司来说，更高的可用性是确保盈利飞行的重要因素。例如，2017 年我国大型商用飞机 C919 首飞成功，至今已经试飞 6 年，说明我国大型商用飞机项目目前运行良好。支线飞机 ARJ21 获得型号和生产合格证，经过 9 年试飞，已经获得航空认证。ARJ21 飞机已累计交付客户 22 架，先后开通 37 条航线，通航 38 个城市，累计安全运送旅客超 69 万人次。

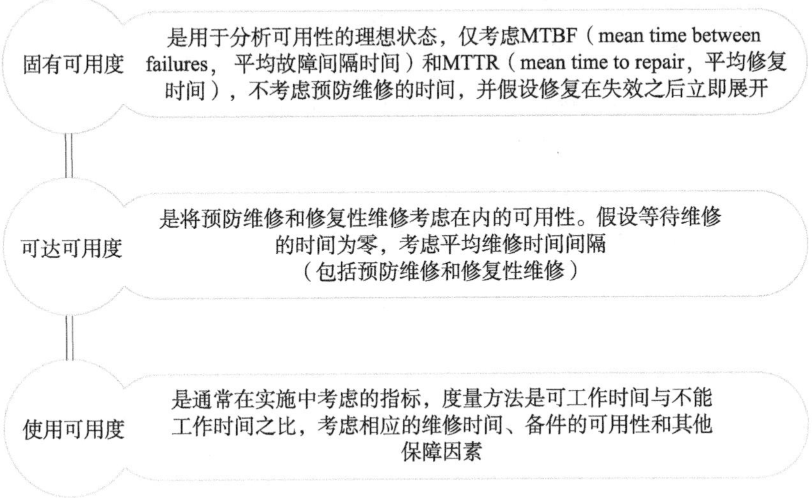

固有可用度　是用于分析可用性的理想状态，仅考虑MTBF（mean time between failures，平均故障间隔时间）和MTTR（mean time to repair，平均修复时间），不考虑预防维修的时间，并假设修复在失效之后立即展开

可达可用度　是将预防维修和修复性维修考虑在内的可用性。假设等待维修的时间为零，考虑平均维修时间间隔（包括预防维修和修复性维修）

使用可用度　是通常在实施中考虑的指标，度量方法是可工作时间与不能工作时间之比，考虑相应的维修时间、备件的可用性和其他保障因素

图 10-1　可用性表达方式

若想提高商用飞机可用性，可采用系统化、流程化的支援保障流程，强化设计流程中对于维修性优化的考虑，运用数据和经验优化传统维修大纲中的任务和综合健康管理系统的应用等措施。

10.3.3　大型商用飞机可维护性分析

商用飞机的可维护性，通常是指其在日常使用中维修保养的难易程度，是评价飞机使用效能的一个重要指标。在商用飞机使用过程中，必须有专人负责飞机的维修和养护，其费用在飞机全生命周期成本中占有相当大的比例。一架可维护性好的飞机，其日常维修工作需要的人手、工时更少，使飞机的使用成本得到节约。

提高飞机的可维护性，不仅需要在飞机设计中考虑维护因素，同时还需要包括厂商售后服务在内的多种因素相互协调。更好的可维护性意味着需要拥有适合的维修工具、熟练的维修人员、方便的维护设施、良好的备件供应链、易于维修的设备、人性化的工作界面、便捷的测试系统以及完善的维修手册（谢加强和况薇，2015）。

商用飞机设计过程中，为了使飞机获得良好的可维护性，设计人员必须考虑飞机在日常使用中遇到的各种问题。首先，在维修工具方面，设计人员需要根据用户的使用条件进行针对性地设计或指定飞机维护工具。为了降低劳动的复杂程度，工具的数量越少越好。此外，还需要考虑飞机维护的人员情况，如维修人员的专业技能和经验、维修人员周围环境等问题。其次，飞机的维护设施也对可维护性有着很重要的决定作用。良好的维护设施能够为飞机维护人员提供更加舒适的工作环境，同时也可以提供更加齐全的测试、维修设备以提高维修的工作效率。

飞机的备件供应链由备件贮藏设施和厂商的备件供应服务组成，良好的供应链可以缩短飞机从故障到修复的间隔时间。接着，包括模块化在内的优化设计方案，可以大幅度降低飞机的维修难度，从而节约维修时间。再次，人性化的工作界面使维修人员更加方便地对飞机进行维护，增加飞机维修口盖的数量和面积虽然会影响飞机的受力情况，但对维护人员来说，这有助于减小他们工作的难度。另外，便捷的测试系统可以节约维修人员对飞机故障的诊断、排除时间，降低飞机对维修人员的技术经验需求。最后，完善的维修手册可以帮助维修人员迅速准确地判断出飞机故障，指导维修人员进行迅速准确的排故工作。

10.4   大型商用飞机可修复性系统工程

商用飞机在飞行过程难免会遭受各种损伤，损伤是否便于修复取决于飞机的损伤可修复性。可修复性是与可靠性、安全性、维修性等同的飞机的一种重要质量特性，它体现了损伤的飞机通过外场快速修理能够恢复使用功能的能力。如果在设计飞机时，考虑修复性问题，在总体设计、结构布局、装配工艺等方面采取便于修复的措施，并且设计配置合理的修复保障资源，那么损伤飞机就容易修复，飞机损伤修复保障效率就更高，否则飞机损伤修复就困难（龚庆祥，1999；蔡开龙等，2014）。目前，国内对战机可修复性展开了一定的研究，而在商用飞机可修复性研究方面相对匮乏，对此，本节借鉴战机可修复性研究展开分析。

10.4.1   飞机可修复性概念与内涵

修复性是指在预定的条件下和规定的时间内，装备损伤后经修复，恢复到能够执行某种任务状态的能力（龚庆祥，1999）。

修复性主要是针对装备战伤抢修提出来的，主要关注的是装备的战伤，也包括平时的损伤。修复性与可靠性、维修性等都是装备的质量特性，它们之间都不能完全独立于其他要素，既有联系，又有本质区别：修复性与可靠性相关，装备可靠性越高，由本身质量因素引起的自然损伤就越少，损伤修复的工作量也就越少，但是可靠性的高低并不能影响由外来因素引起的损伤数量；修复性与维修性反映失效保障的两个方面（蔡开龙等，2014）。故障和损伤是失效的两种模式，维修性针对的是由本身质量问题引起的故障，修复性主要针对的是由外界因素引起的损伤，也包括平时出现的损伤。由于外界因素引起的损伤具有很大的偶然性和随机性，使得修复性与维修性在修复时间、修复环境、修复标准、修复状态、修复保障等方面存在很大差异，但二者都是为了提高装备的可用性。

10.4.2　飞机可修复性内容

飞机修复性工作的目标是提高飞机的飞行次数，减少对损伤修复人力及其他修复保障资源的需求。其主要任务是：在论证阶段确定修复性的定性定量要求；在方案阶段确定修复性设计准则、飞机层次和系统级层次的修复性设计方案；在工程研制阶段确定零部件层次的修复性设计细节，形成最终的修复性设计方案；在生产阶段进行修复性验证，改进修复性设计；在使用阶段进行修复性评价，实现修复性增长。从修复性的主要任务可以看出，飞机修复性需要研究的主要内容主要包括修复性要求、修复性设计、修复性验证和修复性增长等四个方面，各方面的具体内容如下（龚庆祥，1999）。

1. 修复性要求

修复性要求是修复性设计的起点和目标，在装备设计之前就应该确定修复性要求，包括定性要求和定量要求。定性要求是采用文字语言描述的设计要求，使损伤修复简便、快速地具体化，是修复性设计的具体技术途径或措施；定量要求是采用量化参数描述的数值化设计要求。

2. 修复性设计

修复性设计的主要任务是形成修复性设计方案，并结合修复性设计方案进行装备设计和设计评审。因此，修复性设计的内容包括形成修复性设计方案、进行修复性设计和进行修复性设计评审。在飞机的不同设计阶段，修复性设计所考虑的侧重点不同。在初始设计阶段，修复性设计更关注系统组成单元间的关系和采用的总体技术方案，而在详细设计阶段关注单元自身内部的修复性设计因素。

3. 修复性验证

为了考核与验证所研制装备满足修复性要求的程度，以修复性验证作为装备鉴定和验收的依据；发现和鉴别与装备有关修复性的设计缺陷，以便采取纠正措施，改进修复性设计。

4. 修复性增长

修复性增长的目的是借助有计划、有目的地收集装备使用过程中的修复性数据，经过分析发现装备修复性存在的问题，正确评价装备的修复性水平，并观察实际修复保障条件对装备修复性的影响，检查修复性验证中所暴露的修复性缺陷的纠正情况，进而指导修复性改进，实现装备修复性的增长。

10.4.3　飞机修复性评估分析

可修复性评价工作可使飞机可修复性设计问题得到充分暴露，促进飞机可修复性水平的增长，极大缩短严酷状态下飞机的修复时间，有效提高飞机的可用性。另外，我国航空装备在装备定型前均要经历试飞这一重要的试验阶段，目的就是要在装备正式交付使用方前充分暴露包括可修复性问题在内的飞机各种设计问题，并通过"试验—改进—试验"的过程，最终提高飞机的使用性能。所以，在试飞阶段开展飞机可修复性评估工作意义重大。

蔡开龙等（2014）对歼击机可修复性影响因素进行了分析，制定了包括组件余度间隔设计、损伤可达性、损伤可检测性、互换性、修理工具、修理资料等可修复性影响因素的具体评价内容，具体见图 10-2。鉴于商用飞机和歼击机结构的

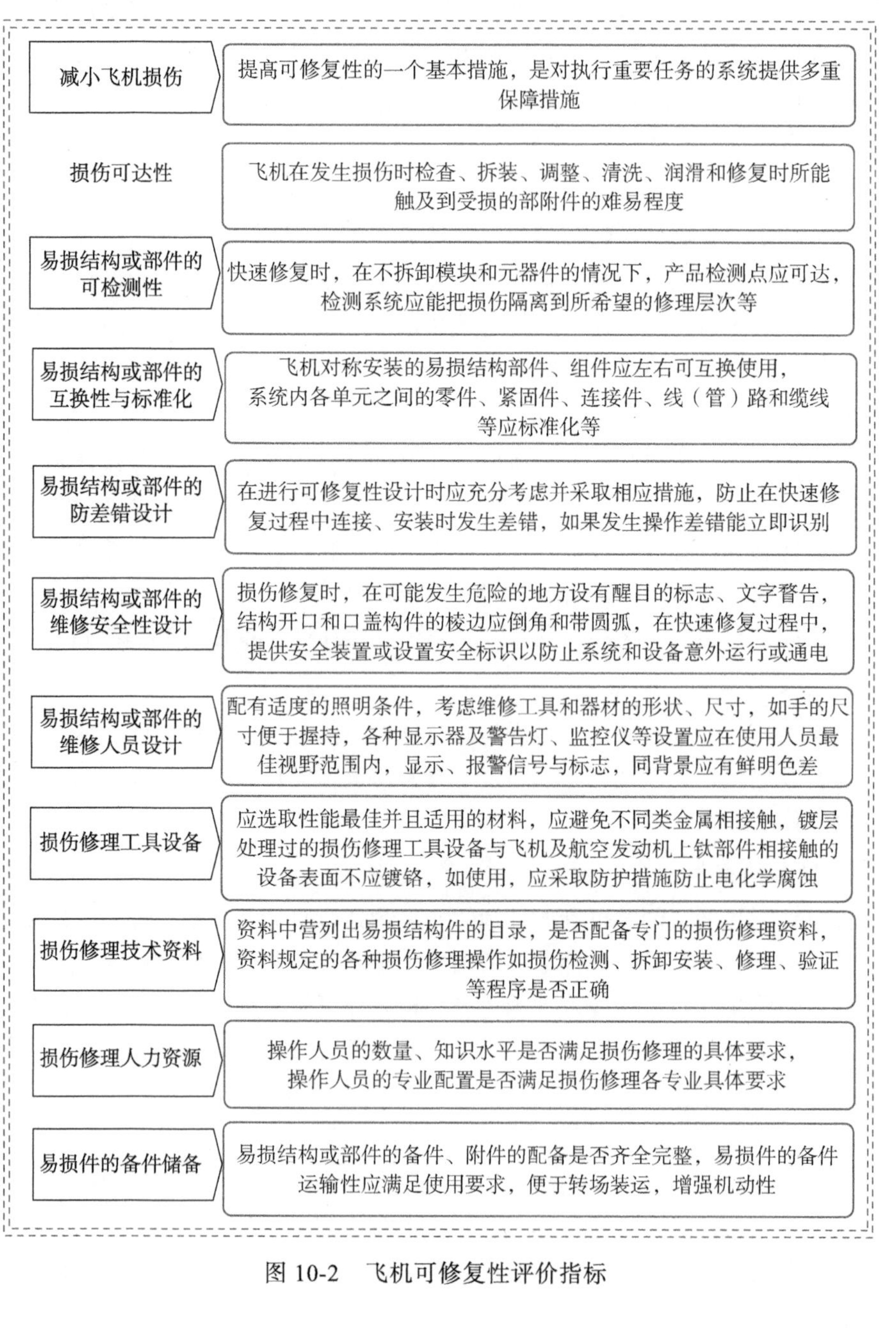

减小飞机损伤	提高可修复性的一个基本措施，是对执行重要任务的系统提供多重保障措施
损伤可达性	飞机在发生损伤时检查、拆装、调整、清洗、润滑和修复时所能触及到受损的部附件的难易程度
易损结构或部件的可检测性	快速修复时，在不拆卸模块和元器件的情况下，产品检测点应可达，检测系统应能把损伤隔离到所希望的修理层次等
易损结构或部件的互换性与标准化	飞机对称安装的易损结构部件、组件应左右可互换使用，系统内各单元之间的零件、紧固件、连接件、线（管）路和缆线等应标准化等
易损结构或部件的防差错设计	在进行可修复性设计时应充分考虑并采取相应措施，防止在快速修复过程中连接、安装时发生差错，如果发生操作差错能立即识别
易损结构或部件的维修安全性设计	损伤修复时，在可能发生危险的地方设有醒目的标志、文字警告，结构开口和口盖构件的棱边应倒角和带圆弧，在快速修复过程中，提供安全装置或设置安全标识以防止系统和设备意外运行或通电
易损结构或部件的维修人员设计	配有适度的照明条件，考虑维修工具和器材的形状、尺寸，如手的尺寸便于握持，各种显示器及警告灯、监控仪等设置应在使用人员最佳视野范围内，显示、报警信号与标志，同背景应有鲜明色差
损伤修理工具设备	应选取性能最佳并且适用的材料，应避免不同类金属相接触，镀层处理过的损伤修理工具设备与飞机及航空发动机上钛部件相接触的设备表面不应镀铬，如使用，应采取防护措施防止电化学腐蚀
损伤修理技术资料	资料中营列出易损结构件的目录，是否配备专门的损伤修理资料，资料规定的各种损伤修理操作如损伤检测、拆卸安装、修理、验证等程序是否正确
损伤修理人力资源	操作人员的数量、知识水平是否满足损伤修理的具体要求，操作人员的专业配置是否满足损伤修理各专业具体要求
易损件的备件储备	易损结构或部件的备件、附件的配备是否齐全完整，易损件的备件运输性应满足使用要求，便于转场装运，增强机动性

图 10-2　飞机可修复性评价指标

共通性，上述影响因素也同样适用于商用飞机可修复性评价问题。在评估指标体系的基础上，采用多属性决策方法可以对飞机可修复性进行评价，能够找出飞机的薄弱环节，为定型或交付使用提供决策依据。目前评价方法研究较多，广泛采用的有层次分析法、TOPSIS 方法、模糊综合评价方法等，在实际中应根据具体的需要选用合适的评价方法，此处不再作详细介绍。

尽管和战机相比，大型商用飞机因外界因素引起的损伤次数较少，但由于其服务性质，承担着更多的生命安全责任，因此对其可修复性要求也很重要。此外，提高飞机可修复性有助于航空公司降低研制成本、追求较大利益。例如，波音公司的旗舰款 737 MAX8 飞机在不到 5 个月内发生了两起致命坠机事故，中国、印度尼西亚等国已宣布停飞这款飞机，2019 年 3 月 11 日波音公司的股票在华尔街受到惩罚。美国标准普尔全球公司的分析师认为，波音公司 737 MAX 机型积压的订单达 4600 架，相当于 6 年的产量，因此这两起坠机事故导致大量订单被取消，造成严重的损失。对此，波音公司对此类飞机展开修复工作，其在其官方网站发表声明称，已完成针对机型 737 MAX 系统软件的修复程序，以及相关模拟器测试和工程测试飞行。声明称，截至 2019 年 5 月 16 日，该公司已在 207 次飞行中使用了升级后的飞机自动防失速的机动特性增强系统（maneuvering characteristics augmentation system，MCAS），飞行时长超过 360 小时。声明还称，波音公司现正与 FAA 沟通，未来将与 FAA 合作安排 737 MAX 型飞机的认证测试飞行，并提交最终认证文件。如果修复成功，一方面可以为波音公司挽救损失，带来较大利益；另一方面有助于提高飞行安全性。

在修复过程中，由于商用飞机的复杂性，花费势必较大，比如，波音公司的 KC-46 加油机的燃油储备分为主要燃油和次要燃油，这两部分之间有壁垒保护，截至 2020 年，发现有 16 架飞机保护壁垒周边有泄漏燃油的情况，并且此加油机还存在其他问题，如视觉系统在某些照明条件下可能会误导飞行员，加油管无法给攻坚机加油等。目前，波音公司一直努力修复此类问题，为此要支付大量的软件研发费用。截至 2020 年 3 月，该公司已经花费 49 亿美元（折合人民币约 347 亿元），未来可能还要投入 35 亿美元才能解决问题。波音公司宁可花费如此高额的费用也要对飞机进行修复，可见飞机修复的重要性。相对而言，尽管我国 C919 飞机可修复性研究相对缺乏，但应该借鉴国外相关行业经验，在飞机设计阶段就对其进行考虑，提高飞机可用性和安全性。

10.5　大型商用飞机安全性系统工程管理与决策

10.5.1　大型商用飞机安全性评估流程

商用飞机的发展可追溯到 20 世纪莱特兄弟制造的首架飞机，商用飞机的安全性也一直伴随着商用飞机的发展而逐渐完善。在商用飞机发展的初期，由于设计师、工程师等对安全性的认识不足，经常出现各种航空事故，影响了商用飞机的发展。为了推进商用飞机的发展，势必要解决商用飞机的安全性问题，人类也逐渐关注并研究商用飞机的安全性。从第一代商用飞机研发开始，商用飞机的安全性的设计理念从开始的追求飞机的完整性到故障安全设计，整个飞机安全性设计可以划分为四个阶段（王辛和张坤，2014），如表 10-1 所示。

表 10-1　商用飞机安全性设计的四个阶段

阶段	时间	特点	标志性飞机	安全性
第一阶段	1900~1930 年	追求完整性，制造高可靠性的零件	莱特飞机，幽灵飞机，福特三发飞机	安全性事故多
第二阶段	1931~1940 年	在完整性基础上增加冗余设计	比齐-18 型、道格拉斯等运输飞机	安全问题依旧突出，公众信心低
第三阶段	1941~1955 年	"单故障"概率	道格拉斯-DC-6，运输机、L-769"星座"客机	安全性显著提高，公众信心提高
第四阶段	1955 年~至今	"故障–安全"设计概念	商用喷气式飞机	公众逐渐接受商用飞机作为旅行工具

　　商用飞机的安全性分析流程是一个自上而下的逐级分析和自下而上的逐级反馈相交互的流程，自上而下的分析流程旨在从整机角度将组成单位个体细分到设备或者系统级别，自下而上反馈则是基于设备系统反馈信号逐步累积并分析整机安全性能（何申奥，2018）。一般来说，评估方法可以划分为功能危险性评估（functional hazard assessment，FHA）、初步系统安全性评估（preliminary system safety assessment，PSSA）以及系统安全性评估（system safety assessment，SSA）。FHA 表征失效状态以及其影响等级（系统），PSSA 则是将 FHA 中的失效状态以及其相关的表征信息以故障树的形式逐级传导到子系统或者子设备，SSA 则是依据现有的设备或者系统的固有属性，如安全性指标等，自下而上计算安全性指标的数值，并与设计者制定的顶层状态进行对比，判断其是否符合安全性要求。

　　FHA 是整个系统的顶层文件，它旨在使用顶层文件逐级分析不同系统，自上而下地分析系统安全状态，旨在确定各个系统的功能、失效时的状态以及其影响。因此，FHA 可以为系统提供生产的安全性要求以及各个安全性要求的着力点。针对不同级别的 FHA，其目标和内容也不同。针对飞机级的 FHA，其作用是评估飞机的基本功能，确定各个功能所对应的失效状态，并分类失效状态，设定安全性要求。针对系统级的 FHA，其评估是在迭代中逐步明确，并以规范文件的形式固定。此外，对于飞机不同的功能组合，系统级的 FHA 还需要进行重新审查，以准确衡量不同系统或者组件的失效状态及影响。

　　PSSA 是建立在系统级的 FHA 基础上的评估方法，明确了系统的安全要求，并依据系统级 FHA 提出的安全目标，设定系统的架构。此外，在不断明确 PSSA 的过程中，还需要对 FHA 的衡量进行验证，并更新 FHA。PSSA 伴随整个飞机设计过程，在飞机研制的初级阶段就需要进行 PSSA。依据明确的 PSSA，将飞机所需实现的功能分配到不同的系统级别，然后依据系统级别的功能将需求分配到组件，再依据分配到组件的需求将功能细分到软硬件。PSSA 可以依据 FHA 识别出影响最终状态的影响因素，并采用故障树或者其他方法分析失效所导致的后果。在 PSSA 的评价中，还需要包含软硬件失效或差错，以及共因故障，以确定安全性要求。

SSA 是系统综合评价方法，以验证系统各个层级是否满足设定的安全性条件，侧重于集结各种不同的分析结果，并通过分析结果验证系统、部件等是否满足设定的要求。这与 PSSA 的评估过程相似，但是其范围不同。具体来说，SSA 包括以下几个方面：①验证 FHA 提出的安全性要求是否被满足；②研判飞机不同因素引发的失效状态的等级是否合理；③验证各级安全性要求是否被满足；④检验共因分析中的要求是否被满足。

针对商用飞机安全性分析流程来说，首先，需明确安全性需求的来源。商用飞机的安全性需求贯穿于整个飞机研制流程，涵盖整机、系统以及设备，具体来说包含完整性、独立性、定性和定量等多种需求。商用飞机的安全性需求也是被用于评估商用飞安全性的指标。飞机级的安全性需求来源于适航条款、客户需求以及市场需求，通过设定的飞机级功能确定 FHA 和 PSSA。商用飞机系统级别的安全性需求来源于适航条款、前期确定的 FHA 和 PSSA、多系统的安全接口的兼容性要求、衍生需求以及安全性设计原则等。通过对多种不同来源的商用飞机系统级别安全性需求进行分析，确定最终的系统级安全性需求。设备级的安全性需求来源于适航条款、前一级别的 FHA 和 PSSA 以及相关的系统设计准则与规范。

10.5.2　大型商用飞机结构件安全评价方法

大型商用飞机的功能依托于飞机的结构，飞机结构的安全性是整机安全性的关键系统。飞机结构的组成部件较多，包含起落架、机身等。飞机结构的安全性的定义是在规定使用环境下不发生灾难性破坏的能力（李伟和郑智明，2015）。近年来，随着飞机安全性理论的发展，飞机结构设计思想已从强度设计转变为经济寿命设计。此处，以飞机结构性安全的 FHA 分析为例，探讨飞机结构安全评价的流程和方法。

飞机结构安全影响因素涉及多个方面，为了保证飞机安全性，需在多种可选方案中选择安全性最高的方案。飞机结构设计方案是经过实践验证，并基于实践总结，在原有设计方案基础上提出更高的要求，包括技术和安全性等。具体来说，飞机结构设计评价的指标为强度、刚度、经济寿命以及智能结构。其中，强度表示飞机的结构在各种不同的复杂环境下的抗破坏能力（王志瑾和姚卫星，2007）。刚度表示飞机在受力作用下不发生形变的能力。经济寿命表明飞机结构的耐久性以及损伤极限。智能结构表面飞机结构所具备的自适应、自监控，自诊断以及自修复的能力。对于不同的指标，其二级指标如表10-2所示（邱志平和王晓军，2012）。

表 10-2　飞机结构安全指标

一级指标	二级指标
强度（B1）	安全系数（C11）
	剩余强度（C12）
	疲劳强度（C13）
	腐蚀控制（C14）
	静强度（C15）
刚度（B2）	气动弹性（C21）
	结构刚度（C22）
经济寿命（B3）	损伤容限（C31）
	安全寿命（C32）
	耐久度（C33）
	裂纹扩展（C34）
智能结构（B4）	颤振自适应控制（C41）
	结构健康监控（C42）
	减震和降噪（C43）

商用飞机结构安全影响重大，是取得适航认证、保障飞行安全的关键。一般来说，商用飞机研制公司往往由多个不同部门的团队评估结构的安全性。为了保证飞机安全性，需要多个团队成员在飞机结构设计方面保持一致意见，如需要设计更改，也需成员之间达成共识。由于多个团队的目标不同，需要在各目标之间进行平衡，因此，在执行飞机结构更改时，需考虑异质群体的大型商用飞机安全性设计方案。

一般来说，为了达成各个专家团队的共识，可以调整商用飞机技术更改参数。然而，不同专家团队的重要程度不同，由于飞机安全性要求极高，需优先考虑安全部门专家团队的意见。因此，在评价飞机安全性时需建立以安全团队共识最大化为首要目标，兼顾其他部门团队共识的多阶段共识模型。基于此，飞机架构安全设计评价的流程如下。

首先，技术团队在各个部门选择飞机结构技术更改相关专家，并按照表10-2相关评价指标，针对备选的技术设计更改方案进行评估，搜集各指标下有关飞机安全性指标的评价数据。其次，依据评价信息计算团队共识度，并判定是否达成共识，即设定共识阈值，若团队信息共识度大于阈值，则可判定达成共识，否则需要调整专家信息和调节专家权重，以满足专家共识要求。再次，考虑到异质团队的重要性差异，建立多层次、多团队的共识达成模型，并通过技术方案的调整更新共识，达成多层次、多团队之间的共识。最后，针对达成共识的方案进行技术参数调整，确定最终的技术更改方案。

10.5.3　大型商用飞机安全性发展趋势

为了进一步提高商用飞机的安全性，除了进一步加强安全性分析、设计和验证工作外，还需要综合运用人为因素、软件安全性、风险管理和定量风险评估等各种先进技术来预防事故发生。

经过不断的积累与发展，关于商用飞机安全性设计与验证技术，目前已经形成了两套稍具雏形的方法，分别是基于系统工程的安全性设计与验证方法和基于模型形式化的安全性设计与验证方法（何申奥，2018）。

（1）基于系统工程的安全性设计与验证方法，是将商用飞机系统安全性设计与评估作为全机系统工程的一部分，贯穿飞机全生命周期。在进行安全性设计和验证工作时，运用系统工程的理论和系统观点，把飞机当作一个系统对待，从飞机的整体出发，考虑飞机的全生命周期，设计出安全的飞机。

（2）基于模型形式化的安全性设计与验证方法，则是对目标系统进行自动化分析并自动生成结果，可以提高安全性分析效率并降低误差。目前，该方法虽未广泛应用于民用飞机的设计中，但已在国际民用飞机系统评估领域得到高度重视。

大型商用飞机的安全性至关重要，以我国国产 C919 飞机为例，其主要采用第一种方法，"对故障零容忍"是其制造、试飞过程中的原则。C919 在实验室进行了大量故障试验，即使有些故障的发生率仅为 10^{-7}，也要进行故障检测，以保证 C919 的安全性；C919 在试飞阶段还要在真实的大气条件下，对发动机及机载设备进行探索、研究、验证和鉴定，其中，有部分试飞需要在特殊气象条件与恶劣自然环境下进行，包括高温、高湿热、高原、高寒、大侧风、模拟冰型与自然结冰、噪声、热气候、湿跑道等。C919 还配备了状态监控与故障诊断系统。这套系统可以随时监控飞机的健康状态，及时做到故障预测、预警。目前在役的波音 737 和空中客车 A320 飞机没有配备此类系统。对此，C919 飞机具有更好的安全性能。

10.6　大型商用飞机系统价值工程

当今世界，大型商用飞机市场被空中客车公司和波音公司等欧美企业垄断。随着我国首款国产大型商用飞机 C919 的试飞成功，这一垄断局面有望被打破。此外，大型飞机作为一个国家的名片，在各个领域的用途越来越广泛，具有巨大的研制价值。

价值工程最早是 19 世纪 40 年代由美国通用电气公司提出的一套将产品性能和成本结合起来研究生产和管理问题的方法（卢晓帆等，2014），是以最低的寿命周期费用（指由设计、开发、制造、管理、运行、维修保养到报废处理等期间发生的一系列成本）实现必要的功能，对产品的功能、成本进行有组织的分析的研究活动。价值工程自始至终都围绕用户要求的功能和为达到功能所付出的成本，对事物进行本质的思考。

针对大型商用飞机价值工程展开分析，应主要围绕性能、成本及经济价值三个要素，本节以国产飞机 C919 为例展开讨论。

10.6.1　功能性分析

大型商用飞机的研制过程往往是一项复杂的系统工程，由各分系统集成。国产 C919 大型客机是我国按照国际民航规章自行研制、具有自主知识产权的大型喷气式民用飞机，属于中短途商用机，实际总长 38.9 米，翼展 35.8 米，高度 12 米，载客人数为 156 人，标准航程为 4075 公里，最大航程为 5555 公里，经济寿命达 9 万飞行小时（高晓莉，2014）。

C919 在功能方面要比波音 737 和空中客车 A320 更完善，在技术、设计、材料等方面表现突出（高晓莉，2014），具体见图 10-3。

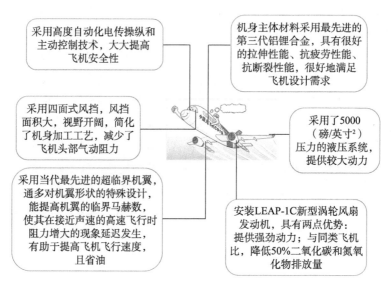

图 10-3　C919 硬件功能分析图

C919 飞机不仅具有较强的硬件方面的功能，在其他辅助性能方面也具有一定的优势。C919 机舱设计比较关注舒适性：机舱座位布局将采用单通道，两边各三座，其中中间的座位空间将加宽，有效地缓解以往坐中间座位乘客的拥挤感；飞机采用了先进的环境控制与照明设计，能够根据旅客登机、就餐等不同行为启用不同的照明情景模式，调节客舱氛围，为旅客提供更好的舒适性；降低剖面周长 0.326%，降低剖面面积 0.711%，机身结构重量降低 26.7 千克。

在减排方面，C919 飞机将是一款绿色排放、适应环保要求的先进飞机，通过环保的设计理念，有望将飞机碳排放量较同类飞机降低 50%。

由此可见，我国 C919 飞机在功能方面具有很大的优势，也标志着我国在大型商用飞机技术方面实现了重大突破和创新。

10.6.2　成本分析

大型商用飞机成本分析需要搜集各类技术经济数据和信息，主要包括为实现功能采用的设计手段、试验验证方案、外协等方面的成本数据，分析企业自身的目标成本，评价产品价值与企业目标价值的差距。大型商用飞机具有复杂性，涉及方面众多，10.1 节也对大型飞机全生命周期成本做了详细分析，此处不再详细介绍。总体来说，C919 设计相对较晚，所采用的新技术和波音 737 和空中客车 320 相比更多一些，其运营成本、维护成本相对较低。据专家分析认为，C919 上市定价可能为每架五千万美元，按照惯例，一架飞机下线后，如果订单能够达到 400 架左右，前期研发投入就可以得到回本。而截至 2018 年 2 月 26 日，针对 C919 国产飞机已累计获 28 家客户 815 架订单，说明 C919 的研制成功具有很大的价值。

10.6.3　价值分析

从经济角度来说，大型飞机用途颇多，如运送重型机械装备、应对抢险救灾等。从商业角度来说，大型商用飞机市场具有巨大的发展潜力。中国作为全球第二大航空市场，一直以来都被波音公司和空中客车公司所垄断。国产飞机 C919 的研制成功意味着中国飞机市场格局的重组已经开始，其发展可能削减外国飞机制造商在中国市场的销量。据波音公司之前统计，中国截至 2029 年可能需要价值 4800 亿美元的飞机。由此可见，C919 飞机具有比较乐观的市场前景。

此外，它可以形成巨大的产业链，推动经济转型和发展。航空工业产业链长、辐射面宽、连带效应强。一架大型商用客机配有 300 万~600 万个零部件，其研发制造势必带动新材料、新装备、电子、软件等高科技产业的同步大发展，在带动产出的同时推动产业升级。美国的一项研究表明，民用飞机销售额每增长 1%，GDP 就会增长 0.74%（李会超，2019）。兰德公司研究则表明，飞机制造技术派生出来的产品销售额，比利用该种技术生产的航空产品的销售额大 15 倍，其带动技术升级的衍生效益更大（方卫国，2014）。据国际航空联合会统计，每向航空工业投入

1 美元，将拉动 60 多个行业的关联产出 8 美元。在 C919 的研制过程中已经初步建立起了一条全球供应链，全国有 22 个省区市的 200 多家企业参与了大型客机研制配套工作，还有 17 家国外供应商参与了项目，只要正确引导和规避风险，无疑能通过这个庞大的供应链带动全行业的发展。因此，国产大飞机不仅会促进中国航空产业快速发展，更有望为中国高端制造业带来前所未有的发展契机。随着 C919 的生产和交付，中国航空制造业机械、电子等上游产业和旅游、运输等下游产业都将得到快速发展。

大型商用飞机项目是对当今高科技的综合利用，是一个新技术、新材料与新兴工业的综合体，是多学科交叉、技术密集的高科技领域。它对提升国家的整体科技水平、推动产业链各个产业的发展、促进国民经济稳步增长都有着至关重要的作用。因此，尽管大飞机的研制困难重重，仍具有很大的研制价值。

参 考 文 献

蔡开龙, 涂明武, 孙云帆. 2014. 军用飞机修复性内容体系及关键技术[J]. 航空工程进展, 5: 109-114.

陈斌, 王蕾, 刘群英. 2017. 基于 AHP: 熵值法的 PPP 项目风险评价模型研究[J]. 工程管理学报, 31(2): 126-130.

陈谨. 2017. 用 "中国质造" 提升 "中国制造": 试飞过程质量管理思考[J]. 企业研究, (9): 20-21.

陈晓敏. 2000. 民用飞机可靠性高评估技术[D]. 西安: 西北工业大学.

方嘉民. 2010. 解析质量问题归零的处理原则[J]. 航空标准化与质量, (6): 10-11, 56.

方卫国. 2014. 潜力无限的国产大飞机产业链[J]. 时事报告, (11): 56.

符志民, 李汉铃. 2005. 航天研发项目风险分析、等级评估及相关性研究[J]. 系统工程与电子技术, (1): 52-59.

甘斯勒 J S. 1998. 美国国防工业转轨[M]. 张连超, 译. 北京: 国防工业出版社.

高晓莉. 2014. 浅析价值工程在航天企业的应用[J]. 航天工业管理, (1): 34-36.

龚俊杰. 2018. "主制造商–供应商" 模式下专项质量检查及实践[J]. 航空标准化与质量, (4): 38-41.

龚庆祥. 1999. 飞机设计手册（20）: 可靠性、维修性设计[M]. 北京: 航空工业出版社.

海涛. 2008. 国内外航空装备经济可承受性研究现状综述[N]. 中国航空报, 2018-06-01, (6).

何申奥. 2018. 民用飞机安全性分析与评估[J]. 电子技术与软件工程, (19): 82-84.

胡飞, 谢宜. 2010. 经济可承受性对航空装备成本管理的启示[J]. 中国总会计师, (1): 104-106.

菅利荣, 王大澳, 王迪飞, 等. 2019. 社会网络视角的大型客机主制造商–核心供应商协同研制比较研究[J]. 南京航空航天大学学报（社会科学版）, 21(1): 72-83.

李会超. 2019. 国产大飞机 C919[J]. 百科探秘（海底世界）, (Z2): 20-23.

李丽雅, 田云. 2015. 中国大飞机研发历程与技术突破[J]. 中国工业评论, (Z1): 38-45.

李世勇. 2008. 建设工程项目组织风险管理研究[D]. 长沙: 湖南大学.

李涛. 2016. 论适航管理规章与 AS9100 质量管理体系的关系[J]. 军民两用技术与产品, (10): 20-21.

李伟, 郑智明. 2015. 民用飞机安全性分析研究[J]. 科技资讯, (19):49-50.

刘光富, 陈晓莉. 2008. 基于德尔菲法与层次分析法的项目风险评估[J]. 项目管理技术, (1): 23-26.

刘英军. 2011. 飞机制造的全寿命成本分析[J]. 管理工程师, (3): 51-53.

刘勇, 肖翥, 许叶林. 2015. 基础设施 PPP 项目评价与立项决策的再思考: 基于 PPP 模式的国际实践经验[J]. 科技管理研究, 35(8): 185-190.

卢晓帆, 王强, 王瑛等. 2014. 基于层次分析和二元语义的飞机结构安全评价研究[J]. 数学实践与认识, 44(4): 109-116.

吕彬, 李晓松, 陈庆华. 2011. 装备采购风险管理理论和方法[M]. 北京: 国防工业出版社.

马少超, 詹伟. 2015. 基于 ANP 的合同能源管理项目风险评价研究[J]. 工程管理学报, 29(3): 116-120.

宓佳, 于霞, 钟培, 等. 2011. 从商飞公司看航空与航天质量管理之异同[J]. 航天工业管理, (7): 25-29.

邱菀华. 1997. 群组决策特征根法[J]. 应用数学和力学, 18(11): 1027-1033.

邱菀华. 2002. 管理决策与应用熵学[M]. 北京: 机械工业出版社.

邱菀华. 2010. 一类决策熵方法及其在工程管理中的应用[J]. 科技进步与对策, 27(19): 75-79.

邱菀华. 2014. 国产首架大型客机研制项目的风险管理研究[J]. 中国工程科学, 16(10): 31-38.

邱菀华, 谷晓燕. 2011. 工程管理熵学及其应用[J]. 中国工程科学, 13(8): 73-79.

邱志平, 王晓军. 2012. 飞机结构强度分析和设计基础[M]. 北京: 北京航空航天大学出版社.

曲小. 2019. 空客是如何进行质量管理的?[J]. 大飞机, (12): 30-35.

施劲松, 李卫民. 2015. 可靠性系统工程在 C919 项目的实现[J]. 航空电子技术, 46(3): 45-50.

田斐斐, 马涛. 2014. 基于马尔可夫过程的飞机可靠性分析与评估方法[C]//中国航空学会. 探索 创新 交流: 第六届中国航空学会青年科技论坛文集 (下册), 北京: 航空工业出版社: 818-822.

王光耀, 孙颖, 常巧云. 2016. 基于 CAIV 的经济可承受性设计[J]. 飞机设计, 36(1): 8-12, 16.

王翯华, 朱建军, 杨萍. 2018. 大型客机协同研制工艺技术风险的正态云模型评估[J]. 运筹与管理, 27(10): 146-153.

王翯华, 朱建军, 姚雨辰. 2018. 大型客机零部件适航风险的贝叶斯网络推理研究[J]. 数学的实践与认识, 48(17): 169-177.

王翯华, 朱建军, 姚雨辰. 2019. 考虑"时间–资源"的大型客机协同研制 GERT 网络优化[J]. 控制与决策, 34(2): 309-316.

王辛, 张坤. 2014. 基于 AHP 的歼击机试飞阶段可修复性评价方法应用研究[C]//中国航空学会航空维修工程专业委员会, 国防工业出版社, 空军安全局, 空军装备部外场部, 等. 航空安全与装备维修技术: 航空安全与装备维修技术学术研讨会论文集. 北京: 国防工业出版社: 680-685.

王志瑾, 姚卫星. 2007. 飞机结构设计[M]. 北京: 国防工业出版社.

温家宝. 2008. 让中国的大飞机翱翔蓝天[N]. 人民日报, 2008-05-12(1).

吴凡. 2013. 航空噪声对环境影响分析[J]. 北方环境, 25(3): 40-42.

谢加强, 况薇. 2015. 浅谈提高飞机可用性的措施[J]. 科技视界, (26): 112, 168.

徐钫. 2006. 关于航天型号项目管理的几点思考[J]. 航天工业管理, (6): 28-31.

徐建强. 2016. 系统设计与验证 确保 C919 大型客机的质量安全[J]. 上海质量, (11): 34-35.

杨渤珺. 2014. 民用飞机全寿命周期成本管理分析[J]. 财经问题研究, (S2): 83-84.

杨彩霞, 徐渝, 杨青. 2003. 航天项目风险指标体系的分析与构建[J]. 航天工业管理, (3): 17-19.

袁文峰. 2013. 大型客机项目供应商管理若干关键问题研究[D]. 南京: 南京航空航天大学.

詹伟, 邱菀华. 2017. 从理论到实践看中国项目管理的发展趋势[J]. 项目管理评论, (1): 22-25.

张国宗, 张丹, 邱菀华. 2013. 大型工程项目全寿命集成管理理论与应用[J]. 科技进步与对策, 30(23): 6-9.

张乐山. 1994. 飞机环境工程管理分析[J]. 飞机设计, (4): 50-52, 57.

赵萌, 贾增科, 邱菀华. 2017. 对战略同盟做"加法": C919 的一体化集成风险管理[J]. 项目管理评论, (4): 20-23.

赵萌, 邱菀华, 刘北上. 2010. 基于相对熵的多属性决策排序方法[J]. 控制与决策, 25(7): 1098-1100, 1104.

周金华, 朱建军, 张玉春. 2020. 基于系统动力学的大型客机供应链质量管控契约优化[J]. 控制与决策, 35(1): 215-227.

朱启超, 匡兴华. 2004. NASA 高技术项目风险管理技术与方法[J]. 世界科技研究与发展, (3): 95-102.

祝思佳, 邱菀华. 2020. 基于熵权 TOPSIS 的航空转包生产供应商风险评估[J]. 系统工程, 38(1): 154-158.

邹峰, 魏朋义. 2018. 我国航空工业质量管理标准体系研究[J]. 航空标准化与质量, (5): 3-7.

Striker. 2006. 好飞机是怎样炼成的: 飞机的可靠性与可维护性设计[J]. 航空世界, (2): 66-67.

Chapman R J. 2001. The controlling influences on effective risk identification and assessment for construction design management[J]. International Journal of Project Management, 19(3): 147-160.

Howard R A. 1966. Information value theory[J]. IEEE Transactions on Systems Science and Cybernetics, 2(1): 22-26.

Kacprzyk J. 1986. Group decision making with a fuzzy linguistic majority[J]. Fuzzy Sets and Systems, 18(2): 105-118.

Luce R D. 1956. Semiorders and a theory of utility discrimination[J]. Econometrica, 24(2): 178-191.

Nakagawa Y, James R J W, Rego C, et al. 2014. Entropy-based optimization of nonlinear separable discrete decision models[J]. Management Science, 60(3): 695-707.

Nurmi J E. 1991. How do adolescents see their future? A review of the development of future orientation and planning[J]. Developmental Review, 11(1): 1-59.

Owen G, Shapley L S. 1989. Optimal location of candidates in ideological space[J]. International Journal of Game Theory, 18(3): 339-356.

Ray P. 2000. An innovative approach of risk planning for space programs[J]. International Journal of Industrial Ergonomics, 26(1): 67-74.